挥发性有机物废气热氧化系统设计

Design of Thermal Oxidation Systems for Volatile Organic Compounds

［美］大卫·莱万多夫斯基（David A. Lewandowski） 著

焦 正 吴明红 译著

上海大学出版社

·上海·

图书在版编目(CIP)数据

挥发性有机物废气热氧化系统设计 / (美) 大卫·莱万多夫斯基 (David A. Lewandowski) 著；焦正，吴明红译著. —上海：上海大学出版社，2022.11
ISBN 978-7-5671-4563-4

Ⅰ. ①挥… Ⅱ. ①大… ②焦… ③吴… Ⅲ. ①挥发性有机物-废气-氧化-系统设计 Ⅳ. ①X51

中国版本图书馆 CIP 数据核字(2022)第 197893 号

责任编辑 王悦生　　封面设计 柯国富　　技术编辑 金 鑫 钱宇坤

Design of Thermal Oxidation Systems for Volatile Organic Compounds
1st Edition/by David A. Lewandowski/published by Lewis Publishers/ISBN 9781566704106

上海市版权局著作权合同登记号：图字 09-2022-0799

挥发性有机物废气热氧化系统设计

［美］大卫·莱万多夫斯基(David A. Lewandowski) 著
焦 正 吴明红 译著
上海大学出版社出版发行
(上海市上大路 99 号 邮政编码 200444)
(https://www.shupress.cn 发行热线 021-66135112)
出版人 戴骏豪
*
南京展望文化发展有限公司排版
上海颛辉印刷厂有限公司印刷　　各地新华书店经销
开本 787mm×1092mm 1/16 印张 17.5 字数 394 千
2022 年 11 月第 1 版 2022 年 11 月第 1 次印刷
印数：1～3000
ISBN 978-7-5671-4563-4/X·8 定价 128.00 元

如发现本书有印装质量问题请与印刷厂质量科联系
联系电话：021-57602918

前　言

空气污染的起源可以追溯到火的发现与使用。亚微米颗粒因为燃烧不充分而以烟的形式散发出来。但是，在工业革命之前，空气污染问题并没有被真正重视。时至今日，每年有超过 20 亿磅的污染物被排放到大气中。本书聚焦于减少向环境大气中排放挥发性有机物（Volatile Orgain Compounds，VOCs）的热氧化技术。

挥发性是指化合物由固体或液体变为气体或蒸气的过程。显然，根据定义，VOCs 是“有机”的。尽管目前共有超过 100 种的天然和人造化学元素，但有机化合物通常仅由碳（C）、氢（H）、氮（N）、氧（O）、硫（S）和氯（Cl）组成。很多的工业生产过程都产生 VOCs。在美国 1990 年《清洁空气法案修正案》颁布之后，要求越来越多的行业降低它们的 VOCs 排放，包括化工、石油化工、喷涂、纺织品、橡胶、纸浆和造纸、金属、制药、食品和矿产工业。

20 世纪 90 年代，VOCs 的减排是一个非常突出的环保问题，这种趋势一直持续到 21 世纪。在控制 VOC 排放方面，没有任何一项技术像热氧化一样重要。热氧化技术的突出特点是能一步破坏 VOC，产生无害副产物。在日益严格的环境排放标准下，控制 VOC 排放将越来越多地依赖于热氧化、蓄热氧化和催化氧化技术。

热氧化是一个燃烧过程。燃烧被定义为气体、液体或固体的激烈氧化过程，该过程中物质被氧化并放出热，一般情况下还有光。热氧化器与焚烧炉不同，因为前者只处理气体或相对单一的液体，所以燃烧产物通常不含颗粒物、二噁英或重金属。目前已出版的文献中有很多关于危险废物的书籍。一般 VOCs 并不被归类为危险废物，因此不受对危险废物焚烧炉实施更严格的法规和设计要求。

本书期望能为热氧化系统概念设计提供必要的信息。它适用于工程类专业但不熟悉热氧化技术的人员。尽管大多数工程师已经具备了设计热氧化系统所必需的基础知识，他们还需要一些参考知识来引导他们设计。他们阅读本书可能并不是因为他们要设计和制造热氧化器，而是因为他们工作的工厂必须安装这些系统。他们必须能够清晰地为热氧化系统提出设备规格要求，并在收到投标书后评估标书。这种情况也同样适用于建筑工程师（Architect Engineer，AE）。他们必须熟练地掌握热氧化器的设计原则，以便能够提出设备规格和评价投标文件。

本书从基本概念出发，然后进入深入的特点介绍。既有基本热氧化器的设计原则，也有蓄热氧化和催化氧化。本书也包括了简要热回收系统介绍，燃烧前后 NO_x 控制的最新技术，以及包含数百种 VOCs 的物理化学性质数据的附录。

除热氧化外，VOCs 治理还有其他一些技术。然而大多数技术将 VOC 从气流中去除后，需要进一步处理。大多数情况下，热氧化被优先选用，因为它可靠、无须进一步处理、可以达到很高的去除效率。燃烧系统如锅炉、熔炉、火焰加热器和燃烧器等，在无数制造和生产设施中的普及，有助于操作人员接受热氧化器技术。

关于作者

David A Lewandowski 拥有宾夕法尼亚州立大学化学学士学位，克里夫兰州立大学化学工程硕士学位。他是一名宾夕法尼亚州的注册职业工程师。他拥有超过 25 年的工业经验，曾分别在 Diamond Shamrock Corporation、Westinghouse 公司，Process Combustion Corporation 和 Consol Energy 公司工作过。他也从事过独立咨询工作。

Lewandowski 的职业主要集中在过程工程，特别是燃烧和其他高温系统。其关于燃烧的经验涵盖了煤、燃气、油，包括危险和非危险废物。工作内容包括工艺设计、工艺开发、测试、研发和计算机建模。

他持有一项热氧化系统中降低氮氧化物排放的专利和一项蓄热式热氧化(Regenerative Thermal Oxidizer，RTO)吹扫系统的专利。在许多会议上发表论文，同时是美国化学工程师协会(American Institute of Chemical Engineers，AICHE)以及空气和废物管理协会(Air & Waste Management Association，AWMA)成员。

致 谢

作者希望在此向那些在本书写作过程中提供过宝贵建议的人士表示感谢：

Gene McGill	Gene McGill & Associates
Dan Banks	Banks Engineering
Greg Homoki	Alstom Energy Systems Inc.
Jack Bentz	Rentech Boiler Systems Inc.
Joseph Bruno	AirPol Inc.
Michael DeLucia	Harbison-Walker Refractories Co.
Hassan Niknafs	Norton Chemical Process Products Corp.

译著者的话

20 多年来，在吴明红院士的领导下，上海大学环境功能材料研究团队一直致力于环境科学领域的基础研究以及技术转化工作，特别是在工业挥发性有机物治理领域，取得了一系列较为丰硕的科研成果，在业内享有较高知名度，构建了上大环境独特的专业特色。

作为国内工业挥发性有机物治理先行者之一，我们在多年的实践工作中发现，国内VOCs 治理装备发展一直未能摆脱高投资、高能耗、处理效率低的困局，技术发展普遍徘徊在较低的水平，不能切实满足国家、企业对挥发性有机物治理的需求。究其根本原因，主要是因为 VOCs 治理研发领域与化工过程存在一定的技术脱节，相关技术人员对化工过程以及环保装备设计基础理论方面的认识不足。

为了破解上述困局，非常需要一本系统而完整的指南，为工业挥发性有机物治理技术工作者指明方向。经过多番比较，我们最终决定翻译由大卫・莱万多夫斯基(David A Lewandowski)先生所著的《挥发性有机物废气热氧化系统设计》一书，同时还补充介绍了国内的一些成功案例，希望对国内的环保企业在从事热氧化环保装备设计的过程中能够有一定的帮助。本书在整个编译过程中得到了中华环保联合会等单位以及同行专家的支持和帮助，在此深表谢意。因译者认知局限，加之时间和精力有限，难免会有表达欠缺之处，希望读者多提宝贵意见。

2021 年 12 月

目 录

第1章　概论

1963年，美国颁布了《清洁空气法案》(Clean Air Act，CAA)，这是首部以大气污染治理为核心内容的美国联邦法律。该法案在1970、1977和1990年经过了多次修正而逐步完善。1990年出台的《清洁空气法案修正案》(Clean Air Act Amendments，CAAA)是美国目前正在使用的针对大气污染的排放行为而制定的法律。虽然早在20世纪50年代美国就出台了大气污染控制的环境法规，但现行的修正案针对不同污染物的治理进行了更加细致的目标规定，使控制挥发性有机物(VOCs)的排放成为重点的环境问题。之前的环境法规，重点控制环境中6种"优先污染物"的浓度，分别是臭氧、氮氧化物、一氧化碳、铅、颗粒物和二氧化硫。1990年的《清洁空气法案修正案》将排放控制的重点转移到了被称为挥发性有机物(VOCs)的一系列特定的化合物上。1989年，美国国会根据企业年度报告，提出了最初的189种有害大气污染物(Harzardous Air Pollutants，HAPs)清单。同时，美国环境保护署(Environmental Protection Agency，EPA)提出以2000年为时间

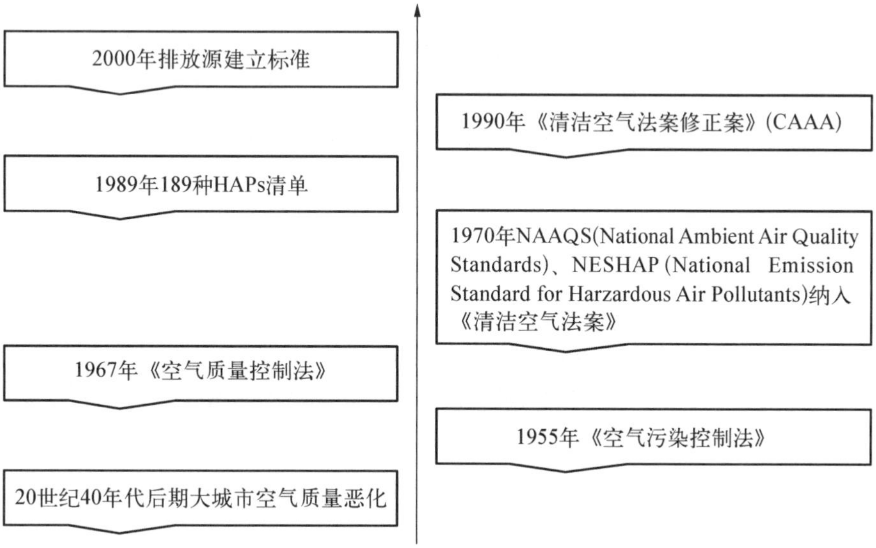

2000年排放源建立标准

1990年《清洁空气法案修正案》(CAAA)

1989年189种HAPs清单

1970年NAAQS(National Ambient Air Quality Standards)、NESHAP (National Emission Standard for Harzardous Air Pollutants)纳入《清洁空气法案》

1967年《空气质量控制法》

1955年《空气污染控制法》

20世纪40年代后期大城市空气质量恶化

图1.1　美国大气污染物排放标准大事记

界限，确定所有HAPs的排放源，并提出排放源的技术控制标准。2000年，EPA对所识别的各类排放源均建立了标准，并允许源类别增删。

有许多种技术可以用于控制VOCs的排放，其中主要的两类：一类是回收法，包括炭吸附、变压吸附、吸收、冷凝以及膜分离技术。该方法主要是利用温度、压力、选择性吸附材料、选择性吸收剂和选择性渗透膜来分离VOCs。另一类是销毁法，包括热氧化、催化氧化、生物净化、光催化、光氧化和等离子体技术。该方法主要通过化学或生化反应，在高温、催化剂或微生物参与的条件下将VOCs分解成二氧化碳和水。其中，热氧化技术在控制VOCs排放领域起到了非常重要的作用，其突出特点在于副产物(大部分是)无毒害、能一次性地去除VOCs。VOCs通常不被划分为危险废物，因此热氧化器的设计和操作要求不像危险废物焚烧炉那样严格。

1.1 燃烧

燃烧是物质被快速氧化、产生光和热的过程，其本质是氧化还原反应。燃烧是可燃物跟助燃物(氧化剂)发生的一种剧烈的、发光、发热的化学反应，可燃物包括气体、液体和固体。热氧化本质上是一个燃烧的过程。热氧化器与焚烧炉的区别在于，热氧化器通常只处理蒸汽或相对纯净的液体。因此，燃烧产物通常不含颗粒物、二噁英或重金属，正是这些物质的产生使得焚化炉成为颇有争议的处理设备。

其他技术也可以用于处理VOCs，但是热氧化器有明显的优势，例如，性能稳定可靠；一次性处理到位而不需要进一步处理(并不总是如此，这将在下文解释)；对VOCs销毁效率高等。燃烧系统(如锅炉、高温炉、加热器、燃烧器等)在众多制造和生产场所中的普遍使用，使得热氧化器非常容易被经营者接受。大多数其他处理技术把VOCs从废气中脱出后，还需对VOCs进一步处理。例如，炭吸附技术，将含有VOCs的废气从一侧通过活性炭吸附床，VOCs被吸附到活性炭的孔道中，清洁气体从另一端排出。这项技术的缺点在于，VOCs没有被破坏而是被转移到炭吸附剂中，活性炭吸附床必须再生后才能再次使用。活性炭吸附床再生可以通过在线操作完成，也可通过更换新的炭吸附床完成。虽然在很多工程应用中常采取这种方法，但其操作复杂。而热氧化通常可以一步完成，不需要后续处理。

1.2 空气污染的历史

虽然对空气污染监测和管理的法规出台的时间不长，但是工业生产过程中产生有毒有害气体并排放到大气中已经有数百年的历史。在14世纪，英格兰一名男子因燃煤向大气排放"恶臭"气体而遭到惩罚，燃煤产生的异味非常严重。16世纪50年代末，英国议会通过了一项法律，会议期间禁止伦敦燃煤。美国最早的空气污染事件也来自燃煤，1881年芝加哥通过了一项控制燃煤产生烟气的法令。在那个时期，美国州政府和市政府承担了控制大气排放的责任。直到第二次世界大战之后，污染控制的法案才在美国得到普遍推广，通常都是在空气污染严重到无法忽视的程度时，相关的法案才能得到通过。

美国最早有记录的由空气污染引发的公共卫生事件之一发生在1948年宾夕法尼亚州的一个小工业城镇多诺拉。钢铁厂、锌厂和硫酸工厂每天向空气中排放大量的有毒有害气体。在地形上看，多诺拉位于山谷之中。通常风会将这些气体吹散到范围很广的地方。但是，在1948年10月26日至30日的5天里，山谷中积聚的有毒有害气体浓度非常高，直接导致了数千人生病，20人死亡。

1950年在墨西哥的波萨里卡也发生过类似的事件。一家企业的天然气回收和“脱硫”工序正在启动，脱硫过程主要是脱出天然气中含有的硫化氢。由于设备发生故障，大量的硫化氢泄漏到大气中，笼罩了整个城镇，导致320人住院、22人死亡。1952年12月，逆温天气导致伦敦上空聚集了大量的有毒有害气体，至少有4 000人死于这次空气污染事件。

工业污染源并不是空气污染物的唯一来源。在有些地区，汽车尾气的排放比工业污源排放更严重。第二次世界大战后，洛杉矶开始出现由空气污染引起的健康问题。最初人们把健康问题的产生归咎于一种棕色的烟雾。它是由氮氧化物（NO_x）、二氧化硫（SO_2）凝结产生的酸雾和颗粒物混合组成。人们发现即使减少工业污染源的排放量，烟雾依然存在。这说明对眼睛和皮肤的刺激以及对植物的伤害并不仅仅来源于工业污染物，最终人们发现汽车尾气排放是产生这种烟雾的主要因素。

1.3　热氧化技术的广泛适用性

为控制大气排放颁布的第一个美国国家立法是1955年通过的《清洁空气法案》。此后该法案经过多次修订，1990年的修正案引起了人们的广泛关注。该法案制定后每年可减少数百万磅VOCs排放到大气中。而实现强制减排的最有效技术是热氧化技术。

VOCs是volatile organic compounds（挥发性有机化合物）的英文缩写。其定义有好几种，例如，美国ASTM D3960—1998标准将VOCs定义为任何能参加大气光化学反应的有机化合物。美国环境保护署（EPA）的定义：挥发性有机物是除CO、CO_2、H_2CO_3、金属碳化物、金属碳酸盐和碳酸铵外，任何可参加大气光化学反应的碳化合物。世界卫生组织（WHO，1989）对总挥发性有机物（TVOC）的定义为：熔点低于室温而沸点在122～482 ℉之间的挥发性有机物的总称。色漆和清漆通用术语的国际标准ISO 4618/1—1998和德国DIN 55649—2000标准对VOCs的定义是：原则上，在常温常压下，任何能自发挥发的有机液体和/或固体。同时，德国DIN 55649—2000标准在测定VOCs含量时，又作了一个限定，即在通常压力条件下，沸点或初馏点低于或等于482 ℉的任何有机化合物。巴斯夫公司则认为，最方便和最常见的方法是根据沸点来界定哪些物质属于VOCs，而最普遍的共识认为VOCs是指那些沸点等于或低于482 ℉的化学物质。所以沸点超过482 ℉的那些物质不归入VOCs的范畴。有机化合物主要由碳（C）、氢（H）、氮（N）、氧（O）、硫（S）和氯（Cl）元素组成。虽然有时存在其他元素，但99%以上的有机化合物由这6种元素组成。

并非所有的大气排放物都可以使用热氧化技术处理，例如，无机颗粒的排放用热氧化处理是无效的。热氧化也不能用于处理非工业污染源污染物的排放，如汽车尾气排放。虽然我们通常认为汽车排放一氧化碳和氮氧化物，但它们也是VOCs排放的一个来源。表1.1是1995年测试的乘用车VOCs的排放情况。

表1.1 乘用车尾气排放(g/km)

有机物的排放	1#车	2#车	3#车
苯	0.018 3	0.018 4	0.012 3
庚烯	0.002 1	0.001 6	0.001 4
庚烷	0.012 5	0.005 8	0.007 7
甲苯	0.030 1	0.028 9	0.017 8
乙苯	0.006 6	0.007 5	0.002 7
间/对二甲苯	0.013 0	0.014 0	0.005 4
邻二甲苯	0.005 4	0.004 2	0.002 3
异丙苯	0.000 3	0.000 4	0.000 2

资料来源：*Journal of the Air & Waste Management Association*, *Volume 45*, February 1995

按人均计算，美国空气污染物的排放量通常超过欧洲国家和日本的排放量，约为日本排放量的15倍，是德国和瑞典排放量的10倍。

1.4 美国的大气污染物排放

美国所有工业污染源必须向美国环境保护署(EPA)报告其年度空气排放量。EPA将这些数据录入到《有毒物质释放清单》(Toxics Release Inventory, TRI)的数据库中。1993年，共有2.3万家工厂向EPA报告了排放数据。当年，大约有127万吨有毒物质被排放到大气中。排在前10位的化学品及其排放量见表1.2。在这10种化学品中，热氧化技术可用于处理除盐酸和氯气之外的所有化学品。不同行业大气排放情况见表1.3。

表1.2 释放到大气中的十大物质(1993年)

物质	释放的质量(lb)	物质	释放的质量(lb)
甲苯	177 301 267	二硫化碳	93 307 339
甲醇	172 292 981	丁酮	84 814 923
氨	138 057 165	氯化氢	79 073 655
丙酮	125 152 462	氯气	75 410 108
二甲苯	111 189 613	二氯甲烷	64 313 211

资料来源：*Pollution Engineering*, February 1996

随着环境法律法规日益严格，对VOCs排放的控制将越来越依赖于热氧化设备、蓄热氧化设备和催化氧化设备。到2000年，此类设备的市场规模超过21亿美元[1]。据估计，化工行业占据这其中25%的市场份额，木制品工业和电子工业也将占据大部分需求。

表 1.3　不同行业大气污染物排放量

行　业	污染物排放量 (lb)	行　业	污染物排放量 (lb)
化　工	884 903	炼　油	69 849
金属原料	483 224	家　具	50 881
造　纸	248 976	电　子	42 140
塑　料	130 937	木　材	33 516
运输设备	130 834	其　他	375 840
金属制造	106 680	总　计	2 557 780

资料来源：1994 *EPA Toxic Release Inventory*

尽管美国的大气污染物排放量从 1988 年的 170 万吨下降到了 1995 年的 98.3 万吨，但随着环境法规的日益严格，热氧化系统的需求仍在增长。

美国从大气污染恶化到建立完整的监管体系，大约花了 60 年的时间。而其中，很大一部分时间用于排放源清单及安全阈值的确定。明确的标准体系的建立，是污染物监测治理的基础。美国的大气污染排放标准体系建立过程中，特别看重污染物对人体健康及环境效应带来的影响。特别是将常规大气污染物和有害大气污染物分类管控，对有害大气污染物建立了详细的清单，不同的排放源类型对应相应的数值标准和运行标准(图 1.2)。

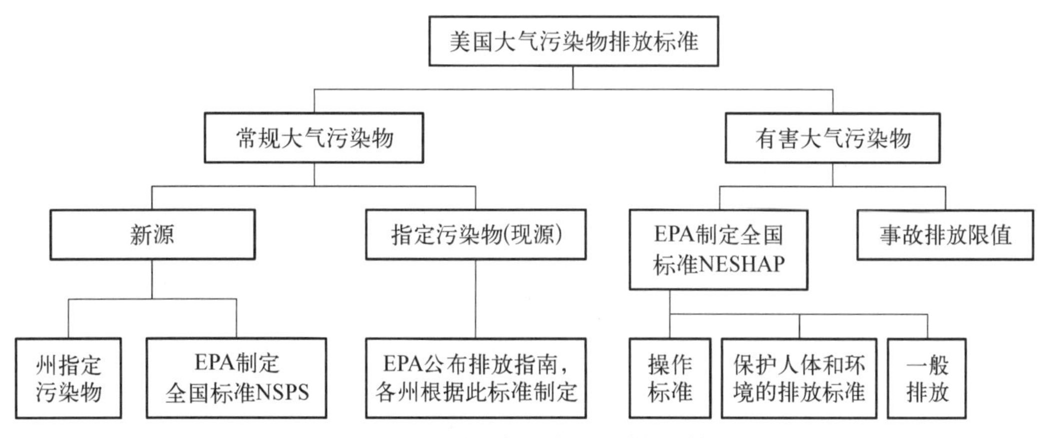

图 1.2　美国的大气污染物排放标准体系

1.5　欧盟的大气污染物排放

环境空气质量评价与管理指令(96/62/EC 指令)：该指令又称空气质量框架指令。指令的主要目标是运用共同的方法和标准评价空气质量，向公众提供关于空气质量方面的足够信息，保持清洁的空气和改善质量较差的空气。

96/62/EC 指令囊括了现有指令的主要内容，并且对制定其他污染物环境空气质量标准的时间进行了规定。相关规定如下：

表 1.4　固定源大气污染物排放标准(2001/80/EC,75/439/EEC,94/63/EC 指令)

污 染 物	标准($\mu g/m^3$)	取 值 时 间	达标的统计要求
CO	10	8 h	不允许超标
Pb	0.5	年平均	不允许超标
NO_2	40	年平均	不允许超标
	200	1 h	每年超标低于 18 次
PM_{10}	40	年平均	不允许超标
	50	24 h	每年超标低于 35 次
$PM_{2.5}$	25	年平均	不允许超标
O_3	120	8 h	平均 3 年内每年超标低于 25 次
SO_2	125	24 h	每年超标低于 3 次
	350	1 h	每年超标低于 24 次

关于限制大型焚烧厂空气污染物排放限值的 2001/80/EC 指令：该指令规定了 15 个成员国各自现有大型焚烧厂，其 SO_2 和 NO_x 在 2003 年的最高排放量和在 1980 年基础上的减少率，现源和新源使用固、液、气三种燃料时各自 SO_2、NO_x、粉尘的排放浓度限值。

表 1.5　焚烧厂空气污染物排放限值的 2001/80/EC 指令总结　(单位：mg/m^3)

污 染 物	C
烟尘	10
总有机碳	10
HCl	10
HF	1
SO_2	50
NO 和 NO_2	
已建的超过每小时 6 吨焚烧厂或新建焚烧厂的 NO_2 浓度	200*
NO 和 NO_2	
已建的不超过每小时 6 吨焚烧厂的 NO_2 浓度	400*

* 截止到 2007 年 1 月 1 日，且不违反美国国家相关法律规定，NO_x 排放限值不适用于只焚烧危险废物的焚烧厂

关于废物焚烧的 75/439/EEC 指令：该指令经 4 次修订后，规定了水泥窑废物焚烧(cement kilns co-incinerating waste)总尘、MCI、HF、现源和新源 NO、Cd+铊及其化合物、Hg、Sb+As+Pb+Cr+Co+Cu+Mn+Ni+V、二氧(杂)呋喃、SO_2、TOC、CO 等污染物的排放限值，固体、植被和液体燃料分别在 4 种情况下被焚烧时 SO_2 和粉尘的日均排放浓度。

关于 VOCs 排放限量的 94/63/EC 指令：该指令又称 VOC 溶剂指令，规定了废气中溶剂排放限值和百分比，还规定新源和现源分别在 2001 和 2007 年前达到该指令的要求。

表 1.6 废物焚烧厂废物焚烧的 75/439/EEC 指令排放限值总结 (单位：mg/m³)

污染物	C	污染物	C
烟尘	30	Cd+TI	0.05
HCI	10	Hg	0.05
HF	1	Sb+As+Pb+Cr+Co+Cu+Mn+Ni+V	0.5
已建厂的 NO_x	800		
新建厂的 NO_x	500(1)	二噁英和呋喃	0.1

94/63/EC 指令的目的是预防加油站汽油贮藏和加油时挥发性有机物对大气的污染。该指令规定了采用浮顶和反射物(reflective coatings)等手段来减少贮藏罐的蒸发损失，以及回收在装载和运输过程中产生的 VOCs。

表 1.7 关于 VOCs 排放的 94/63/EC 指令整理 (单位：mg/m³)

污染物	Ⅰ时段
苯	1
苯系物	40
非甲烷总烃	80
颗粒物	30

1.6 中国的大气污染排放

中国从 1973 年环境保护事业开始，就有目的、有组织地开展了环境保护标准制度、理论和体系建设，经历了标准制度初创期(1973—1986 年)、法律框架建成期(1987—1999 年)、标准作用强化期(2000—2014 年)、标准条款完善期(2015 年以后)4 个阶段，目前大气污染防治标准立法已相对成熟。

标准制度初创期(1973—1986 年)：

首先，初创时期国家提出相关标准与配套标准。

中国环境保护工作始自 1973 年的第一次全国环境保护会议，其标志性成果是审议通过了《关于保护和改善环境的若干规定》(简称《规定》)，这份文件是中国环境保护工作初期的基本法规之一。

《规定》明确了标准制定主体和标准类型，即由国家环境保护部门会同卫生等部门，拟订和修订污染物排放标准、卫生标准，并颁布试行。要求“结合具体情况采用机械的、化学的、生物的和其他方法，使排放物不超过国家颁布的排放标准”，这是对达标排放的最早规定。

其次，初创期有了地方排放标准的提出。

对于地方标准，最早在《工业“三废”排放试行标准》(GBJ4—73)中提出，工业“三废”的排放标准，与当地的具体情况(如工业分布、水文、地质、气象条件、污染和利用情况等)

有密切关系。之后，各地环境保护部门根据此标准的原则，在满足卫生、渔业、灌溉、城镇化等要求的前提下，制订地区性工业“三废”排放标准。

最后，初创期有了超标排放的法律责任确认。

上述《规定》和标准虽然明确了相关标准体系框架，强调应遵守排放标准，但没有规定相应的超标责任，因此，在法律上是不完备的。这一问题在1979年《环境保护法(试行)》中得到部分解决。

《环境保护法》明确了对于暂时达不到国家标准的企业，要限制其生产规模；超过国家规定的标准排放污染物，要按照排放污染物的数量和浓度，根据规定收取排污费。

法律框架建成期(1987—1999年)：

这一阶段是对大气污染防治标准的体系、原则等进行系统规范的阶段，在这一阶段中明确了大气环境质量标准的概念和层级，提出了环境质量地方政府负责制。

首先，是大气环境质量标准的提出。

在1987年，中国首次颁布《大气污染防治法》，这是第一部对中国大气环境标准制度进行比较系统规范的法律，标志着中国大气污染防治标准的法律框架初步建成。

其次，明确了排放标准制定原则。

对于排放标准，法律进一步明确了两级体制：国务院环境保护部门制定国家大气污染物排放标准；省、自治区、直辖市人民政府可以补充(对国家大气污染物排放标准中未作规定的项目)或提高地方大气污染物排放标准(对国家大气污染物排放标准中已作规定的项目)。

再次，产品质量标准中的环境保护要求提出。

1987年《大气污染防治法》还规定，国务院有关主管部门应当根据国家规定的锅炉烟尘排放标准，制定相应的锅炉产品的质量标准，对于达不到规定的锅炉，要求厂家不得制造、销售或者进口。这是首次在产品质量标准中加入环境保护的要求。

最后，建成期规定环境质量由地方政府负责。

1989年正式颁布的《环境保护法》中对环境质量标准的实施，第一次提出了“地方各级人民政府，应当对本辖区的环境质量负责，采取措施改善环境质量”。正式宣告了“环境质量地方政府负责制”的诞生。

标准作用强化期(2000—2014年)：

这一阶段最重要的立法进展：一是明确了大气环境质量标准的法定环境目标作用。二是明确了超标违法原则，加大了处罚力度。

首先，在强化期中大气环境质量标准成为环境目标。

2000年的《大气污染防治法》虽然对标准制定条款没有改动，但标准定位更加明确，强化了标准实施要求。对于环境质量标准实施，明确了地方各级人民政府有责任使本辖区的大气环境质量达到规定的标准；未达到大气环境质量标准的大气污染防治重点城市应当制定限期达标规划，采取更加严格的措施，在国家规定的期限内达到大气环境质量标准。从此环境质量标准具有了可实施性。

其次，强化期确定了超标违法原则。

对于排放标准的实施，法律不再将排放达标与否与排污收费挂钩，只要排污就要收费，为此国务院修改了原来的收费规定，于2003年重新发布了《排污费征收使用管理条例》。2000年的《大气污染防治法》规定：向大气排放污染物的，其污染物排放浓度不得超过国家和地方规定的排放标准。违反本法规定，应当限期治理，并由所在地县级以上地方人民政府环境保护行政主管部门处1万元以上10万元以下罚款。从此，从大气污染防治领域开始，"超标违法"成为环境保护的一项基本法律原则。

最后，加大了超标处罚力度。

2000年的《大气污染防治法》虽然明确了"超标违法"，但处罚过轻，受到公众的广泛诟病。针对长期困扰中国环境保护工作的"违法成本低"问题，在2014年修订的《环境保护法》中作出了重大改变：

取消限期治理制度，而是责令改正或者限制生产、停产整治；情节严重的，责令停业、关闭，罚款及按照原处罚效额按日连续处罚。

另外，新《环境保护法》还授权地方省级人民政府可以制定更加严格的地方环境质量标准，这是近30年来对环境质量标准制定的立法权限的首次突破。

标准条款完善期(2015年以后)：

首先，标准制定程序与评估修订的要求。

新《大气污染防治法》从法律上第一次明确了标准制定程序要求、评估修订要求。制定大气环境质量标准、大气污染物排放标准，应当组织专家进行审查和论证，并征求有关部门、行业协会、企事业单位和公众等方面的意见。

其次，环境质量标准得到了实施。

新《大气污染防治法》除了重申了地方政府对本辖区的环境质量负责，要求制定规划，采取措施，使大气环境质量达到规定的标准外，更加细化了限期达标规划要求。

最后，污染物排放标准得到落实。

新《大气污染防治法》落实2014年《环境保护法》关于超标处罚的最新要求，明确超标的法律责任，显著增大了处罚力度。对超标排污的，由县级以上人民政府环境保护主管部门责令改正或者限制生产、停产整治，并处10万元以上100万元以下罚款；情节严重的，报经有批准权的人民政府批准，责令停业、关闭。受到罚款处罚，被责令改正，拒不改正的，可按照原处罚数额按日连续处罚，充分体现了标准是环境管理的中心环节。

主要行业现行大气污染排放标准火电厂大气污染物排放标准(GB 13223—2011)：

表1.8 火力发电锅炉及燃气轮机组大气污染物排放浓度限值

[单位：mg/m^3(烟气黑度除外)]

序号	燃料和热能转化设施类型	污染物	适用条件	限值	污染物排放监控位置
1	燃煤锅炉	烟尘	全部	30	烟囱或烟道
		二氧化硫	新建锅炉	100 200①	

（续表）

序号	燃料和热能转化设施类型	污染物	适用条件	限值	污染物排放监控位置
1	燃煤锅炉	二氧化硫	现有锅炉	200 400①	烟囱或烟道
		氮氧化物（以二氧化氮计）	全部	100 200②	
		汞及其化合物	全部	0.03	
2	以油为燃料的锅炉或燃气轮机组	烟尘	全部	30	
		二氧化硫	新建锅炉及燃气轮机组	100	
			现有锅炉及燃气轮机组	200	
		氮氧化物（以二氧化氮计）	新建燃油锅炉	100	
			现有燃油锅炉	200	
			燃气轮机组	120	
3	以气体为燃料的锅炉或燃气轮机组	烟尘	天然气锅炉及燃气轮机组	5	
			其他燃料锅炉及燃气轮机组	10	
		二氧化硫	天然气锅炉及燃气轮机组	35	
			其他燃料锅炉及燃气轮机组	100	
		氮氧化物（以二氧化氮计）	天然气锅炉	100	
			其他气体燃料锅炉	200	
			天然气燃气轮机组	50	
			其他气体燃料燃气轮机组	120	
4	燃煤锅炉，以油、气体为燃料的锅炉或燃气轮机组	烟气黑度（林格曼黑度，级）	全部	1	烟囱排放口

注：① 位于广西壮族自治区、重庆市、四川省和贵州省的火力发电锅炉执行该限值。

② 采用 W 型，火焰炉膛的火力发电锅炉，现有循环流化床火力发电锅炉，以及 2003 年 12 月 31 日前建成投产的火力发电锅炉执行该限值。

表 1.9 大气污染物特别排放限值

[单位：mg/m³(烟气黑度除外)]

序号	燃料和热能转化设施类型	污染物	适用条件	限值	污染物排放监控位置
1	燃煤锅炉	烟　尘	全　部	20	烟囱或烟道
		二氧化硫	全　部	50	
		氮氧化物(以二氧化氮计)	全　部	100	
		汞及其化合物	全　部	0.03	
2	以油为燃料的锅炉或燃气轮机组	烟　尘	全　部	20	
		二氧化硫	全　部	50	
		氮氧化物(以二氧化氮计)	燃油锅炉	100	
			燃气轮机组	120	
3	以气体为燃料的锅炉或燃气轮机组	烟　尘	全　部	5	
		二氧化硫	全　部	35	
		氮氧化物(以二氧化氮计)	燃气锅炉	100	
			燃气轮机组	50	
4	燃煤锅炉，以油、气体为燃料的锅炉或燃气轮机组	烟气黑度(林格曼黑度，级)	全　部	1	烟囱排放口

1.7 大气污染的工业污染源

各行各业基本都会产生 VOCs。表 1.10 列出了部分行业对热氧化系统的需求。因为热氧化系统需求的普遍性，了解它的设计和操作对机械工程师、化工工程师、工艺工程师、环境工程师、环境监管者和环境保护者都是有益的。

表 1.10 热氧化系统需求行业

化　工	石　油
有　机 无　机 树　脂 塑　料	开　采 炼　油 石　化
碳	涂　料
活性炭再生 石墨耐火材料	油　漆 油　墨

（续表）

碳	涂　料
电　极 炭　黑	染　料 溶　剂
金　属	纸浆和造纸
高炉尾气 焦　化 冲天炉尾气 制　丸	德拉克 TRS 气体控制 薄纸干燥 造纸污泥处理
纺织品	矿产品
后整理 定　型 织物制造 处　理	颜　料 煤 高岭土 矿石焙烧
橡　胶	硫　磺
轮　胎 模型制品 硫　化 丁二烯尾气	酸性气体再生 克劳斯尾气氧化
食　品	制　药
玉米糖浆 洗涤剂 香　水	药包衣 排出气
其　他	
喷雾推进剂 土壤蒸气处理 汽提塔尾气 发动机排气功率计	填埋气 沥青蒸馏器 天然气脱硫

第 2 章 环境法规

热氧化技术的应用归功于环境法规的完善。《清洁空气法案》(CAA)最初于 1955 年由美国国会通过,最初法案于 1963 年和 1965 年修订。1967 年颁布的《空气质量控制法》为现行法规提供了基本框架,并且为制定可接受的空气污染水平奠定了基础。该法案要求联邦政府明确规定空气质量准则,并要求各州制定符合这些准则的空气质量标准。要求各州划分空气质量区域,并逐区域设定标准。

1970 年,CAA 再次修订,修正案要求联邦政府围绕 6 种空气污染物建立《国家环境空气质量标准》(NAAQS)。这 6 种污染物分别是硫氧化物、颗粒物、臭氧、一氧化碳、二氧化氮和碳氢化合物。NAAQS 旨在保护公众健康和解决环境污染危害。1970 年的修正案还制定了《新污染源执行标准》(New Source Performance Standard, NSPS),规范新固定污染源的排放,并授权 EPA 管理 NAAQS 未涵盖的有毒空气污染物(HAPs)。根据有毒空气污染物国家排放标准(NESHAPs)只有 7 种化学品受到管制,即石棉、苯、铍、砷、汞、放射性核素和氯乙烯。1977 年的修正案增加了 2 个新条款:《超标》和《防止严重恶化》(Prevention of Significant Deterioration, PSD)。《超标》条款适用于环境空气质量水平超过 NAAQS 确定的安全水平区域,PSD 条款适用于已达到质量标准的区域,旨在确保它们继续保持达标。

直到 1990 年,EPA 一直试图使用对污染物逐一控制的方法减少大气污染物的排放。由于效果不明显,导致了 1990 年修正案的出台。此次修正案中,国会指定了一份清单,列出了 189 种化学物质和元素的有害大气污染物(HAPs),控制这些物质向大气中排放。

2.1 联邦法律——各州实施情况

《清洁空气法案》是一部联邦法律,但各州都有责任执行其规定。美国环境保护署(EPA)将国会颁布的法律转化为美国每个实体必须遵循的具体程序和排放限制,这确保了所有美国人都拥有同等的基本健康和环境保护意识,法律允许各州制定更严格的标准。

法律鼓励各州自行指导贯彻《清洁空气法案》,每个州有毒大气污染物的来源、特征和潜在影响各不相同。根据联邦标准,每个州必须制定一项实施联邦标准的计划。这些“州实施计划”(State Implementation Plan, SIP)制定了控制策略、排放限制和执行时间表。各州必须通过听证会让公众参与这些计划的制订。

2.2 1990年《清洁空气法案》条款

1990年修订的《清洁空气法案》包括一系列执法规范条例,这些条例组成各个条款。这些条款涉及环境空气水平、移动(主要是汽车)排放源、工业排放、酸雨和其他的执法行为等。表2.1列出了最初的条款,并给出了每条的概要。

表 2.1 《清洁空气法案》

条款Ⅰ——超标
- 实现《国家环境空气质量标准》(NAAQS)的战略

条款Ⅱ——移动污染源
- 减少移动污染源的尾气排放

条款Ⅲ——有害大气污染物国家排放标准(NESHAP)
- 减少工业污染源的有害大气污染物的排放

条款Ⅳ——酸雨
- 减少主要来自发电厂的二氧化硫排放

条款Ⅴ——操作许可
- 规定每个排放源的许可要求

条款Ⅵ——平流层臭氧保护
- 制定逐步淘汰氯氟烃的准则和时间表

条款Ⅶ——执行

条款Ⅷ——其他

条款Ⅸ——清洁空气调查

条款Ⅹ——不利影响

条款Ⅺ——就业援助

2.2.1 条款Ⅰ——超标

条款Ⅰ规定了固定污染源的排放标准。它对公众认知范围的空气污染影响最大。该部分由2个子标准组成:《国家环境空气质量标准》(NAAQS)和《新污染源执行标准》(NSPS)。

《国家环境空气质量标准》(NAAQS):根据NAAQS计划,EPA已经确定了环境空气中目标污染物的安全水平。这些目标污染物是臭氧、颗粒物、一氧化碳、硫氧化物(SO_x)、二氧化氮(NO_2)和铅。EPA于1997年7月18日修订了这些物质的安全水平,并将其编入联邦法规汇典的第四十条第五十部分。如表2.2所示,一级标准旨在保护公众健康,二级标准旨在保护公共福利,包括经济利益、植被和可见度。颗粒物限制适用于空气中动力学直径小于2.5 μm和10 μm的固体(或气溶胶)。另外值得注意的是在不同的平均周期内测量的结果是否符合这些标准。

表 2.2　国家环境空气质量标准

标准污染物	标　准　类型	NAAQS 限值	
		μg/m³	ppm
臭氧	一级,二级	—	0.08
	一级,二级(臭氧超标区域)	235	0.12
一氧化碳	一级	10 000	9
	一级	40 000	35
微粒物质($PM_{2.5}$)	一级,二级	65	—
	一级,二级	15	—
微粒物质(PM_{10})	一级,二级	150	—
	一级,二级	150	—
	一级,二级	15	—
二氧化硫	一级	80	0.03
	一级	365	0.14
	二级	1 300	0.5
二氧化氮	一级,二级	100	0.053
铅	一级,二级	1.5	—

注：1999 年 5 月,美国哥伦比亚特区上诉法院驳回了臭氧和 $PM_{2.5}$ 标准。美国环境保护署已对该法院的判决提出上诉。

资料来源：*The Air Pollution Consultant*, *Quick Reference Guide*, Vol.8, Issue 7, December 1998 (Elsevier Science),经许可。

美国环境保护署将美国划分为达标区、超标区和未分类区。未分类区视为达标,直至另有指定。如果一个区域任何一种目标污染物的指标超过规定的环境空气标准,则将其归类为未达标区。一个地区可能出现一种污染物达标而另一种污染物超标的现象。例如,大多数地区一氧化碳达标,但许多地区的臭氧超标。对于臭氧、一氧化碳和颗粒物,EPA 进一步将超标区域划分为轻微、中度、重度和极度超标 4 种类型。与环境空气质量标准偏离越大,该区域的法规监管越严格。

1990 年《清洁空气法修正案》要求 EPA 制订一项计划,使超标地区的目标污染物浓度降低并最终达标。在联邦政府设定目标的同时,各州可以决定如何在其管辖范围内实现这些目标。各州在其标准检查程序(Standard Inspection Procedure, SIP)中明确了使超标区域实现达标的措施,SIP 规定了为满足 NAAQS 标准而必须对污染源实施的减排控制措施。

1990 年《清洁空气法修正案》的条款 I 对热氧化器的需求有直接影响。虽然 VOCs 不属于环境空气中的 6 大目标污染物,但大气中的 VOCs 与 NO_x 结合可形成臭氧。因臭氧浓度超标而被列为超标区域的情况与其他 5 种目标污染物相比更多,这也是强调要减少 VOCs 排放到大气中的主要原因。

2.2.2　《新污染源执行标准》(NSPS)

NSPS 规范了新建和改建的固定污染源的大气污染物排放标准。这些以技术为基础的标准适用于所有区域(达标、超标、未分类)的污染源,它们反映了通过应用最佳减排系统达到的减排程度,这种最佳减排系统是 EPA 确定的已经被充分证明的专门适用于某行业污染源的减排系统。已经针对 70 多个类别(行业)的污染源颁布了 NSPS。“管理当局已经从减排成本、非空气质量造成的健康和环境影响、能耗等方面认可了这类减排系统”[CAA 第 111(a)(1)节]。这个概念就是“最佳示范技术”(Best Demonstrated Technology, BDT)。每一类污染源都制定了特征污染物的排放标准。

2.2.3 条款Ⅱ——移动污染源

在城市地区,汽车向空气排放的 VOCs 和 NO_x 约占排放总量的 50%,排放的一氧化碳约占排放总量的 90%。国会授权美国环境保护署修订汽车和卡车的尾气排放标准。从 1994 年汽车分车型开始分阶段实施一级标准,限制碳氢化合物、氮氧化物和一氧化碳的尾气排放。美国环境保护署到 1999 年底考虑是否需要实施更严格的标准(第二级)。汽油的化学和物理性能也受到影响,这包括使用无铅、含氧和重新配制的汽油。在高臭氧季节,禁止销售雷德蒸气压大于 62 kPa 的汽油。该条款还包括限制柴油燃料含硫量的规定。美国环境保护署还在研究控制移动源 HAPs 排放并制定 HAPs 排放标准的必要性。

2.2.4 条款Ⅲ——有害大气污染物国家排放标准(NESHAP)

CAA 中没有任何一项条款能像条款Ⅲ那样对热氧化系统的发展造成如此直接的影响。该条款取代了最初的 NESHAP 计划,要求对向大气排放特定污染物的大类和子类污染源建立标准。它与最初的 NESHAP 计划的不同之处在于污染源受到监管,并非只是污染物本身。其目的是制定一套标准,涵盖所有列入清单的有害大气污染物。

美国国会在 1990 年《清洁空气法案修正案》中列出了 189 种特定化合物,它们的排放量必须降低。随后从列表中删除了 2 种化合物(己内酰胺和乙酸甲酯)。该清单如表 2.3 所示。这些化合物称为 HAPs。1990 年《清洁空气法案修正案》的目的是将这些 HAPs 的排放量降低 90%。EPA 也被国会指示定期审查该清单,并添加“通过吸入或其他接触途径存在或可能存在对人类健康不利影响的化合物(包括但不限于已知或可以合理预知能致癌、致突变、致畸、神经毒性的物质,引起生殖功能障碍的物质,或引起急性或慢性中毒的物质)”。

表 2.3 有害大气污染物

CAS 序列	名　称	CAS 序列	名　称
75070	乙醛	156627	氰氨化钙
60355	乙酰胺	133062	克菌丹
75058	乙腈	63252	西维因
98862	乙酰苯	75150	二硫化碳
53963	2-AAF	56235	四氯化碳
107028	丙烯醛	463581	羰基硫化物
79061	丙烯酰胺	120809	邻苯二酚

（续表）

CAS序列	名　　称	CAS序列	名　　称
79107	丙烯酸	133904	草灭平
107131	丙烯腈	57749	氯丹
107051	烯丙基氯	7782505	氯气
92671	氨基联苯	79118	氯乙酸
62533	苯胺	532274	2-氯苯乙酮
90040	邻甲氧基苯胺	108907	氯苯
1332214	石棉	510156	乙酯杀螨醇
71432	苯	67663	氯仿
92875	联苯胺	107302	氯甲基甲醚
98077	三氯甲苯	126998	氯丁二烯
100447	氯化苄	1319773	甲酚/甲酚酸
92524	联苯	95487	邻甲酚
117817	双(2-乙基己基)邻苯二甲酸二酯	108394	间甲酚
542881	双氯甲醚	106445	对甲酚
75252	三溴甲烷	98828	异丙基苯
106990	1,3-丁二烯	94757	2,4-D,盐和酯
3547044	DDE	534521	4,6-二硝基邻甲酚
334883	重氮甲烷	51285	2,4-二硝基苯酚
132649	氧芴	121142	2,4-二硝基甲苯
96128	1,2-二溴-3-氯丙烷	123911	1,4-二噁烷
84742	邻苯二甲酸二丁酯	122667	1,2-二苯肼
106467	1,4-二氯苯	106898	环氧氯丙烷
91941	3,3-二氯亚苄基	106887	1,2-环氧丁烷
111444	二氯乙醚	140885	丙烯酸乙酯
542756	1,3-二氯丙烯	100414	乙苯
62737	敌敌畏	51796	氨基甲酸乙酯
111422	二乙醇胺	75003	乙基氯
121697	N,N-二乙基苯胺	106934	二溴乙烯
64675	硫酸二乙酯	107062	二氯乙烷
119904	3,3-二甲氧基联苯胺	107211	乙二醇
60117	二甲基氨基偶氮苯	151564	乙烯亚胺
119937	3,3-二甲基联苯胺	75218	环氧乙烷
79447	二甲基氨基甲酰氯	96457	乙烯硫脲
68122	二甲基甲酰胺	75343	二氯乙烷
7147	1,1-二甲基肼	50000	甲醛
131113	邻苯二甲酸二甲酯	76448	七氯化茚
77781	硫酸二甲酯	118741	六氯苯
87683	六氯丁二烯	60344	甲基肼

（续表）

CAS序列	名　　称	CAS序列	名　　称
77474	六氯环戊二烯	74884	甲基碘
67721	六氯乙烷	108101	甲基异丁基酮
822060	六亚甲基-1,6-二异氰酸盐	624839	异氰酸甲酯
680319	六甲基磷酰胺	80626	甲基丙烯酸甲酯
110543	己烷	1634044	甲基叔丁基醚
302012	肼	101144	4,4-亚甲基双(2-氯苯胺)
7647010	盐酸	75092	二氯甲烷
7664393	氟化氢	101688	亚甲基二苯基二异氰酸酯
7783064	硫化氢	101779	4,4-亚甲基二苯胺
123319	对苯二酚	91203	萘
78591	异佛尔酮	98953	硝基苯
58899	林丹	92933	4-硝基联苯
108316	马来酸酐	100027	4-硝基丙烷
67561	甲醇	684935	N-亚硝基-N-甲基脲
72435	甲氧氯	62759	N-亚硝基二甲胺
74839	甲基溴	59892	N-亚硝基吗啉
74873	甲基氯	56382	对硫磷
71556	甲基氯仿	82688	五氯硝基苯
78933	甲基乙基酮	87865	五氯苯酚
108952	苯酚	127184	四氯乙烯
106503	对苯二胺	7550450	四氯化钛
75445	碳酰氯	108883	甲苯
7803512	磷化氢	95807	2,4-甲苯二胺
7723140	磷	584849	2,4-甲苯二异氰酸酯
85449	邻苯二甲酸酐	95534	邻甲苯胺
1336363	多氯联苯	8001352	毒杀芬
1120714	1,3-丙烷磺酸内酯	120821	1,2,4-三氯苯
57578	β-丙内酯	79005	1,1,2-三氯乙烷
123386	丙醛	79016	三氯乙烯
114261	残杀威	95954	2,4,5-三氯苯酚
78875	二氯丙烷	88062	2,4,6-三氯苯酚
75569	环氧丙烷	121448	三乙胺
75558	1,2-丙烯亚胺	1582098	氟乐灵
81225	喹啉	540841	2,2,4-三甲基戊烷
106514	苯醌	108054	乙酸乙烯酯
100425	苯乙烯	593602	乙烯基溴
96093	苯乙烯氧化物	75014	氯乙烯
1746016	2,3,7,8-四氯二苯并对二噁英	75354	偏二氯乙烯

（续表）

CAS序列	名　称	CAS序列	名　称
79345	1,1,2,2-四氯乙烷	1330207	二甲苯(异构体和二甲苯混合物)
95476	邻二甲苯	108383	间二甲苯
106423	对二甲苯		
锑化合物		锰化合物	
汞化合物		精细矿物纤维	
镍化合物		多环有机物	
放射性核素		硒化合物	
砷化合物		铍化合物	
镉化合物		铬化合物	
钴化合物		焦炉排放	
氰化物		乙二醇醚	
铅化合物		汞化合物	
精细矿物纤维		镍化合物	
多环有机物		放射性核素	
硒化合物			

资料来源：1990 年《清洁空气法案修正案》第 112(b)(l)节。

在此条款下，EPA 制定了 166 个主要污染源类别和 8 个区域污染源类别的清单，主要污染源定义为任何单一污染源或处于邻近地区的一组固定污染源，每年可释放 10 t 任何单一 HAP 或 25 t HAPs 组合。区域污染源定义为不是主要污染源的任何固定 HAPs 源。EPA 建立的污染源类别和最终确定该类别最高可实现控制技术（Maximum Achievable Control Technology，MACT）标准的时间表见表 2.4。这里需要注意，由于各种原因，标准并不总是在预定时间公布。

表 2.4 MACT 类别和最终确定标准的时间表

种　类	计划或实际公布标准日期	种　类	计划或实际公布标准日期
农业化工生产		黑色金属加工	
丁二烯-糠醛生产	4/24/94	焦炭副产品	11/15/00
敌菌丹生产	4/22/94	炼焦炉-装料、顶部和炉门渗漏	10/27/93
4-氯-2-甲基苯氧基乙酸	11/15/97	炼焦炉-推焦、熄焦和烟囱	11/15/00
地茂散生产	11/15/97	铁合金生产	11/15/97
百菌清生产	4/22/94	钢铁联合生产	11/15/00
2,4-D 盐及酯类生产	11/15/97	铸铁厂	11/15/00
敌草索生产	4/22/94	铸钢厂	11/15/00
4,6-二硝基邻甲酚生产	11/15/97	钢材酸洗- HCl 工艺	11/15/97
五氯酚钠生产	11/15/97	纤维生产工艺	
毒莠定生产	5/22/94	丙烯酸纤维/改性聚丙烯纤维生产	11/15/97

（续表）

种　　类	计划或实际公布标准日期	种　　类	计划或实际公布标准日期
人造丝生产	11/15/00	医药生产	9/21/98
氨纶生产	11/15/00	聚合物及树脂生产	
粮食和农业生产过程		缩醛树脂	11/15/97
面包酵母制造	11/15/00	丙烯腈-丁二烯-苯乙烯(ABS)树脂	9/12/96
纤维素食品包装制造	11/15/00	醇酸树脂	11/15/00
燃料燃烧		氨基树脂	11/15/97
发动机测试设备	11/15/00	船舶制造	11/15/00
工业锅炉	11/15/00	丁基橡胶	9/5/96
机构/商业锅炉	11/15/00	羧甲基纤维素	11/15/00
工艺加热器	11/15/00	纤维素醚	11/15/00
固定式内燃机	11/15/00	环氧氯丙烷弹性体	9/5/96
液体运输		环氧树脂	3/8/95
汽油运输	12/14/94	乙丙橡胶	9/5/96
油轮装载	9/19/95	软质聚氨酯泡沫塑料	10/7/98
有机液体运输	11/15/00	氯磺化聚乙烯橡胶	9/5/96
矿物产品加工		马来酐共聚物	11/15/00
氧化铝加工	11/15/00	甲基纤维素	11/15/00
沥青/煤焦油应用-金属管	11/15/00	甲基丙烯酸甲酯-丙烯腈-丁二烯-苯乙烯树脂	9/12/96
沥青混凝土生产	11/15/00		
沥青加工	11/15/00	甲基丙烯酸甲酯-丙烯腈-丁二烯-苯乙烯	9/12/96
沥青屋顶制造	11/15/00		
铬耐火材料生产	11/15/00	三元共聚物	
黏土产品制造	11/15/00	氯丁橡胶	9/5/96
石灰生产	11/15/00	丁腈橡胶	9/5/96
矿棉生产	11/15/97	腈类树脂	9/12/96
硅酸盐水泥制造	11/15/97	非尼龙聚酰胺	3/8/95
塔可尼铁矿加工	11/15/00	酚醛树脂	11/15/97
木质玻璃纤维制造	11/15/97	聚丁二烯橡胶	9/5/96
有色金属加工		聚碳酸酯	4/22/94
原铝生产	10/7/97	聚酯树脂	11/15/00
再生铝生产	11/15/97	聚醚多元醇	11/15/97
原铜冶炼	11/15/97	聚对苯二甲酸乙二醇酯树脂	9/12/96
原铅冶炼	11/15/97	聚偏二氯乙烯	11/15/00
再生铅冶炼	6/23/95	甲基丙烯酸甲酯树脂	11/15/00
镁精炼	11/15/00	聚苯乙烯树脂	9/12/96
石油和天然气的生产与精炼		硫化橡胶	9/5/96
石油和天然气生产	11/15/97	聚醋酸乙烯酯乳液	11/15/00
天然气输送和储存	11/15/97	聚乙烯醇	11/15/00
炼油厂-催化裂化、重整和硫磺装置	11/15/97	聚乙烯醇缩丁醛	11/15/00
炼油厂-未列出的其他来源	8/18/95	聚氯乙烯和共聚物	11/15/00

（续表）

种　　类	计划或实际公布标准日期	种　　类	计划或实际公布标准日期
加强塑料复合材料	11/15/00	废物转移和回收作业	7/1/96
苯乙烯-丙烯腈树脂	9/12/96	公共处理工程排放	11/15/95
苯乙烯-丁二烯橡胶和乳胶	9/5/96	污水污泥焚化	11/15/00
无机化学品生产		场地修复	11/15/00
硫酸铵-己内酰胺副产品	11/15/00	生产工艺	
五氧化二锑	11/15/00	气雾剂灌装设备	11/15/00
炭黑	11/15/00	苄基三甲基氯铵生产	11/15/00
氯气	11/15/00	羰基硫的生产	11/15/00
氰化物	11/15/00	螯合剂的生产	11/15/00
二氧化硅微硅粉	11/15/00	氯化石蜡生产	4/22/94
盐酸	11/15/00	铬酸阳极氧化	1/25/95
氟化氢	11/15/00	商业灭菌设备	12/6/94
磷肥	11/15/97	装饰铬电镀	1/25/95
磷酸	11/15/97	干洗(全氯乙烯)	9/22/93
六氟化铀	11/15/00	干洗(石油溶剂)	11/15/00
有机化学品的生产		亚乙基降冰片烯生产	4/22/94
乙烯工艺	11/15/00	炸药生产	11/15/00
季铵化合物	11/15/00	柔性聚氨酯泡沫塑料制造作业	11/15/00
合成有机化学	4/22/94	摩擦产品制造	11/15/00
表面涂层处理		卤化溶剂清洗剂	12/2/94
航空航天工业	9/1/95	硬铬电镀	1/25/95
汽车及轻型货车(表面涂层)	11/15/00	腙生产	11/15/00
平板木镶板(表面涂层)	11/15/00	工业过程冷却塔	9/8/94
大型电器(表面涂层)	11/15/00	皮革鞣制和整理作业	11/15/00
磁带(表面涂层)	12/15/94	OBPA/1,3-二异氰酸酯生产	4/22/94
油漆、涂料和黏合剂的制造	11/15/00	除漆剂用户	11/15/00
金属罐(表面涂层)	11/15/00	摄影化工生产	11/15/00
金属线圈(表面涂层)	11/15/00	邻苯二甲酸酯增塑剂的生产	4/22/94
金属家具(表面涂层)	11/15/00	胶合板、刨花板制造	11/15/00
金属杂件及制品(表面涂层)	11/15/00	制浆造纸系统	
纸张及其他卷筒纸(表面涂层)	11/15/00	牛皮纸、苏打、亚硫酸盐、半化学、机械制浆以及非木材纤维制浆	4/15/98
塑胶零件及制品(表面涂层)	11/15/00	化学回收燃烧源	11/15/00
织物的印刷、涂布和染色	11/15/00	火箭发动机试燃	11/15/00
打印/出版(表面涂层)	5/30/96	橡胶化工制造	11/15/00
造船及修船(表面涂层)	12/15/95	半导体制造	11/15/00
木家具(表面涂装)	12/7/95	对称四氯吡啶生产	4/22/94
废物处理和处置		轮胎生产	11/15/00
危险废物焚烧	4/19/96		

资料来源：*The Air Pollution Consultant*, *Quick Reference Guide*, Vol.8, Issue 7, December 1998 (Elsevier Science)。

为了控制这些污染源类别的 HAPs 的排放，EPA 已经建立 MACT 标准。对于新的污染源，MACT 代表最佳控制的类似污染源。对于现有污染源，MACT 以两种方式定义，具体取决于该类型污染源的普遍性。对于具有 30 个或更多现有污染源的类别，MACT 被定义为严格程度不低于该特定污染源类别中控制水平最佳的 12% 污染源的平均排放水平。对于少于 30 个污染源的类别，MACT 代表由控制水平最佳的 5 个污染源实现的平均排放限制。在污染源有限的情况下，EPA 制作了控制技术指南(Control Techniques Guidance, CTG)文件，该文件确定了可应用于特定污染源类别以满足 MACT 限值的控制技术。

对于区域污染源，EPA 建立了通用控制技术(Generally Available Control Technology, GACT)。GACT 不如 MACT 严格。国会要求 EPA 每 8 年审查和修订一次 MACT 标准。一般而言，现有污染源必须在 MACT 标准颁布后 3 年内达到标准要求。新污染源必须在较晚的启动日期或标准生效日期履行这一规定。

2.2.5 条款Ⅳ——酸雨

本条款旨在减少燃煤电厂的 NO_x 和 SO_2 排放。这些化学物质是酸雨的前体。SO_2 和 NO_x 在大气中转化为硫酸和硝酸雾。当风把这些酸性化学物质吹到潮湿的地方时，它们就会成为雨、雪或雾的一部分。湖泊和溪流通常呈微酸性，但酸雨会使它们酸性增强，从而对植物和动物造成严重损害。

CAA 中本条款的某些规定是在 1995 年实施的，大多数电厂被要求在 2000 年以前将 SO_2 排放量降至 1.2 lb/MM Btu 燃料消耗。根据 EPA 计划，NO_x 和 SO_2 的排放限值可以通过多种方式实现。使用传统燃烧和燃烧后控制技术可以满足 NO_x 的限值排放，通过市场配额计划可以满足 SO_2 的限值排放。根据该计划，每个装置都配给了可购买、出售或共享的排放配额，不允许单位排放的 SO_2 超过其持有的限额。排放率较低的电厂可以将其过量的配额出售给其他电厂，或者用它们来扩大产能。从 2000 年 1 月 1 日开始，电厂将分配总计 890 万 t 的 SO_2 排放配额。

为了核实是否满足排放限值，电厂被要求安装连续排放监测系统(Continous Emission Monitoring Systems, CEMS)以检测 SO_2 和 NO_x 排放总量。同时，需要大量的文件保存记录这些排放数据。

2.2.6 条款Ⅴ——操作许可

1990 年 CAA 要求大多数大气排放源获得操作许可，其目的不是为工厂增加额外要求，而在于将所有 CAA 程序的适用要求汇编到一份文件中。在实施第Ⅴ条要求之前，每个州都需要向 EPA 提交一份详细计划，该计划包括具体的法规、法令和执法权力。每个州都可以自由创建自己的计划版本，只要它符合 EPA 的规定。与 CAA 的其他条款一样，州计划可以比联邦要求更严格。因此，许多州在其操作许可计划中加入了附加条款。

按照 SIP 中的说明，每个污染源必须提交许可申请，其中包括满足所有 CAA 要求的文档。这是 CAA 颇具争议性的条款之一，该条一直到 1997 年才得以通过。

2.2.7 条款Ⅶ——执行

“强制执行”条款是1990年《清洁空气法修正案》中另一个颇具争议性的条款。为证明设施符合排放限值，EPA提出了一项强化监测计划，该计划要求污染源安装和运行连续排放监测系统(Continuous Emission Monitoring System，CEMS)以确保排放达标。由于其成本高昂和复杂性，工业界极力反对其实施。因此，EPA撤回了该计划，转而采用称为合规保证监控(Compliance Assurance Monitoring，CAM)的一个负担较轻的计划。根据该计划，污染源必须通过测量排放率或通过控制和记录控制装置的操作参数来证明其符合CAA排放限制。

由于其余条款对热氧化系统的需求、设计及操作没有显著影响，所以这里不讨论所有的CAA条款。

第3章 VOC 去除效率

什么是挥发性有机化合物(VOC)？根据联邦法规(40 CFR 51.100)，VOC 是一种参与大气光化学反应的含碳化合物，不包括一氧化碳。联邦法规对挥发性有机化合物的定义中明确排除了某些化合物，包括甲烷、乙烷、丙酮、二氧化碳、碳酸、金属碳化物或碳酸盐、碳酸铵、二氯甲烷、三氯乙烷及许多氯氟烃。

热氧化装置能够广泛地应用于 VOCs 废气治理是由于其破坏而不仅仅是捕集(需进一步处理)VOCs。然而，热氧化技术是一种化学反应，很少有化学反应能 100%完成。因此，我们使用实际对 VOC 的氧化反应程度来衡量热氧化系统的性能。这种完全氧化的方法被定义为破坏效率(Destruction Efficiency，DE)或破坏去除效率(Destruction Removal Efficiency，DRE)。它是进入热氧化器的 VOCs 含量减去烟囱排放中未反应的 VOCs 含量，再除以 VOCs 进料速率：公式如下：

$$\text{VOC 破坏效率} = \frac{\text{加入热氧化器中的 VOC 含量} - \text{烟气中 VOC 含量}}{\text{加入热氧化器中 VOC 含量}} \times 100\% \quad (3.1)$$

例如，某种废水的 VOC 排放量为 100 lb/h，热氧化装置对其处理后排放烟气中 VOC 的排放量为 1 lb/h，那么破坏效率就为 99%，计算过程如下：

$$\text{VOC 破坏效率} = \frac{100\ \text{lb/h} - 1\ \text{lb/h}}{100\ \text{lb/h}} \times 100\% = 99\%$$

破坏效率应区别于捕集和破坏。如果一个过程释放 100 lb/h 的特定(或混合)VOCs 废气，而用于收集这些 VOCs 废气的系统只能捕获 98%，这就说明捕集系统的效率为 98%。然后与热氧化装置中的最终 VOCs 破坏效率一起构成了整体的 VOCs 捕集破坏效率。例如，在热氧化装置中 VOCs 破坏效率达到 99%，则总捕集和去除效率为 $0.98 \times 0.99 \times 100\% = 97\%$。

3.1 操作参数

在适当的设计和操作条件下，热氧化系统可以达到很高的 VOCs 破坏效率。而定义热氧化系统最佳条件的参数被称为“3T”：即停留时间(Time)、反应温度(Temperature)以及湍流(Turbulence)。此外，还应该有第 4 个参数条件需要考虑，即剩余氧含量(残氧量)。如果上述 4 个参数均在适当的工作范围内，那么 VOCs 的破坏效率可以达到 99.99% 以上。

3.1.1 温度

热氧化系统的反应温度对 VOCs 的破坏效率的影响是上述 4 个参数中最大的。通常来说，热氧化系统的工作温度在 1 400～2 200 ℉的范围内，但处理含有总还原性硫化合物(Total Reduced Sulfur, TRS)的废气除外(其在工作温度低至 1 200 ℉时即可被有效破坏)。一些典型的 TRS 包括硫化氢、甲硫醇及二甲基硫醚。在给定的操作温度下，破坏效率随化合物的不同而变化。也就是说，在相同的温度下，某些化合物的破坏效率更高。

目前普遍使用自燃温度(Autoignition Temperature, AIT)来估算破坏某种有机化合物所需的反应温度。化合物的 AIT 是指可燃混合物能够从环境中汲取足够的热量以发生自燃的温度。AIT 高的物质通常更加难以破坏。常见化合物的 AIT 如表 3.1 所示。

表 3.1 常见有机化合物的 AIT

化合物	自燃温度(℉)	化合物	自燃温度(℉)
丙酮	869	硫化氢	500
氨气	1 204	煤油	490
苯	1 097	马来酸酐	890
丁二烯	840	甲烷	999
丁醇	693	甲醇	878
二硫化碳	257	甲基乙基酮	960
一氧化碳	1 128	二氯甲烷	1 224
氯苯	1 245	矿物油	475
二氯甲烷	1 185	石油石脑油	475
二甲基硫醚	403	硝基苯	924
乙烷	950	邻苯二甲酸酐	1 084
乙酸乙酯	907	丙烷	874
乙醇	799	丙烯	940
乙苯	870	苯乙烯	915
乙基氯	965	三氯乙烷	932
二氯乙烷	775	甲苯	997
乙二醇	775	松节油	488
氢	1 076	乙酸乙烯酯	800
氰化氢	1 000	二甲苯	924

3.1.2 停留时间

停留时间也是 3T 参数之一。但其对 VOCs 破坏效率的影响不如反应温度那么大。

尽管如此，必须保证足够的停留时间来进行化学反应。通常，热氧化装置中气体的停留时间在 0.5～2 s 之间。较短的停留时间对应于较低的破坏效率；反之亦然。当要求 99.99% 或更高的破坏效率时，通常采用 1.0 s 的停留时间。如果停留时间增加，热氧化剂的操作温度可以适当降低。但是，由于温度是影响 VOCs 破坏的主要因素，因此温度降低通常不超过 50～100 ℉。在某些场合下，反应温度和停留时间由环境法规规定。例如，美国《有毒物质控制法案》(Toxic Substances Control Act, TSCA)规定处理含有多氯联苯(Polychlorinated biphenyls, PCBs)的废物时，它要求反应温度达到 2 192 ℉ (1 200 ℃)，气体停留时间为 2 s，燃烧产物中含氧量为 3%。

3.1.3 湍流

为在设定温度下使反应完全，氧气和 VOCs 分子必须充分混合。这是通过确保热氧化装置内的高湍流度来完成的。通常采用气体雷诺数(*Re*)来定义湍流度。热氧化装置中的雷诺数计算如下：

$$Re = \frac{\text{热氧化器内径} \times \text{气体速率} \times \text{气体密度}}{\text{气体黏度}}$$

为了确保流体完全处于湍流状态，雷诺数通常需要大于 10 000。

由于 *Re* 计算方程中的参数之间是互相关联的，因此可以对其进行一定程度的简化。例如，气体流速与热氧化装置内径有关。气体的速率、密度、黏度都与温度有关。而燃烧产物的成分基本上是不变的。因此，当给定反应温度时，气体的密度与黏度也在很小的范围内变化。但在较高的温度下需要较高的速率，这一事实并不是很直观。这是因为在较高的反应温度下，气体的密度降低，黏度增加。根据以往经验，气体流速应高于 20 ft/s。

3.1.4 氧气含量

氧分子的浓度是热氧化反应的另一重要参数。氧气一般通过助燃空气来供给或者在 VOCs 污染的空气中自身即含有足够的氧。为了确保 VOCs 分子与氧分子接触，系统必须有足够氧。通常情况下，过量氧指在燃烧产物中的氧浓度最少达 3.0%。

3.2 破坏效率

VOC 的破坏效率很难从纯理论的角度量化。通过实验室研究，提出了一个统计模型[2]。该模型将设计和操作参数与 VOCs 的化学和物理性质联系起来。该模型是在实际系统中不存在的活塞流条件下建立的。它也只适用于 99%或更高的破坏效率。

废气的特性可以在很大范围内变化。因此，选择热氧化装置操作参数，以实现最佳 VOCs 破坏效率最好留给那些在各种条件下积累了多年操作数据的公司。表 3.2 提供了 VOCs 的破坏效率与温度、停留时间的函数关系。该表假设燃烧产物中剩余氧含量为 3%，并且存在足够的湍流。

表 3.2　VOCs 破坏效率与滞留时间、工作温度的关系

破坏效率（%）	高于自燃温度程度（℉）	滞留时间（s）
95	300	0.5
98	400	0.5
99	475	0.75
99.9	550	1.0
99.99	650	2.0

3.3　EPA 焚烧性等级

如果热氧化系统是在能够破坏现存大多数 VOCs 的条件下运行的，为什么其依然不能将全部 VOCs 彻底破坏呢？理论表明，即使热氧化系统在过量氧气氛围下运行，热氧化系统内部依然存在着局部缺氧区域，这导致 VOCs 的不完全氧化。正是基于此理论，EPA 提出了焚烧性等级。有机化合物在缺氧环境下的气相热稳定性被认为代表了其相对的热稳定性。根据戴顿（Dayton）大学的研究成果，对数百种有机物的热稳定性进行了列表排名。该等级没有定义达到给定水平的热破坏所需的确切条件，而是对有机化合物的热破坏难度进行了比较。

该焚烧性等级（Incinerability Ranking）如附录 A[3] 所示。其中，化合物按类别分级，其中同一类别的化合物的抗热破坏性相似。例如，氰化氢和苯同属于第 1 类，即两者都被认为难以通过热氧化技术破坏；甲苯属于第 2 类，因此比苯或氰化氢更易被破坏；二溴乙烯属于第 5 类，即比甲苯或氰化氢或苯更容易被热破坏。同样，该等级没有规定达到给定程度的破坏所需的条件，仅规定了破坏有机化合物的相对难易。如果有某一热氧化系统对特定化合物的破坏效率的实际数据，则可使用焚烧性等级来确定在相同条件下另一种化合物的破坏效率是高还是低。

这个焚烧性等级最初被开发出来是为设计危险废物焚化炉。然而，这些数据也同样适用于热氧化器的设计。虽然附录 A 中列出的化合物大多数是固体、液体或相对不确定的物质，并不会在热氧化炉的设计中遇到，但有一些是与其相关的。例如，苯、氰化氢、萘、乙腈、丙烯腈、甲苯、苯胺、吡啶、硝基苯和很多氯代有机化合物。

3.4　环境法规

如第 2 章所述，目前已经在颁布最大可行控制技术（Maximum Achievable Control Technology, MACT）标准以规范 174 个特定 VOCs 排放源类别。已为合成有机化学制造业（Synthetic Organic Chemical Manufacturing Industry, SOCMI）、纸浆及造纸工业颁布了最终的 MACT 标准。两者均建立了燃烧装置作为某些废物的参考控制技术（Reference Control Technology, RCT）。在这些领域下，燃烧装置是衡量竞争技术的技

术标准。

对于 SOCMI 行业，MACT 标准被称为 HON（Hazardous Organic NESHAP）规则。对于燃烧装置，规则要求 98%的 VOCs 破坏效率。拟议的纸浆及造纸工业 MACT 标准也规定了 98%的 VOCs 破坏效率。也提出了新的污染源绩效标准（New Source Performance Standards，NSPS）用于废水处理作业产生的 VOCs。对于 VOCs 热氧化，需要达到 95%的破坏效率。如果热氧化装置在 1 400 ℉、0.5 s 气体停留时间的条件下操作，则可达到该水平。在纸浆和造纸 MACT 标准的情况下，如果热氧化装置在特定条件下操作，即温度为 1 600 ℉，气体滞留时间为 0.75 s，则 VOCs 破坏效率可达 98%。

MACT 标准也被提议用于商业、场外、废物处理、贮存和处置设施。控制装置必须将总有机碳（Total Organic Carbon，TOC）或总有害大气污染物（HAPs）排放量降低 95%。如果使用热氧化装置作为控制装置，则必须在 1 400 ℉的温度下操作，气体停留时间为 0.5 s。

通常，热氧化装置不在低于 1 400 ℉的温度下操作。无论废物流中的 VOCs 成分如何，一些法规要求最低工作温度为 1 400 ℉。但是，有一个例外：废气中含有硫化合物。例如，硫化氢、甲硫醇、二甲硫醚、二甲基二硫醚和硫化碳。这些化合物均不具有高于 500 ℉的自燃温度。因此，当热氧化温度低至 1 200 ℉时，可以获得高破坏效率。

3.5 卤代化合物

在元素周期表中，每一列的元素被分为同一族，具有相似的性质，其中一族即为卤素。组成卤族的元素有氟、氯、溴、碘和砹。这里提到它们是因为有很多有机物含有一种或多种卤族元素，其中最常见的是氯。

热氧化处理这些含卤素的化合物需要特别注意。通常这些化合物是极难处理的。例如，氯化溶剂（二氯甲烷、氯苯、三氯乙烷）。它们的难处理体现在它们的高 AIT 上。

在破坏这些卤素化合物时，还有其他的注意事项。一是酸性气体排放。例如，对氯代有机物，原本 VOCs 里的氯原子转化为主要由氯化氢（HCl）和少量氯气（Cl_2）的混合物。环境法规限制氯（HCl 或 Cl_2）向大气中排放。可用热氧化装置下游的酸气洗涤塔去除这些化合物。氯化氢用水洗涤即可除去，而氯气则要求用苛性碱（如 NaOH）等碱性溶剂。通过提高热氧化装置的操作温度，使产生的氯气与氯化氢的比例下降。这种相对比例由化学平衡来决定。化学平衡将在第 4 章中和酸露点一起更详细地讨论。

例 3.1 间歇式反应器排出的气体中含有丙酮、二甲胺、乙酸乙酯以及氮气、氧气、二氧化碳和水蒸气。使所有组分达到 99%的破坏效率需要多长的停留时间和温度？

解 这些有机组分的自燃温度如下：

丙酮	869 ℉
二甲胺	594 ℉
乙酸乙酯	907 ℉

表 3.2 中处理 VOC 达到 99%破坏效率的标准是工作温度要比其自燃温度高 475 ℉，

在燃烧室内气体滞留时间为0.75 s。由于乙酸乙酯的AIT最高，因此选择1 382 ℉的操作温度(475+907=1 382 ℉)。

例3.2　在被苯污染的气流中，苯的破坏效率必须达到99%。需要什么样的热氧化器操作条件?

解　苯的自燃温度为1 097 ℉。根据表3.2中的标准，工作温度必须至少为1 572 ℉(1 097+475=1 572 ℉)。燃烧室的尺寸必须达到0.75 s的气体停留时间。

需要注意的是，附录A示例中未指定VOCs的含量。通常来说，如果选择正确的气体停留时间、温度、湍流和过量氧气，VOCs的含量不重要。例外的情况是VOCs含量非常少。例如，如果VOCs的浓度低于10 ppm，则达到大于99%的破坏效率就比较困难。通常需要编写热氧化器供应商规范以保证一定程度的VOCs破坏效率以及烟道气中未氧化的VOCs含量的下限。

在选择热氧化剂的设计和操作条件时，必须明确说明破坏效率的要求。当废气中存在一种以上的挥发性有机化合物时，破坏效率要求是适用于每个单独的有机成分还是作为聚合物适用于该组分。

第4章 燃烧化学

热氧化是一个燃烧过程。燃烧是氧气与可燃物质的化学反应,伴随着光的产生和热量的快速产生。在本书所讨论范围内,仅考虑有机化合物为可燃物质。实际上,一些有机金属化合物(例如,六甲基硅烷)也是可燃的。这些化合物在热氧化剂应用中很少遇到,因此将不作进一步讨论。

有机化合物定义为基于碳链或碳环的化合物,同时含有氢,有或没有氧、氮或其他元素。通常有机化合物仅含有碳、氢、氮、氧、氯、氟、溴、碘、硫和磷化学元素。也有例外,但其他元素对热氧化系统的讨论并不太重要。

虽然组成有机物的元素数量与已知的元素总数(106种)相比很少,但仍能够结合产生超过200万种有机化合物。事实上,有机化合物的数量远超无机化合物。废气中的无机物在热氧化时生成的产物在排放到大气之前,通常需要通过下游净化装置来去除。

根据定义,挥发性有机化合物(VOCs)是有机化合物。化合物是一种由不同原子组成的分子物质,其组分不能通过物理方法分离。一个分子是由两个或更多相似或不同的原子通过化学力结合在一起组成的。在热氧化中,分子被分解成最简单的稳定形式。热氧化反应的反应产物通常被称为"燃烧产物"或颗粒有机碳(Particulate Organic Carbon, POC)。

4.1 一般氧化反应

如上所述,热氧化是VOCs与氧气的反应。可简单描述为:

$$VOC + O_2 \longrightarrow CO_2 + H_2O + HCl + SO_2 + N_2$$

更准确的描述为:

$$C_aH_bN_cO_dS_eX_f + [a + e + 0.25(b - f) - 0.5d]O_2 \longrightarrow$$
$$aCO_2 + 0.5(b - f)H_2O + fHX + eSO_2 + 0.5cN_2$$

其中:C——碳原子;

a——有机分子中碳原子数；
H——氢原子；
b——有机分子中氢原子数；
N——氮原子；
c——有机分子中氮原子数；
O——氧原子；
d——有机分子中氧原子数；
S——硫原子；
e——有机分子中硫原子数；
X——卤素原子(氟、氯、溴、碘)；
f——有机分子中卤素原子数。

也可以用另一种形式表示：

$$C \rightarrow CO_2$$
$$H \rightarrow H_2O$$
$$N \rightarrow N_2$$
$$S \rightarrow SO_2 \text{（主要产物，也会生成少量 } SO_3 \text{）}$$
$$Cl \rightarrow HCl \text{（主要产物，也会生成少量 } Cl_2 \text{）}$$

VOC 分子自身含有的氧会减少为完成燃烧反应必须加入的氧气量。

将 VOC 分子中每个原子的数量插入上述方程中，配平燃烧化学反应方程式。注意所示反应是与氧气反应。多数情况下氧气是作为空气的一部分被加入热氧化器中。干空气是由约 79 vol%的氮气和 21 vol%的氧气组成。虽然燃烧反应不需要氮气，但它存在于作为氧气来源的空气中。氮气是惰性气体，这意味着它不会发生反应。氧化反应所需的每一立方米氧气，都伴随着 3.76 m^3 的氮气加入。

例 4.1　甲烷氧化。确定甲烷氧化反应方程式。

解　甲烷的化学式为 CH_4。它的氧化过程如下：

$$CH_4 + [a + e + 0.25(b - f) - 0.5d]O_2 \longrightarrow aCO_2 + 0.5(b - f)H_2O + fHX + eSO_2 + 0.5cN_2$$

在上述通用方程式中，$a=1$，$b=4$，$c=0$，$d=0$，$e=0$，$f=0$。因此，化学氧化反应的系数如下：

O_2 系数 $=[a + e + 0.25(b - f) - 0.5d] = [1 + 0 + 0.25 \times (4 - 0) - 0.5 \times 0] = 2$
CO_2 系数 $= a = 1$
H_2O 系数 $= 0.5(b - f) = 0.5 \times (4 - 0) = 2$

因此，

$$CH_4 + 2O_2 \longrightarrow CO_2 + 2H_2O$$

上例中把甲烷作为可燃物。甲烷是天然气的主要成分，通常占天然气总成分的 90%

以上。其余成分及含量范围见表 4.1。表中数据因地理位置和时间的不同分析结果会发生变化。

表 4.1 天然气的典型成分

组 分	含量（vol%）
甲 烷	80～95
乙烷/乙烯	3～8
丙烷/丙烯	0.5～3
丁 烷	0.2～1
戊 烷	0～0.1
己 烷	0～0.1
二氧化碳	0.1～1.5
氮	0.5～10
示例：匹兹堡，宾夕法尼亚州（1991 年）	
组 分	含量（vol%）
甲 烷	94.06
氮 气	0.28
乙 烷	3.92
丁 烷	0.32
戊 烷	0.19
丙 烯	0.87
二氧化碳	0.36

天然气是热氧化应用最主要的燃料，燃烧计算通常假设天然气完全是甲烷。如果在能量平衡计算中使用实际的天然气热值，并不会产生重大误差（在第 5 章中讨论）。

例 4.2 硫脲氧化。确定硫脲氧化反应方程式。

解 硫脲化学式为 CH_4N_2S

$$C_aH_bN_cS_e+[a+e+0.25(b-f)]O_2 \longrightarrow$$
$$aCO_2+0.5(b-f)H_2O+fHCl+eSO_2+0.5cN_2$$

系数为 $a=1$，$b=4$，$c=2$，$d=0$，$e=1$，$f=0$。

因此，配平的化学反应式为：

$$CH_4N_2S+[1+1+0.25\times(4-0)]O_2 \longrightarrow$$
$$1CO_2+0.5\times(4-0)H_2O+0HCl+1SO_2+0.5\times 2N_2$$

或

$$CH_4N_2S+3O_2 \longrightarrow 1CO_2+2H_2O+1SO_2+1N_2$$

在所有化学反应中，反应两边的原子数必须相等。请看如下示例：

左边						右边					
	C	H	N	O	S		C	H	N	O	S
CH_4N_2S	1	4	2		1	$1CO_2$	1			2	
$3O_2$				6		$2H_2O$		4		2	
						$1SO_2$				2	1
						$1N_2$			2		
总计	1	4	2	6	1		1	4	2	6	1

如上表所示，两侧的原子数相等。

这些反应用完成氧化所需的准确氧含量（化学计量）来表示。后续章节中将会讨论到，为确保每个 VOC 分子与氧分子充分接触，总是要向系统中添加过量的氧气（空气）。在较低的富氧条件下操作可能会导致较低的 VOCs 破坏效率和较高的一氧化碳排放。

4.2　高度卤化的 VOCs

卤化 VOCs 的燃烧产物中含有一定比例的 HX，其中 X 是卤素原子。然而，为确保 HX 生成，氢原子必须足够量存在。在大多数 VOCs 氧化反应中，氢原子以 VOCs 的组分或添加的辅助燃料的形式存在。氢原子可以通过加入比满足热平衡更多的燃料、喷入水或蒸汽或加入氢气等方式实现。

例 4.3　由 75%的光气和 25%的氮气组成的废气在 2 000 ℉温度下被热氧化。光气的化学式为 $COCl_2$，其低位热值为 133 Btu/scf。试确定其氧化化学反应。

解　在没有氢原子的情况下，会发生以下氧化反应：

$$COCl_2 + 1/2O_2 \longrightarrow CO_2 + Cl_2$$

理想情况下，最好将光气分子中的氯原子转化为 HCl，因为燃烧产物中的 HCl 比 Cl_2 更容易通过洗涤去除。这可通过在高温下加入水蒸气来实现，如下所示：

$$COCl_2 + H_2O \longrightarrow CO_2 + 2HCl$$

如果废气中光气的浓度较低，可通过保证所需操作温度所添加的辅助燃料燃烧产生水蒸气。本例中废气的总热值为 100 Btu/scf（$133\times0.75\approx100$ Btu/scf），理论上无须添加辅助燃料。因此，需要人工添加一些水蒸气来产生 HCl 而非 Cl_2。

4.3　化学平衡

VOC 分子中某些原子（如卤素、硫和磷原子）的存在可能会对热氧化系统的设计产生特殊问题。含有这些原子的有机化合物被氧化时会产生酸性气体，这些酸性气体通常对金属具有很强的腐蚀性，有些还会侵蚀热氧化器内部耐火材料内衬。它们向大气的排放也可能受到管制。

在本章前面章节已讲解了氧化反应中每种原子的产物。还会有少量相关副产物生成。这些主要产物和副产物的相对量由化学平衡来决定。化学平衡反过来又取决于热氧化器的操作温度和燃烧产物中剩余组分的浓度。下例可以清楚说明这一点。

例 4.4 热氧化器在 2 200 ℉下操作。废气中含有硫化氢，在常压下生成的燃烧产物组分如下：

组　　分	含量(vol%)
二氧化碳	6.03
水蒸气	11.41
氮	77.23
氧	5.31
二氧化硫	0.028 3

除二氧化硫(SO_2)外，还有少量的三氧化硫(SO_3)生成。化学平衡方程式如下：

$$SO_3 \longleftrightarrow SO_2 + \frac{1}{2}O_2$$

每种硫化物的数量取决于热氧化器条件下的化学平衡和反应动力学。SO_3/SO_2平衡方程式如下：

$$K_{eq} = \frac{(SO_3)}{(SO_2)\ (O_2)^{0.5}}$$

其中：K_{eq}——化学平衡常数；

(SO_2)——燃烧产物中二氧化硫的分压＝二氧化硫体积百分比(vol%)/100×总压(atm)；

(SO_3)——燃烧产物中三氧化硫的浓度＝三氧化硫体积百分比(vol%)/100×总压(atm)。

平衡常数是热氧化器操作温度的函数。这种关系如图 4.1 所示。

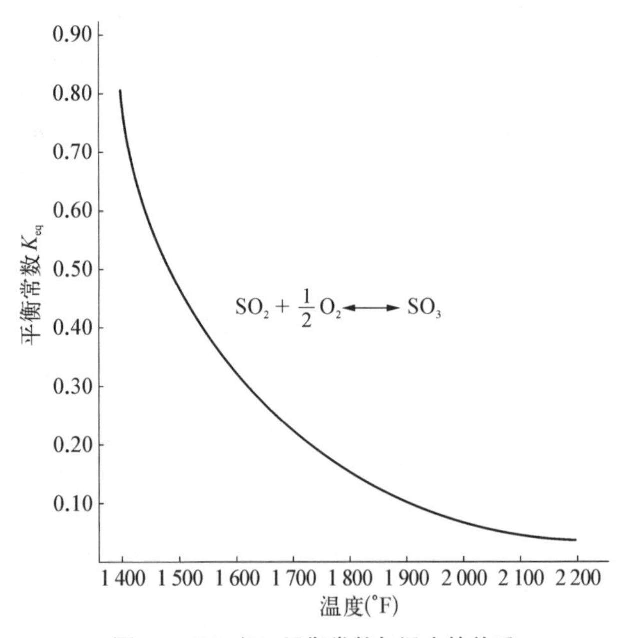

图 4.1　SO_2/SO_3平衡常数与温度的关系

平衡常数也可以通过下列方程式来表示[4]：

$$K_{eq} = 10^{[(11\,996/T) - 0.362\ln(T) + 9.36\times10^{-4}\times T - 2.969\times10^{5}\times(1/T^{2}) - 9.88]/2.303}$$

其中，T——温度(K)。

虽然这个方程式看起来有些复杂，但是将温度代入后就变成了简单的数学计算。2 200 ℉的操作温度约等于 1 477 K。

$$K_{eq} = 10^{[(11\,996/1\,477)-0.362\ln 1\,447+9.36\times10^{-4}\times1\,477-2.969\times10^{5}\times(1/1\,477^{2})-9.88]/2.303}$$

$$K_{eq} = 0.042\,6$$

然后由下式可计算 SO_3 浓度：

$$(SO_3) = K_{eq}(SO_2)(O_2)^{0.5}$$

然而，当计算燃烧产物中的 SO_2 浓度时，假设所有硫都转化为 SO_2。因此，SO_2 浓度必须减掉生成的 SO_3 量（此时 SO_3 的浓度仍未知）。首先假设所有硫转化为 SO_2，利用上述方程计算出 SO_3 的生成量，用 SO_2 含量减掉 SO_3 的生成量，并利用上述方程重新计算出 SO_3 新的生成量。这个迭代过程一直持续到计算结果中 SO_2 和 SO_3 浓度变化不明显为止。图 4.2 是迭代过程的逻辑图。本例可计算如下：

迭 代 次 数	SO_2	SO_3
0	283.000 0	2.780 48
1	280.219 52	2.753 16
2	280.246 84	2.753 43
3	280.246 57	2.753 43
4	280.246 57	2.753 43

如不迭代，也可以使用以下公式：

$$(SO_2,\ \text{ppmv}) = (SO_2)/\{[K_{eq}\times(O_2)^{0.5}]+1\}$$

$$(SO_2,\ \text{ppmv}) = (0.000\,283)/\{[0.042\,6\times(0.053\,1)^{0.5}]+1\}\times10^{6}$$

$$(SO_2,\ \text{ppmv}) = 280$$

$$(SO_3,\ \text{ppmv}) = (X - Y/10^{6})\times10^{6}$$

其中：X——假设所有硫都转化为 SO_2，SO_2 的体积浓度分数=0.000 283；

Y——通过上式计算得到的 SO_2 浓度(ppmv)=280；

$$SO_3(\text{ppmv}) = (0.000\,283-280/10^{6})\times10^{6}$$

$$SO_3(\text{ppmv}) = 2.8$$

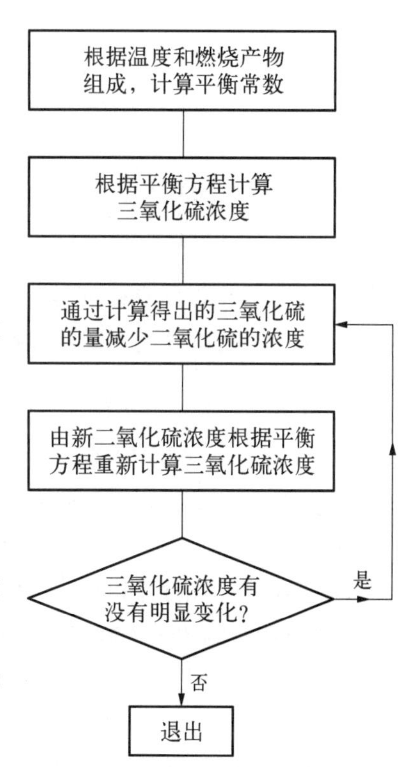

图 4.2　SO_2/SO_3 平衡计算的逻辑图

这种硫氧化物的平衡分布适用于 2 200 ℉。在较低温度下，同样的燃烧产物组成，SO_3 增加而 SO_2 减少，如表 4.2 所示。但在实际情况下，降低温度会改变燃烧产物的组成。因此，SO_2/SO_3 比值将与表 4.2 中所示的不同。事实上，温度对 SO_2/SO_3 比值的影响在例 4.5 中说明。

表 4.2　SO_2/SO_3比值与温度的函数关系(根据例 4.4 燃烧产物)

温度（℉）	SO_2(ppmv)	SO_3(ppmv)
2 200	280	2.8
1 800	274	9
1 400	233	49
1 200	162	121

例 4.5　假设废气组成与例 4.4 中的相同。例 4.4 因为废气的热值较大使得操作温度高达 2 200 ℉。在本例中，冷却空气的加入使得操作温度降低至 1 400 ℉，相应的氧气浓度(影响 SO_2/SO_3平衡)由 5.31 vol%增加至 10.70 vol%。

组　　分	含量(vol%)
二氧化碳	3.96
水蒸气	7.49
氮	77.84
氧	10.70
二氧化硫	0.018 6

在 1 400 ℉时，即 T=1 033.15 K 时，平衡常数值为 0.913。SO_2和 SO_3的浓度计算如下：

$$(SO_2,\ ppmv)=(SO_2)/\{[K_{eq}\times(O_2)^{0.5}]+1\}$$

$$(SO_2,\ ppmv)=(0.000\ 186)/\{[0.913\times(0.107)^{0.5}]+1\}\times 10^6$$

$$(SO_2,\ ppmv)=143$$

$$(SO_3,\ ppmv)=(X-Y/10^6)\times 10^6$$

其中：X——假设所有硫都转化为 SO_2时，SO_2的浓度(体积分数)=0.000 186；

Y——为通过上式计算得到的 SO_2浓度(ppmv)=143；

$$SO_3(ppmv)=(0.000\ 186-143/10^6)\times 10^6$$

$$SO_3(ppmv)=43$$

在例 4.5 中，SO_2/SO_3的比值为 143/43=3.33，然而表 4.2 中的比值在相同的温度下(1 400 ℉)为 233/49(=4.76)。这说明需要确定不同温度下燃烧产物的组成，而不仅仅是在不同温度下使用相同的组成来确定温度对 SO_2/SO_3平衡比的影响。

本例假定的化学平衡仅决定最终反应产物。在实际情况下，化学动力学也可能占据主导地位。事实上，对于含有 SO_2/SO_3的气体，当温度低于 1 800 ℉时，SO_3的浓度会受化学动力学控制并且通常不超过总 SO_2/SO_3浓度的 5%。因此通常认为最大 SO_3浓度是由 1 800 ℉时的平衡常数决定的。

下例说明了含氯废气的平衡计算。

例 4.6　使用热氧化器处理含氯丙烯的废气，热氧化器在 1 800 ℉和常压下操作。燃烧产物如下：

组　　分	含量(vol%)
二氧化碳	5.09
水蒸气	12.17
氮	69.94
氧	11.64
氯化氢	1.16

除氯化氢(HCl)外，还会产生少量氯气(Cl_2)。化学平衡方程式如下：

$$2HCl + 1/2O_2 \longleftrightarrow Cl_2 + H_2O$$

$$K_{eq} = \frac{(Cl_2)(H_2O)}{(HCl)^2\ (O_2)^{0.5}}$$

需使用图 4.2 描述的迭代过程。在这种情况下，每个氯分子的生成需消耗 2 个 HCl 分子。平衡常数可以通过以下公式计算：

$$K_{eq} = 10^{[3\,114.7/T(K) - 3.581\,6]}$$

$$\text{在 } 1\,800\ ℉(1\,255\ K)\ \text{下}, K_{eq} = 0.079$$

首先假设所有氯丙烯中的氯都转化为 HCl，利用上式计算出氯气(Cl_2)的量，用原来计算的 HCl 浓度减去氯气的浓度，重新计算氯气浓度。迭代该过程直至 HCl 和 Cl_2浓度变化不明显。迭代如下所示：

迭代次数	(HCl)	(Cl_2)
0	11 623	30.1
1	11 563	2.8
2	11 563	2.8

由于 Cl_2浓度不再变化，因此不需要进一步的迭代。

使用水洗塔(在第 13 章中讨论)可以很容易地从燃烧产物中除去 HCl。但是，氯气不能单独用水洗涤。提高热氧化器操作温度将增加 HCl/Cl_2比值(即生成更多 HCl，更少氯气)。在仅使用水洗塔满足排放要求的情况时，有时会使用提高操作温度将氯气浓度降低到一定程度。

温度对平衡常数的影响如图 4.3 所示。平衡常数越大，生成的氯气越多。在上面的例子中，假设废气组成不随温度变化，则 HCl/Cl_2的比值在 2 200 ℉时为 913，在 1 400 ℉时为 115。

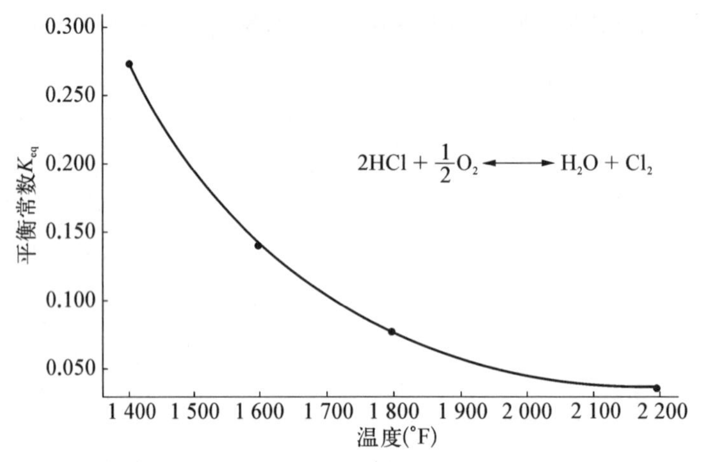

图 4.3 HCl/Cl_2 平衡常数与温度的关系

对其他卤素，包括 HBr/Br_2、HF/F_2 和 HI/I_2，平衡常数与温度的函数关系如表 4.3 所示。对于碘，几乎所有的卤素都转化为 I_2 形式。对于溴，通常会生成比 HBr 更多的 Br_2。相反，几乎所有的氟都转化为 HF 形式。

表 4.3 平衡常数方程

对于 X=卤素(Cl，F，Br，I)

$$2HX+\frac{1}{2}O_2 \longleftrightarrow X_2+H_2O$$

$$K_{eq}=\frac{(Cl_2)(H_2O)}{(HCl)^2\ (O_2)^{0.5}}$$

对于 HCl/Cl_2，$K_{eq}=10\wedge(3\,114.7/T(K)-3.581\,6)$

对于 HF/F_2，$K_{eq}=1/(2.718\wedge(5.874\times((T(K)/6\,672.923)\wedge(-0.98)\times 2.718\wedge(T(K))/6\,672.923)))$

对于 HBr/Br_2，$K_{eq}=1\,707.97\times(T(°F)\wedge(-3\,010.123/T(°F)))$

对于 HI/I_2，$K_{eq}=10\wedge(15.216\times(T(K))\wedge 2+321.423\times(T(K))+2\,645.6)$

资料来源：摘自 Cudahy, J. J., Eicher, A.R., and Troxler, W. L., Thermodynamic equilibrium of halogen and hydrogen halide during the combustiow of halogenated organics, *6th Nat. Conf. Management of Uncontrolled Hazardous Waste Site*, Washington, D. C., November 1985.

对于 SO_2/SO_3，

$$SO_2+\frac{1}{2}O_2 \longleftrightarrow SO_3$$

$$K_{eq}=\frac{(SO_3)}{(SO_2)\ (O_2)^{0.5}}$$

$K_{eq}=10\wedge(((11\,996/T)-0.362\ln(T)+9.36\times 10^{-4}\times T-2.969\times 10^5\times(1/(T^2))-9.88)/2.303)$

其中，T 表示温度(K)。

资料来源：Rynolds, J. P., Dupont, R. R., and Theodore, L., Harardous Waste Incineration Calculations: Problems and Software, John Wiley & Sons, New York, 1991.

4.4 露点

卤化气体和 SO_2/SO_3 达到露点时会对金属产生腐蚀性。露点是 HX 和 SO_3（以

H_2SO_4形式）以液体形式开始凝结的温度。例如，形成的 HCl 可与燃烧产物中的水蒸气结合，在热氧化器低温金属内壁上冷凝，引发腐蚀。这可以通过保持较高的壁温（>300 ℉）来避免。由于该温度高于 HCl 的露点温度，因此不会发生冷凝。热壁温度可以通过选用绝热性较弱的耐火材料，降低耐火材料用量，或对热氧化器进行外保温等方式实现。在使用热氧化器处理含卤素化合物时，这些考虑同样适用于管道、锅炉省煤器管和烟囱。高温外表面应加以屏蔽，注意人员防护。

如前所述，考虑的酸有：

- 硫酸来自 SO_2/SO_3
- 盐酸来自 HCl/Cl_2
- 氢溴酸来自 HBr/Br_2
- 氢碘酸来自 HI/I_2
- 氢氟酸来自 HF/F_2

计算这些物质露点的公式如表 4.4 所示。在任何情况下，燃烧产物的水蒸气含量都会影响露点。一般来说，如果水蒸气含量较高，则露点较高。但酸性物质的浓度对露点的影响大于水蒸气含量的影响。

表 4.4　酸性气体露点

氢溴酸（HBr）

$$1\,000/T_{dp} = 3.563\,9 - 0.135\ln(P_{H_2O}) - 0.039\,8\ln(P_{HBr}) + 0.002\,35\ln(P_{H_2O})\ln(P_{HBr})$$

盐酸（HCl）

$$1\,000/T_{dp} = 3.735\,8 - 0.159\,1\ln(P_{H_2O}) - 0.032\,6\ln(P_{HCl}) + 0.002\,69\ln(P_{H_2O})\ln(P_{HCl})$$

氢氟酸（HF）

$$1\,000/T_{dp} = 3.850\,3 - 0.172\,8\ln(P_{H_2O}) - 0.023\,98\ln(P_{HF}) + 0.001\,135\ln(P_{H_2O})\ln(P_{HF})$$

其中，T_{dp}——露点温度（K）；P＝总压力（mmHg）×POC 中组分的体积分数。

资料来源：Kiang, Y. H., Predicting dewpoints of acid gases, *Chem Eng.*, February 9, 1981.

硫酸（H_2SO_4）

$$1\,000/T_{dp} = 1.784\,2 + 0.026\,9\log(P_{H_2O}) - 0.102\,9\log(P_{SO_3}) + 0.032\,9\log(P_{H_2O})\log(P_{SO_3})$$

其中，T_{dp}——露点温度（K）；P——分压（atm）。

资料来源：Pierce, R. R., *Chem. Eng.*, April 11, 1977.

确保所有与燃烧产物接触的壁面在露点温度以上时，可以防止发生露点腐蚀。因表 4.4 中的公式使用的不是英制单位，特用例 4.7 说明其用法。

例 4.7　燃烧处理含有硫化氢的废气，在常压下产生如下组分的燃烧产物：

组　分	含量（vol%）	组　分	含量（vol%）
二氧化碳	6.03	氧	5.31
水蒸气	11.41	二氧化硫	0.028 3
氮	77.23	三氧化硫	0.000 3（根据化学平衡）

试计算硫酸露点。

解 使用表 4.4 中的硫酸露点公式，计算硫酸露点：

$$1\,000/T_{dp}=1.784\,2+0.026\,9\log(P_{H_2O})-0.102\,9\log(P_{SO_3})+0.032\,9\log(P_{H_2O})\log(P_{SO_3})$$

$$P_{常压}=1\text{ atm}$$

$$P_{H_2O}=(11.41/100)=0.114\,1\text{ atm}$$

$$P_{SO_3}=(0.000\,3/100)=0.000\,003=3\times10^{-6}\text{ atm}$$

将其代入露点方程之中：

$$1\,000/T_{dp}=1.784\,2+0.026\,9\log(P_{H_2O})-0.102\,9\log(P_{SO_3})+0.032\,9\log(P_{H_2O})\log(P_{SO_3})$$

$$1\,000/T_{dp}=1.784\,2+0.026\,9\log(0.114\,1)-0.102\,9\log(3\times10^{-6})+0.032\,9\log(0.114\,1)\log(3\times10^{-6})$$

$$T_{dp}=400\text{ K}=261\text{ °F}=127\text{ ℃}$$

4.5 不充分燃烧产物(PICs)

酸性气体因其腐蚀问题而应尽量避免产生，另一类不期望出现的燃烧产物称为“不充分燃烧产物”(Products of Incomplete Combustion，PICs)。当热氧化器内的温度、停留时间、湍流或氧气量不足时，VOCs 可能不会被完全氧化。虽然它们可能不再以最初的形式存在，而会形成除二氧化碳和水蒸气之外的其他有机物。典型的 PICs 有醛类、酮类和醚类，醛类物质会引起烟囱中排气的气味问题。因此从环保的角度上讲，热氧化器并没有达到完全破坏所有有机物的目的，通常这些 PICs 利用标准 EPA 排气检测技术会检测到，其存在降低了总 VOCs 去除效率。幸运的是，热氧化器的适当设计和操作可极大地降低 PICs 的排放量。一氧化碳排放量通常被作为不充分燃烧的关键指标。如果一氧化碳排放量很低(例如，小于 50 ppmv)，则 PICs 的生成也是极少的。

4.6 亚化学计量燃烧

当亚化学计量(少于理论量)的氧气被加入燃烧过程中时，会发生部分氧化。此时，供给到燃烧系统的氧气不足以氧化所有的有机物。有时候这种情况是故意为之的。例如，对含有氮化合物的废气进行部分氧化是有好处的，这样，大部分氮被转化为无害的氮气(N_2)而非有害的氮氧化物(NO_x)。随后在热氧化器的下游喷入额外的空气/氧气，将部分燃烧产物(例如 CO、H_2)完全氧化(将在第 11 章详细描述)。

有机物的这种部分氧化导致了更复杂的化学反应。例如，存在于有机物中的碳转化为一氧化碳和二氧化碳。正如前面所述的卤素和硫酸气体一样，每种组分的相对量由化学平衡决定。发生的反应如下：

$$2C+\frac{3}{2}O_2\longleftrightarrow CO+CO_2$$

$$4H+\frac{1}{2}O_2\longleftrightarrow H_2+H_2O$$

由这些产物发生的另外的平衡反应如下：

$$CO+H_2O\longleftrightarrow H_2+CO_2$$

该反应被称为水—气转换反应，在燃烧和气化的其他领域中广为人知。部分氧化中的复杂平衡最好留给计算机模型来处理，但与酸—气平衡一样，它也是操作温度的函数。

4.7　排放校正系数

热氧化器的设计是以达到环保许可的排放水平为指导。这些以体积浓度为基础的排放浓度在某种程度上受热氧化器的残氧量(燃烧产物中的氧含量)影响。增加过量空气会增加燃烧产物的体积，并稀释了燃烧产物中污染物的浓度。曾经有一种说法："污染的解决方案就是稀释"。但是，EPA 认识到这种方式并不能真正达到环保规范的目标，因此，烟囱排气的排放水平(如 NO_x、CO、SO_2)必须被校正到某一特定的氧气或二氧化碳水平，典型值为 3%、7%的 O_2(干基)和 12%的 CO_2。如果以干燥排气为基准进行校正，那么在应用校正因子之前，必须先将燃烧产物中的氧含量调整为干基氧含量。通常，校正系数应用如下式所示：

$$C_f=\frac{[21-\text{参考 } O_2 \text{ 含量}(\%)]}{[21-\text{测量 } O_2 \text{ 含量}(\%)]}$$

其中，C_f——校正系数。

对于 CO_2，校正系数是一个比值。

$$C_f=\frac{\text{测量 } CO_2 \text{ 含量}(\%)}{\text{参考 } CO_2 \text{ 含量}(\%)}$$

在这两种情况下，测量的排放值均要乘以校正系数。

例 4.8　烟气的组成如下所示。将 NO_x 排放浓度校正为以 3%干基氧含量为基准的排放浓度。

组　　分	含量(vol%)
二氧化碳	4.8
水蒸气	6.4
氮	82.9
氧	5.9
氮氧化物(NO_x)	0.002 5(干基)

注：vol%通过乘 10 000 转换为 ppmv。在上例中，0.002 5 vol%NO_x＝10 000×0.002 5＝25 ppmv。大多数分析仪器以干基测量 NO_x。

解 必须先将烟气中的氧含量转换为干基氧含量，如下所示：

$$干基\ O_2\ 含量(\%) = 湿基\ O_2\ 含量(\%)/[100 - 水蒸气含量(\%)]$$

$$干基\ O_2\ 含量(\%) = 5.9/(100 - 6.4) = 6.30$$

因此，校正系数为：

$$C_f = (21 - 3)/(21 - 6.3) = 1.224$$

校正后的 NO_x 排放量是测量值乘以校正系数。在本例中：

$$校正后的\ NO_x(干基,3\%O_2) = 25 \times 1.224 = 31\ ppmv$$

有些情况下，即使没有稀释燃烧产物，也必须应用氧气校正系数。例如，在热氧化过程中，被 VOC 污染的空气中氧含量仍然很高。即使没有任何额外的空气被添加到热氧化器中，在烟囱中的氧含量仍高达 18%～20%。监管者应认识到，在这些情况下，并没有试图稀释燃烧产物，也不应进行氧气校正。

在美国，公布的污染物排放浓度单位通常是 ppmv。而在欧洲和美国某些情况下公布的污染物排放浓度单位通常是 mg/Nm^3（毫克每标准立方米）。在美国除常温是 32 ℉(0 ℃)，正常状态与标准状态是一样的。这两组单位转换公式如下：

$$1\ mg/Nm^3 \times 22.38/MW = 1\ ppmv$$

例 4.9 将 100 ppmv 的 NO_x（以 NO_2 计）和 50 ppmv 的一氧化碳转换为以 mg/Nm^3 为单位。

解 NO_x（以 NO_2 计）和一氧化碳的分子量分别是 46 和 28。因此：

$$100\ ppmv\ NO_2/(22.38/46) = 206\ mg/Nm^3$$

$$50\ ppmv\ CO/(22.38/28) = 63\ mg/Nm^3$$

在热氧化系统中，废气和燃烧产物的组成几乎总是以体积百分比(vol%)来表示。体积百分比可以使用以下公式转换为重量百分比：

$$W = V \times (MWv/MWo)$$

其中：W——气体组分的重量百分比(wt%)；

V——气体组分的体积百分比(vol%)；

MWv——以 vol%表示的气体组分的分子量；

MWo——混合气体的平均分子量。

例 4.10 来自热氧化器的燃烧产物的体积百分比如下。将其转换为重量百分比。

组　　分	体积百分比(vol%)
二氧化碳	5.41
水蒸气	54.07
氮	37.53
氧	3.00

解　该混合气体的平均分子量为 $(0.0541\times 44+0.5407\times 18.01+0.3753\times 28.01+0.03\times 32)=23.6$。转换为重量百分比如下：

组　　分	体积百分比(vol%)	重量百分比(wt%)
二氧化碳	5.41	$5.41\times 44.01/23.6=10.09$
水蒸气	54.07	$54.07\times 18.02/23.6=41.29$
氮	37.53	$37.53\times 28.01/23.6=44.54$
氧	3.00	$3.00\times 32.0/23.6=4.07$

第 5 章　质量平衡和能量平衡

5.1　基本原则

热氧化系统将废气温度升高至 VOCs 发生氧化反应的水平，在此过程中，可以添加空气、辅助燃料，有时还可以加入水或蒸汽。但是，在任何情况下，输入流的质量必须完全等于输出流的总质量。一般来说，所有化学反应器应满足：

输入（质量）＝输出（质量）＋累积

在热氧化器中没有累积。因此，输入一定等于输出。

以天然气（主要成分为 CH_4）燃烧为例，反应如下式所示：

$$CH_4 + 2O_2 \longrightarrow CO_2 + 2H_2O$$

在方程两边必须有相等数量的同种原子。使用第 4 章中所示的平衡燃烧反应的公式可得出以下平衡方程：

$$CH_4 + 2O_2 \longrightarrow CO_2 + 2H_2O\text{（含氧）}$$

$$CH_4 + 2O_2 + 7.6N_2 \longrightarrow CO_2 + 2H_2O + 7.6N_2\text{（空气为氧气来源）}$$

在该等式的两侧有相等数目的同种原子，等式两边质量相等。在大多数燃烧反应中，会加入过量的氧气（或空气）。

5.1.1　分子量

为了证明平衡方程两侧的质量相等，我们必须首先计算出每个反应物的分子量。任何化合物的分子量都是每个组成元素的原子数乘以其原子量的总和。每种元素都有一个特定的原子量，所有已知元素的原子量见附录 B。在热氧化系统中，通常只存在少量的元素种类。常见的热氧化反应中的元素以及原子量如下：

元　素	原 子 符 号	原 子 量
碳	C	12.01
氢	H	1.01
氮	N	14.01
氧	O	16.00
硫	S	32.06
氯	Cl	35.45

参与上述甲烷燃烧反应的物质的分子量如下所示：

$$CH_4 = 12.01 + 4 \times 1.01 = 16.05$$

$$O_2 = 2 \times 16.00 = 32.00$$

$$CO_2 = 12.01 + 2 \times 16.00 = 44.01$$

$$H_2O = 2 \times 1.01 + 16.00 = 18.02$$

5.1.2　摩尔数

化合物的质量除以其分子量等于该物质的摩尔数。在甲烷燃烧反应中，1 mol 甲烷与 2 mol 氧结合生成 1 mol 二氧化碳和 2 mol 水蒸气。尽管甲烷燃烧反应方程式两侧的总摩尔数相等，但这只是个特例。通常，反应方程式两侧的摩尔数不需要平衡，只需要质量平衡。

如果质量以磅为单位，则摩尔数称为“磅摩尔”，并用缩写 lb・mol 表示。在标准状态下，每 lb・mol 化合物的体积为 379 ft^3。这里使用的标准状态是 60 ℉和 1 个大气压。但是，标准状态不是绝对的。不同行业定义了不同的温度作为标准状态。各种“标准”温度为 32 ℉(0 ℃)，60 ℉，68 ℉，72 ℉和 77 ℉。在本书中，60 ℉用作流量计算的标准温度，77 ℉用于燃烧热计算的标准温度。不同标准之间所产生的误差可以忽略不计。

虽然化学工程师和化学家可能更喜欢使用磅摩尔(lb・mol)，但其他行业更倾向于使用标准立方英尺(scf)，它们之间可以使用以下公式进行转换：

$$\text{scf} = \text{lb} \cdot \text{mol} \times 379$$

$$\text{lb} \cdot \text{mol} = \text{lb}/MW$$

$$\text{scf} = \text{lb}/MW \times 379$$

$$\text{mole}\ \% = \text{vol}\%$$

其中：scf——标准立方英尺，1 scf=0.028 316 8 m^3；

　　MW——分子量。

由于 scf 可与 lb・mol 互相转换，因此它们可以以相同的方式用于平衡热氧化反应。以 10 scfm 的甲烷燃烧为例：

	CH_4	+	$2O_2$	⟶	CO_2	+	$2H_2O$
scfm	10		20		10		20
lb·mol/min	10/379		20/379		10/379		20/379
lb/min	(10/379)×16.04		(20/379)×32		(10/379)×44.01		(20/379)×18.02

计算结果如下：

	CH_4	+	$2O_2$	⟶	CO_2	+	$2H_2O$
scfm	10		20		10		20
lb·mol/min	0.026 4		0.053		0.026 4		0.053
lb/min	0.423		1.696		1.161		0.955

总质量输入＝0.423＋1.696＝2.12 lb/min

总质量输出＝1.161＋0.955＝2.12 lb/min

同样，上例中 scfm 和 lb·mol/min 相等也是特殊情况。

例 5.1　(25 scfm)苯用氧气氧化，确定燃烧产物。

解　苯的化学式为 C_6H_6，分子量为 78.12。

	C_6H_6	+	$\frac{15}{2}O_2$	⟶	$6CO_2$	+	$3H_2O$
scfm	25		(15/2)×25		6×25		3×25
lb·mol/min	25/379		(15/2)×25/379		6×25/379		3×25/379
lb/min	25/379×78.12		(15/2)×25/379×32.00		6×25/379×44.01		3×25/379×18.02

或者

	C_6H_6	+	$\frac{15}{2}O_2$	⟶	$6CO_2$	+	$3H_2O$
scfm	25		187.5		150		75
lb·mol/min	0.066		0.495		0.396		0.198
lb/min	5.16		15.84		17.43		3.57

总质量输入＝5.16＋15.84＝21.0 lb/min

总质量输出＝17.43＋3.57＝21.0 lb/min

可以发现此例中方程式两侧的 scfm 和 lb·mol 就不再相等。

5.2　能量平衡

质量输入和质量输出必须相等，同样能量输入和能量输出也必须相等。由于热氧化器不作机械功，因此以焓平衡表示该能量平衡。焓被定义为内能加上压力和体积的乘积。同时，它也等于热减去功。当应用于热氧化器能量计算时，它是物质相对于参考状态(温度和压力)的热含量。它是物质的质量、热容以及实际温度与标准参考温度之差的乘积。在英制单位中,热量用英国热量单位(Btu)来描述。1 Btu 等于将 1 磅(lb)水的温度升高 1 ℉所需的热量。热容是将任何物质的温度提高 1 ℉所需的热量。当该物质为水时即为 1 Btu。不同物质的热容不同,且随温度的变化而变化。它与温度的关系将在本章后面讨论。一般来说:

$$\delta H = Q$$

其中:Q 为热能;δH 为焓变化。

扩展这个等式:

$$\delta H = Q = mC_p(T_a - T_r)$$

其中:m——物质质量(lb);

C_p——该物质的平均热容量[Btu/(lb・℉)];

T_a——物质的温度(℉);

T_f——参考温度(℉),例如 77 ℉(25 ℃)。

该等式适用于固体、液体和气体。

例 5.2　将 10 lb 液态水的温度从 32 ℉升高至 212 ℉(但水仍然是液态)。在该温度范围内水的平均热容量为 1.0 Btu/lb・℉。以 32 ℉作为参考温度(焓=0),则焓变为:

$$\delta H = Q = mC_p(T_a - T_r)$$

$$\delta H = 10\ \text{lb} \times 1.0\ \text{Btu/(lb} \cdot {^\circ}\text{F)} \times (212 - 32){^\circ}\text{F}$$

$$\delta H = 1\,800\ \text{Btu}$$

这个结果与蒸汽表中列出的水在 212 ℉下的焓值 180 Btu/lb 相吻合。

不改变物质物理状态的热含量的变化称为“显热”。当状态发生变化时,所需的(或产生的)热量称为“潜热”。例如,在上述例子中,必须加入 970 Btu/lb(在大气压下)的热量将水蒸发加热到 212 ℉。因此,蒸发 10 lb 的水需要 9 700 Btu 的热量。蒸发水所需的潜热超过将水从 32 ℉升温至 212 ℉所需的显热。要将水蒸气继续加热所需的显热计算公式仍为:

$$\delta H = Q = mC_p(T_f - T_i)$$

其中,T_f和 T_i分别为最终温度和初始温度。在这种情况下,热容是蒸汽初始温度和最终温度之间的平均热容。因此,要将 10 lb 水蒸气的温度升高到 1 500 ℉,所需的热量为

$$Q = 10\ \text{lb} \times 0.495\ \text{Btu/(lb} \cdot {^\circ}\text{F)} \times (1\,500 - 212){^\circ}\text{F}$$

$$Q = 6\,376\ \text{Btu}$$

其中,0.495 Btu/(lb・℉)为水蒸气的平均热容。

因此,要将 10 lb 液态水(并转换成水蒸气)的温度从 32 ℉升高到 1 500 ℉,需要的总热量为:

$$1\,800 + 9\,700 + 6\,376 = 17\,876\ \text{Btu(或 }1\,788\ \text{Btu/lb)}$$

焓和热的概念相对简单。但是,必须了解热容(C_p)随温度的变化。空气和典型燃烧产物热容随温度的变化[单位: Btu/(lb・mol・℉)]以表格形式列于表 5.1 中。

表 5.1 典型燃烧气体的平均摩尔热容 [Btu/(lb・mol・℉)]

温度(℉)	N_2	O_2	空气	CO_2	H_2O	HCl	SO_2
600	7.02	7.26	7.07	9.97	8.25	7.05	10.6
800	7.08	7.39	7.15	10.37	8.39	7.10	10.9
1 000	7.15	7.51	7.23	10.72	8.54	7.15	11.2
1 200	7.23	7.62	7.31	11.02	8.69	7.19	11.4
1 400	7.31	7.71	7.39	11.29	8.85	7.24	11.7
1 600	7.39	7.80	7.48	11.53	9.01	7.29	11.8
1 800	7.46	7.88	7.55	11.75	9.17	7.33	12.0
2 000	7.53	7.96	7.62	11.94	9.33	7.38	12.1
2 200	7.60	8.02	7.69	12.12	9.48	7.43	12.2
2 400	7.66	8.08	7.75	12.28	9.64	7.47	12.3

资料来源: Williams. E.T. and Johnson, R.C., *Stoichiometry for Chemical Engineers*, Mc Graw Hill, New York, 1958.经许可。

要将 Btu/(lb・mol・℉)转换为 Btu/(lb・℉),只需将表中的值除以气体的分子量即可。上表 5.1 中所示气体的分子量如下:

氮气	28.01
氧气	31.99
二氧化碳	44.01
水蒸气	28.01
空气	28.85
氯化氢	36.45
二氧化硫	64.06

表 5.2 典型燃烧气体的平均摩尔热容量[Btu/(lb・mol・℉)]

热容 $=A\times[2.718\ 28^{((\ln(T)-B)^2/C)}]$

T=温度(℉)

Gas	A	B	C
CO_2	7.369	1.324	82.591
H_2O	8.035	5.701	23.727
N_2	6.941	5.696	45.022
O_2	6.953	4.576	69.314

对于 HCl,

$$热容=\{[(-1.036\times10^{-9})\times T^3-(0.317\times10^{-5})\times T^2-(0.182\times10^{-2})\times T+7.244]+6.96\}/2$$

对于 SO_2,

$$热容=\{[(2.057\times10^{-9})\times T^3-(0.910\ 3\times10^{-5})\times T^2-(0.134\times10^{-2})\times T+6.157]+9.54\}/2$$

其中,T——温度(K)。

资料来源: Hougen, O., Watson, K., and Ragatz, R., Chemical Process Principles, John Wiley & Sons, New York, 1964. 经许可。

表 5.2 列出了这些常见燃烧产物的热容随温度变化的计算公式。

对于严格的计算，还必须知道进入热氧化器的每种 VOC 组分的热容。在计算把 VOC 废气及其产物升温到热氧化最终温度所需的热量时，扣除废气中 VOC 组分带来的热量。这一概念将在本章后面进一步阐述。

有两种情况下 VOC 的热容不那么重要：(1) 当废气处于环境温度且不含显热时(与参考温度相比)；(2) 当 VOC 的浓度小到对热平衡的影响可以忽略不计时。对于第一种情况，废气的焓值是废气温度和标准参考温度之差的函数。例如，如果选择 77 ℉(25 ℃)作为参考温度并且废气温度为 77 ℉，那么废气的焓值为零。焓值也是组分质量的函数。对于第二种情况，如果挥发性有机化合物的质量与废气的总质量相比可以忽略不计，那么即使处于高温，它们对热平衡的影响也可以忽略不计。

5.3　高位热值(HHV)和低位热值(LHV)

与废气的总量(主要包含惰性组分，例如氮气)相比，VOC 本身的量通常很小。尽管如此，这种相对较小量的 VOC 氧化过程中释放的热量仍然很重要。几乎所有的有机化合物在被氧化时都会释放出一定量的热量。含 VOC 的废气在热氧化时释放的热量可能很大，在很多情况下，即使不添加辅助燃料就能达到热氧化器的操作温度。这种热释放称为燃烧热，英制单位通常以 Btu/lb 表示。它有两种形式，即高位热值(Higher heating value，HHV)或低位热值(Lower heating value，LHV)。

高位热值有时称为“总”热值，而低位热值有时称为“净”热值。技术人员必须了解其差异并在计算中使用正确的值。这两个术语代表相同的信息，但格式不同。高位热值表示在指定的参考温度下用化学计量的空气氧化，最终得到在相同的温度下的燃烧产物和液态水。低热值的定义差别在于产生的水处于蒸汽状态下。大多数热力学数据的参考温度为 25 ℃(77 ℉)。这将是本书中用于燃烧计算的参考温度。

为了说明高位热值和低位热值之间的差异，以甲烷燃烧为例。其反应如下所示。

$$CH_4 + 2O_2 \longrightarrow CO_2 + 2H_2O$$

高位热值和低位热值之间的差异在于生成水的形态。蒸发水需要热量(在 77 ℉和大气压下为 1 050 Btu/lb)。水的汽化热确实随温度而变化，这就解释了为什么上面给出的在 77 ℉下的值(1 050 Btu/lb)与前面章节给出的参考温度为 212 ℉下的值(970 Btu/lb)不一致。相反，当水蒸气凝结时，它会释放热量。

列表给出的甲烷的 HHV 值为 23 879 Btu/lb。这是每磅甲烷燃烧释放的总热量，在此假定产生的水蒸气最终冷凝为液态。相反，低位热值则要假定生成的水为气态。甲烷的列表 LHV 值为 21 520 Btu/lb。高位热值和低位热值的不同之处在于水的相态(液体与蒸气)。由于化学反应方程式是已知的，因此可以通过一个值推导出另一个值。由于每 1 mol(scfm)甲烷燃烧生成 2 mol(scfm)的水蒸气，因此 HHV 和 LHV 之间的差值计算如下：

$$\mathrm{LHV} = \mathrm{HHV} - \frac{(N \times 18.02)}{MW_{\mathrm{voc}}} \times 1\ 050.2$$

其中：LHV——低位热值(Btu/lb)；

HHV——高位热值(Btu/lb)；

N——每1 mol VOC产生的水蒸气摩尔数；

MWvoc——VOC或有机化合物的分子量。

最初假设1 mol甲烷：

$N=2$(1 mol甲烷产生2 mol水蒸气)

MWvoc$=16.04$(甲烷)

HHV＝23 879 Btu/lb(甲烷)

$$\text{LHV}=23\ 879-\frac{(2\times 18.02)}{16.04}\times 1\ 050.2=21\ 519\ \text{Btu/lb}$$

以相同的方式，可以通过LHV计算HHV。

在热氧化系统中，燃烧反应产生的水蒸气很少冷凝。因此，在热平衡计算中通常使用LHV。然而，一些列表数据只给出了HHV值。如果是这种情况，可以用上述公式将HHV转换为LHV。

即使VOC释放的热量足以将其温度升高到热氧化系统的操作温度，也必须通过点火加热来启动氧化反应。自燃温度的概念在第4章中已介绍过。为了释放VOC中所含的热量，首先必须将VOC的温度提高到其自燃温度。因此，不管废气本身的热值有多高，启动时通常需要辅助燃料燃烧器。

5.4 辅助燃料

在许多情况下，VOC燃烧释放的热量是不足以将废气的温度(加上所需的助燃空气)升高到热氧化器的操作温度。通常，在美国，使用天然气作为补充燃料以产生实现目标操作温度所需的额外燃烧热。但是，偶尔也会使用燃油。燃料油的热值通常以HHV表示。由于燃料油不是由一种而是由许多复杂的有机化合物组成的混合物，HHV和LHV之间的精确换算更加复杂。通常，LHV大约是HHV的90%。

5.5 质量-体积放热换算

虽然前面讨论的放热量都是基于每磅有机物或VOC，但是基于每标准立方英尺的热量单位(Btu/scf)也是很常见的。已知放热物质的分子量，可以使用以下公式进行从Btu/lb到Btu/scf的转换：

$$\text{Btu/scf}=\text{Btu/lb}\times MW\text{voc}/379$$

其中：MWvoc——VOC的分子量。

再次以甲烷为例：

$$\text{Btu/scf}=21\ 520\ \text{Btu/lb(LHV)}\times 16.04/379$$

$$Btu/scf=911$$

甲烷的列表低位热值为 913 Btu/scf。低位、高位热值的概念也可使用这些单位(Btu/scf)来表示。

5.6 混合物热值

废气很少由单一成分组成。通常是 VOC 和空气或惰性气体(如 N_2、CO_2)的混合物。废气的总热值可通过加和每种可燃组分的体积百分比乘以其热值来计算。如下例所示。

例 5.3　焦炉废气具有以下组成,计算其热值。

组　　分	含量(vol%)
一氧化碳	4.5
氢	57.9
甲　烷	30.3
氮	5.5
二氧化碳	1.8

解　这些组分的热值如下(LHV):

组　　分	LHV(Btu/scf)
一氧化碳	322
氢	275
甲　烷	913
氮	0
二氧化碳	0

每个组分对总热值的贡献如下:

放热:

组　　分	LHV(Btu/scf)
一氧化碳	$0.045\times322=14.5$
氢	$0.579\times275=159.2$
甲　烷	$0.303\times913=276.6$
氮	$0.055\times0=0$
二氧化碳	$0.018\times0=0$

总计约为 450 Btu/scf。

表 5.3 列出了一些常见燃料、烃类化合物和其他可燃化合物的热值。附录 C 包含了一个更加完备的列表。

表 5.3　常见可燃气体的燃烧热

组　分	燃烧热		组　分	燃烧热	
	LHV (Btu/lb)	LHV (Btu/scf)		LHV (Btu/lb)	LHV (Btu/scf)
氢　气	51 623	275	乙　烯	20 295	1 513
一氧化碳	4 347	322	丙　烯	19 691	2 186
甲　烷	21 520	913	苯	17 480	3 601
乙　烷	20 432	1 641	甲　苯	17 620	4 284
丙　烷	19 944	2 385	二甲苯	17 760	4 980
正丁烷	19 680	3 113	甲　醇	9 708	768
异丁烷	19 629	3 105	乙　醇	11 929	1 451
正戊烷	21 091	3 709	氨	8 001	365
异戊烷	19 478	3 716	硫化氢	6 545	596
正己烷	19 403	4 412			

资料来源：转引自 Reynolds, J., Dupont, R., and Theodore, L., *Hazardous Waste Incineration Calculations*, John Wiley & Sons, New York, 1991.

5.7　VOC 热值估算

总共有超过 200 万种有机化合物。一些化合物的燃烧热可在文献中找到。热值也可以根据其化学分子式通过下面这个方程式来估算[5]：

$$H_c = 15\,410 + 100 \times [(\mathrm{H} \times 1.01/MW) \times 323.5 - (\mathrm{S} \times 32.04/MW) \times 115 - (\mathrm{O} \times 32/MW) \times 200.1 - (\mathrm{Cl} \times 35.45/MW) \times 162 - (N \times 14.01/MW) \times 120.5] \tag{5.1}$$

其中：H_c——燃烧热(Btu/lb-HHV)；

H、S、O、Cl、N——VOC 中 H、S、O、Cl、N 的原子数；

MW——VOC 的分子量。

例 5.4　一个化合物的化学式 $C_2H_4Cl_2$(二氯乙烷)，估算其热值。

解

$$\mathrm{H}=4$$

$$\mathrm{C}=2$$

$$\mathrm{Cl}=2$$

$$\mathrm{S}=0$$

$$O=0$$

$$N=0$$

其分子量 $MW=2\times12.01(C)+4\times1.01(H)+2\times35.45(Cl)=98.96$

$$H_c=15\,410+100\times[(4\times1.01/98.96)\times323.5-(0\times32.04/98.96)\times115-(0\times32/98.96)\times200.1-(2\times35.45/98.96)\times162-(0\times14.01/98.96)\times120.5]$$

$$H_c=5\,124\ \text{Btu/lb(HHV)}$$

已知二氯乙烷高位热值的文献值为 5 398 Btu/lb。

使用上述方法对其他化合物的热值估算和文献值比较如下：

化合物	化学式	燃烧热(Btu/lb-HHV)	
		文献值	估值
萘	$C_{10}H_8$	17 298	17 449
丙烷	C_3H_8	21 661	21 338
异丙醇	C_3H_8O	14 776	9 105
氰化氢	HCN	11 327	10 397
吡啶	C_5H_5N	15 696	15 343
甲硫醇	CH_4S	11 176	10 468

除含有氧原子的化合物外，该方法估算相当准确。尤其是对烃类化合物(仅含碳和氢的化合物)的估算最为准确。

5.8 生成热

当文献中没有公开发表的燃烧热数据时，可以利用生成热来估算燃烧热。任一物质的生成热是指在一定温度和压力下，由最稳定的单质通过化学反应生成 1 mol 该物质时反应过程体系的焓变。在标准状态下(77 ℉，25 ℃)的生成热称为标准生成热。在目前现行的许多工程技术手册上包含有机物的生成热数据。

反应热是反应产物生成热之和与反应物生成热之和之间的差值。在热氧化燃烧计算中，反应热与燃烧热是等同的。因此，

$$\delta H_c=\sum H_f(\text{生成物})-\sum H_f(\text{反应物})$$

再次以甲烷为例，反应方程式为：

$$CH_4+2O_2\longrightarrow CO_2+2H_2O$$

已知该反应中每种物质的生成热如下：

$$H_f(CH_4)=-32\ 200\ \text{Btu/(lb • mol)}$$

$$H_f(CO_2)=-169\ 294\ \text{Btu/(lb • mol)}$$

$$H_f(\text{水蒸气})=-104\ 036\ \text{Btu/(lb • mol)}$$

$$H_f(O_2)=0$$

需要注意，对于所有单质（如本例中的 O_2），它们的生成热为 0。通常，负号表示单质形成化合物的反应是放热的。因此，燃烧热的计算为：

$$\Delta H_c=\sum H_f\{-169\ 294+2\times(-104\ 036)\}-\sum H_f(-32\ 200)$$

$$\Delta H_c=-345\ 166\ \text{Btu/(lb • mol)}$$

因为甲烷的分子量为 16.04，因此燃烧热为：

$$H_c=345\ 155/16.04=21\ 519\ \text{Btu/lb}$$

依据生成热所计算得到的燃烧热数值与已知甲烷的燃烧热数值几乎完全相同。因为上式中水采用的是气态生成热，所以计算所得的燃烧热为低位热值（LHV）。如果采用水的液态生成热，则计算所得的燃烧热为高位热值（HHV）。与以往使用特定类型的原子数来估算燃烧热的方法不同，这种方法在理论上能得到精确的结果。

燃烧产物几乎总是由以下物质组成[以 Btu/(lb • mol)为单位显示其生成热]：

物 质 名 称	生成热[Btu/(lb • mol)]
CO_2	−169 294
H_2O	−104 036（水蒸气）
SO_2	−127 728
N_2	0
HCl	−39 713

例 5.5 计算氯乙烷的燃烧热。其化学式为 C_2H_5Cl，生成热为−48 240 Btu/(lb • mol)。

解 氧化反应方程式为：

$$C_2H_5Cl+3O_2\longrightarrow 2CO_2+2H_2O+HCl$$

$$\Delta H_c=\sum H_f\{\underset{(2CO_2)}{2\times(-169\ 294)}+\underset{(2H_2O)}{2\times(-104\ 036)}+\underset{(HCl)}{(-39\ 713)}\}-\sum H_f\underset{(C_2H_5Cl)}{(-48\ 240)}$$

$$\Delta H_c=-538\ 133\ \text{Btu/(lb • mol)}$$

氯乙烷的分子量为 64.52。因此，它的燃烧热为：

$$\Delta H_c=538\ 133/64.52=8\ 340\ \text{Btu/lb}$$

同样，因为这是气态水的生成热，所以得出的值为低位热值。

既然已经解释了氧化化学以及发热，整个过程就可以描述出来。图 5.1 清晰地描述了这个过程。如果废气温度较高（即高于参考温度），则首先确定其热量（即焓值）。如前所述，热量是由物质的比热容[Btu/(lb・℉)]、其质量（lb）以及温度变化量（实际温度与参考温度之差）三者相乘所得。

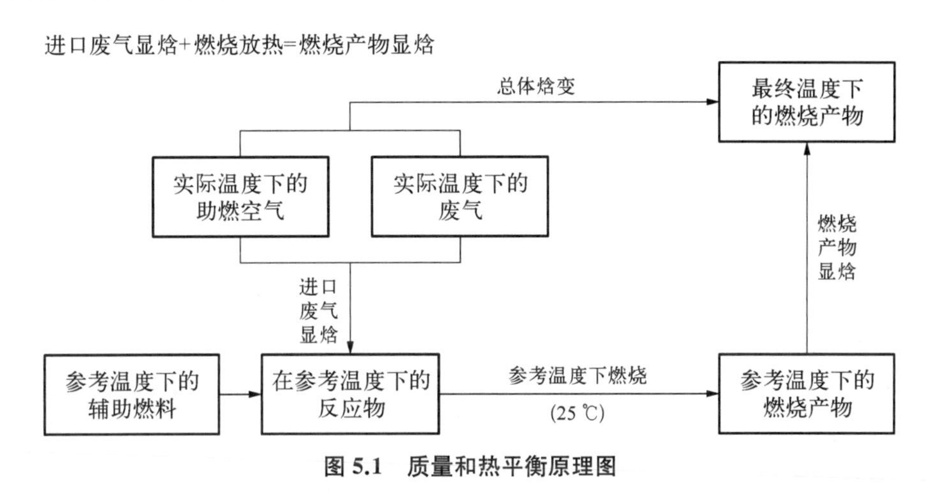

图 5.1　质量和热平衡原理图

例 5.6　例 5.2 中的焦炉气在注入焚烧炉前的初始温度为 300 ℉，其流量为632 scfm，求其初始焓。

解　它的组成如下：

组　分	含量(vol%)
CO	4.5
H_2	57.9
CH_4	30.3
N_2	5.5
CO_2	1.8

该气体平均分子量为 9.62，且参考温度为 77 ℉。每种组分的平均热容如下：

组　分	Btu/(lb・mol・℉)
CO	6.98
H_2	6.91
CH_4	9.29
N_2	6.97
CO_2	9.26

标准状态下，当流量为 632 scfm 时，相当于 100 lb · mol/h。

$$\frac{632\ \text{scf}}{\text{min}} \times \frac{60\ \text{min}}{\text{h}} \times \frac{1\ \text{lb} \cdot \text{mol}}{379\ \text{scf}} = 100\ \text{lb} \cdot \text{mol/h}$$

焦炉气体中每种组分的初始焓(热量)为：

组　分	流量(lb · mol/h)	焓值(Btu/h)
CO	4.5	4.5×6.98×(300−77)=7 004
H_2	57.9	57.9×6.91×(300−77)=89 220
CH_4	30.3	30.3×9.29×(300−77)=62 772
N_2	5.5	5.5×6.97×(300−77)=8 549
CO_2	1.8	1.8×9.26×(300−77)=3 717
		总和≈171 262

因此，在本例中图 5.1 左侧竖直线代表的废气的焓是 171 262 Btu/h。根据图 5.1，废气中的有机物组分(VOC)在参考温度(77 ℉)下燃烧。从例 5.2 可知，当这些气体被热氧化时，计算释放的热量为 450 Btu/scf。例中 632 scfm 流量下总燃烧热：

$$\frac{632\ \text{scf}}{\text{min}} \times \frac{60\ \text{min}}{\text{h}} \times \frac{450\ \text{Btu}}{\text{scf}} = 17\ 064\ 000\ \text{Btu/h}$$

若不添加氧气助燃，这部分热量将无法释放。需氧量通过配平废气中每种可燃组分的化学氧化反应来确定。对于焦炉气，可燃组分是一氧化碳(CO)、氢气(H_2)和甲烷(CH_4)。它们的氧化反应如下：

	CO	+	$\frac{1}{2}O_2$	⟶	CO_2
lb · mol/h	4.5		(1/2)×4.5		4.5
lb/h	126		72		198

	H_2	+	$\frac{1}{2}O_2$	⟶	H_2O
lb · mol/h	57.9		(1/2)×57.9		57.9
lb/h	117		926		1 043

	CH_4	+	$2O_2$	⟶	CO_2	+	$2H_2O$
lb · mol/h	30.3		2×30.3		30.3		2×30.3
lb/h	486		1 939		1 334		1 091

反应中总的需氧量为 91.8 lb · mol/h，即：

$$\frac{91.8\ \text{lb} \cdot \text{mol}}{\text{h}} \times \frac{32\ \text{lb}O_2}{\text{lb} \cdot \text{mol}} = 2\ 939\ \text{lb/h}$$

$$\frac{91.8\ \text{lb}\cdot\text{mol}}{\text{h}}\times\frac{379\ \text{scf}}{\text{lb}\cdot\text{mol}}=\frac{34\ 792\ \text{scf}}{\text{h}}=579.9\ \text{scfm}$$

通常,燃烧反应所需的氧气是以空气的形式提供的。空气由大约 79 vol%的氮和 21 vol%的氧组成。因此,若需要加入 91.8 lb·mol/h 的氧气量则需要的空气量为 91.8/0.21=437.1 lb·mol/h。这其中也包括 0.79×437.1=345.3 lb·mol/h 的氮气。这些反应产物,连同在焦炉气体中存在的惰性气体(N_2、CO_2),代表了参考温度为 77 ℉的燃烧产物。该反应这一阶段的总体燃烧产物如下:

组　　分	流量(lb·mol/h)
CO_2	4.5 + 30.3 + 1.8 = 36.6
H_2O	57.9 + 60.6 = 118.5
N_2	5.5 + 345.3 = 350.8

图 5.1 所示的最后一步是将燃烧产物加热到预先设定的热氧化炉操作温度。这通过下例来说明。

例 5.7　将例 5.6 中焦炉气的燃烧产物的温度升高至 2 200 ℉。

这分为两个步骤:(1) 计算所需热量;(2) 如果废气中 VOCs 释放的热量不足以达到最终温度,则使用辅助燃料增加热量。

首先计算所需焓变。

组　分	流量(lb·mol/h)	焓值(Btu/h)
CO_2	36.6	36.6×12.12×(2 200−77)=941 746
H_2O	118.5	118.5×9.48×(2 200−77)=2 384 936
N_2	350.8	350.8×7.60×(2 200−77)=5 660 088
		总焓值=8 986 770

需要注意的是添加的助燃空气并不直接进入这些方程进行计算,这是因为燃烧所需空气是可以通过燃烧产物的质量增加间接计算的。空气中的氮气组分直接计入燃烧产物中。空气中的氧气组分参与反应并成为燃烧产物质量的一部分。尽管没有直接进入方程中,但在计算中应考虑助燃空气的加入。

根据先前的计算,焦炉煤气中含有的显热为 171 262 Btu/h。再加上17 064 000 Btu/h 的燃烧放热,总有效热量(不包括辅助燃料的添加)为 17 235 262 Btu/h;但系统需要的热量仅为 8 986 770 Btu/h。因此,即使不加入辅助燃料,仍有8 248 492 Btu/h的过剩热量。

到目前为止,所讨论的燃烧都是在化学计量条件下进行的(加入的氧气量为精确的理论需氧量)。然而,实际上为了确保反应的完全进行,反应过程中总是加入过量的氧气(空气)。这部分空气会产生多余的显热,导致温度降低。通常,加入过量空气使燃烧产物中的残氧量达到 3 vol%。在化学计量下,燃烧产物的组成如下:

组　分	流量(lb・mol/h)	含量(vol%)
CO_2	36.6	7.23
H_2O	118.5	23.42
N_2	350.8	69.35
总　量	505.9	100

需要注意的是,lb・mol/h 是一个体积单位。因此,可以直接用来计算体积百分比。

为了确保燃烧产物中残氧量为 3 vol%,将在反应过程中加入空气。所需空气量的计算如下:

设 N 为加入的空气量,则

$$0.03 = 0.21 \times N/(N + 505.9)$$

$$0.03N + 0.03 \times (505.9) = 0.21 \times N$$

$$0.03N + 15.177 = 0.21N$$

$$15.177 = (0.21N - 0.03N)$$

$$15.177 = 0.18N$$

$$84.32\ \text{lb} \cdot \text{mol/h} = N$$

因此,必须加入 84.32 lb・mol/h 的空气,其中包含 0.21×84.32=17.71 lb・mol/h 的氧气。燃烧产物的组成如下:

组　分	流量(lb・mol/h)	含量(vol%)
CO_2	36.6	6.20
H_2O	118.5	20.08
N_2	350.8+66.61	70.72
O_2	17.71	3.00
总　量	590.22	100

上述等式可以简化,并可以得到通用公式如下:

如果:

A——化学计量下的燃烧产物(lb・mol/h);

B——最终燃烧产物中 O_2 的浓度(vol%);

C——必须加入空气的量(lb・mol/h);

那么:

$$C = (A \times B/100)/(0.21 - B/100) \tag{5.2}$$

这一假设基于空气是所添加的氧气来源以及在通入空气之前的燃烧产物中没有氧

气。随着 84.32 lb・mol/h(84.32×28.85=2433 lb/h)的空气加入,原先计算得到的过剩热量将会减少。提高 84.32 lb・mol/h 的空气的温度所需的热量为:

$$Q = 84.32\ \text{lb}\cdot\text{mol/h}\times 7.69\ \text{Btu/(lb}\cdot\text{mol}\cdot{^\circ}\text{F)}\times(2\ 200\ {^\circ}\text{F}-77\ {^\circ}\text{F})$$

$$Q = 1\ 376\ 597$$

其中,7.69 Btu/(lb・mol・℉)是空气在 77 ℉与 2 200 ℉之间的平均比热容(表 5.1)。

由于此值小于通入空气前计算的 8 248 492 Btu/h 过剩热量,那么即使添加过量的空气,实际温度也会升至 2 200 ℉以上。正如后续章节所要讨论的,焚烧炉中的反应温度过高就需要更加昂贵的耐火内衬材料,这必然会增加其成本,更为经济的做法是对燃烧产物进行急冷。解决这个问题的方法是将最终温度定在 2 200 ℉,并确定将温度降到 2 200 ℉所需加入的空气量。为降低温度而添加的空气称为"急冷空气"。加入的急冷空气量必须与过剩热量相对应。平衡方程式为:

$$Q_{过量} = Q_{急冷}$$

$$8\ 248\ 492\ \text{Btu/h} = m_a \times C_{p空气} \times (T_f - 77)$$

其中:m_a——空气的质量(lb・mol/h);

$C_{p空气}$——空气的比热容(Btu/lb・mol・℉);

8 702 633.81 lb/h=m_a×7.69 Btu/(lb・mol・℉)×(2 200 ℉−77 ℉);

8 702 633.81 lb/h=16 325.87×m_a;

m_a=505.32 lb・mol/h=14 577 lb/h=3 191 scfm。

虽然空气量满足了将温度维持在 2 200 ℉的热平衡,但它超过了前面计算的将燃烧产物中残氧量保持在 3%所需的量。一般来说,只要急冷空气不阻断燃烧反应,或使燃烧不完全,则对于整个反应体系来说并没有太大的影响。因此,最好在燃烧区后加入急冷空气。

到目前为止,我们一直讨论的是绝热(无热损失)计算。关于这一点的讨论主要集中在绝热条件下的计算。在实际系统中,一部分热量会通过热氧化器的外壳损失掉,这在能量平衡中必须考虑到。壳层热损失的概念及其计算方法将在第 7 章中讨论。

5.9　水冷

当 VOCs 本身释放的热量超过所需的热量时,也可以用水来急冷燃烧产物。解决上述问题的第二个方法是在燃烧产物中加入维持 3%残氧量的空气,然后用急冷水来控制温度。

之前计算显示加入 84.32 lb・mol/h 的空气可使燃烧产物中残氧量达到 3%。这部分空气需要 1 376 597 Btu/h 的热量。这将会减少总的过剩热量至 6 872 345 Btu/h。水冷不止产生显热,还会因液态水的蒸发产生潜热。在这个例子中,

过剩热量(Btu/h)=$m\times[C_{pl}\times(212-60)+H_v+C_{pg}\times(T_f-212)]$

其中：m——注入水的质量(lb/h)；

C_{pl}——液态水的比热容[1.0 Btu/(lb·℉)]；

H_v——水的汽化热[212 ℉时，为 970.5 Btu/(lb·℉)]；

C_{pg}——在 212 ℉与最终温度之间的水蒸气的平均比热容[Btu/(lb·℉)]；

T_f——最终温度(℉)。

在上述计算中，假定初始水温为 60 ℉。液态水的比热容随温度的变化很小，使用 1.0 Btu/(lb·℉)并不会产生明显的误差。将例中数据代入上述方程式，得到如下结果：

$$6\,872\,345\ \text{Btu/h} = m \times [1.0 \times (212 - 60) + 970.5 + (9.48/18.02) \times (2\,200 - 212)]$$

$$m = 3\,169\ \text{lb/h}\ 或\ 6.34\ \text{gal/min}$$

其中，9.48 Btu/(lb·mol·℉)为水蒸气 212～2 200 ℉之间的平均比热容。

因此，对于冷却这些燃烧产物，3 169 lb/h 的水加上 84.32 lb·mol/h(2 433 lb/h)的空气的作用与 505.23 lb·mol/h(14 577 lb/h)的空气的作用相同。

尽管水冷需要在焚烧炉中加装更多的设备，它却可以减少燃烧产物的体积，也就降低了为达到特定停留时间而所需的热氧化器燃烧室的体积。在上述例子中，单独使用空气急冷生成 6 387 scfm 的燃烧产物(2 200 ℉)，而使用空气和水急冷产生的燃烧产物仅为 4 839 scfm(2 200 ℉)，使用水急冷可以使燃烧室的体积减小大约 25%。

5.10 辅助燃料的添加

在焦炉气的例子中，无须添加辅助燃料来提高焦炉气的温度即可达到指定的操作温度。但在 VOC 的治理应用中，往往需要辅助燃料的加入以提高温度。质量和能量平衡计算不仅必须考虑由该燃料提供的热能，而且还必须考虑随之加入的助燃空气的热负荷。以下列举了添加辅助燃料的例子。

例 5.8 温度为 77 ℉的废气由 1%的丙酮和 99%的氮气组成，流量为 100 scfm，在 1 500 ℉时丙酮会在热氧化器内被氧化分解，添加天然气作为辅助燃料，其热值为 950 Btu/scf(LHV)，求需要加入辅助燃料的量。

解 因为废气温度 77 ℉，所以它的初始焓值为 0(参比温度 77 ℉)。在此废气中唯一的可燃组分为丙酮，它的热值为 12 593 Btu/lb(LHV)。在参考温度下氧化丙酮所释放的热量是

丙酮的化学分子式＝C_3H_6O

丙酮的分子量＝3×12.01＋6×1.01＋16.00＝58.09

100 scfm×0.01＝1 scfm 丙酮

1 scfm×60 min/h×1 lb·mol/379 scf×58.09 lb/(lb·mol)＝9.2 lb/h

燃烧释放的热量＝12 593 Btu/lb×9.2 lb/h＝115 856 Btu/h

燃烧产物为：

	C_3H_6O	+	$4O_2$	⟶	$3CO_2$	+	$3H_2O$
scfm	1.0		4.0		3.0		3.0
lb·mol/h	0.158		0.633		0.474		0.474
lb/h	9.2		20.2		20.9		8.5

燃烧产物还包括最初存在于废气中 99 scfm(15.67 lb·mol/h)的氮气和为提供氧气而通入的空气中的氮气。空气中含有 79%的氮和 21%的氧,或每单位体积的氧对应 3.76 体积的氮。因此通入氮气的量为 0.633 lb·mol/h×3.76=2.38 lb·mol/h。所以燃烧产物中总的氮气量为 15.67+2.38=18.05 lb·mol/h。同样要将 scfm 转化为lb·mol/h,scfm 乘以 60(scfm 转换为 scfh)再除以 379(1 lb·mol/379 scf)。

为了将这些燃烧产物的温度提高到 1 500 ℉(815.6 ℃),需要额外提供热量,计算如下:

组　　分	流量(lb·mol/h)	焓值(Btu/h)
CO_2	0.474	0.474×11.41×(1 500−77)=7 696
H_2O	0.474	0.474×9.93×(1 500−77)=6 697
N_2	15.67+2.38=18.05	18.05×7.35×(15 00−77)=163 893
		总焓值=203 180

由于释放的热量(115 856 Btu/h)低于所需的热量(203 180 Btu/h),必须加入辅助燃料,所需净热量为 203 180−115 856=87 324 Btu/h。

所需的额外的热量似乎可以简单地通过用所需净热量除以天然气的热值确定,即[(87 324 Btu/h)/(950 Btu/scf)]。粗略估算的结果是以 scf/h 为单位的天然气用量。然而,由于废气不含氧,必须以空气的形式加入氧气才能氧化天然气。这就产生了额外的热负荷,其必须通过加入更多的天然气来克服,如此循环起来。

这个问题可通过几种方式来解决。第一种方法是计算需要的天然气,包括其化学计量的空气量。这是一个迭代的过程,因为随天然气而来的空气带来了多余的热负荷,必须添加更多的天然气来克服这些多余的热负荷,如此循环往复。然而经过一定次数的迭代,热平衡计算即可结束。

另一种方法是在计算所需的天然气时考虑加入空气的量。当使用这一方法时,需要使用下列等式:

$$\text{天然气(lb·mol/h)}=\text{所需热量(Btu/h)}/[\text{LHV(Btu/scf)/(lb·mol)}-(C_{pCO_2}+2\times C_{pH_2O}+7.52\times C_{pN_2})\times(T-77)]$$

其中:

LHV——天然气的低位放热量(Btu/scf);

C_{pCO_2}、C_{pH_2O}、C_{pN_2}——二氧化碳、水蒸气和氮气的热容[Btu/(lb·mol·℉)]。

这个方程并不像看起来那样复杂。分母考虑到了天然气的燃烧产物有二氧化碳

[1 lb·mol/(lb·mol 天然气)]、水蒸气[2 lb·mol/(lb·mol 天然气)]以及来自助燃空气中的氮气[7.52 lb·mol/(lb·mol 天然气)]。实际上,这些组分也需要加热到焚烧炉的操作温度,降低了用于将废气提高到操作温度的天然气的有效热量。

继续举例说明:

$$天然气(lb \cdot mol/h)=87\,324\ Btu/h/\{950\ Btu/scf\times 379\ scf/(lb \cdot mol)-[(11.41+2\times 9.96+7.52\times 7.35)\times(1\,500-77)]\}$$

$$所需天然气(lb \cdot mol/h)=\frac{87\,324\ Btu/h}{(360\,050-123\,235)}=0.369=140\ scfh$$

因此,所需的总输出热量为 140 scfh×950 Btu/scf=132 858 Btu/h。结果表明,尽管废气自身氧化会释放 132 858 Btu/h 的热量,但整个热力氧化过程仍需要天然气提供 62 430 Btu/h的热量(高于前面计算的 87 324 Btu/h 的净热量)。

前面的计算说明了有效热的概念。有效热量是能应用到工艺中的实际总热量输入。它可以用绝对值(Btu/scf)和相对值(热量输出占比)来表示。它是所用燃料和相应的过量空气率的函数。表 5.4~5.6 显示了天然气在不同的过量空气水平和热值情况下的有效热量。

表 5.4　有效热量——天然气(900 Btu/scf)

温度(℉)	过量空气(%)	有效热量(%)	有效热量(Btu/scf)
600	0	87.46	787
600	10	86.38	777
600	25	84.77	763
600	50	82.08	739
600	100	76.71	690
600	200	65.96	594
800	0	82.53	743
800	10	81.04	729
800	25	78.81	709
800	50	75.09	676
800	100	67.65	609
800	200	52.76	475
1 000	0	77.47	697
1 000	10	75.56	680
1 000	25	72.69	654
1 000	50	67.91	611
1 000	100	58.35	525
1 000	200	39.24	353

（续表）

温度（℉）	过量空气（%）	有效热量（%）	有效热量（Btu/scf）
1 200	0	72.28	650
1 200	10	69.93	629
1 200	25	66.42	598
1 200	50	60.56	545
1 200	100	48.85	440
1 200	200	25.42	229
1 400	0	66.97	603
1 400	10	64.19	578
1 400	25	60.01	540
1 400	50	53.06	478
1 400	100	39.15	352
1 400	200	11.33	102
1 600	0	61.55	554
1 600	10	58.33	525
1 600	25	53.48	481
1 600	50	45.41	409
1 600	100	29.27	263
1 800	0	56.04	504
1 800	10	52.36	471
1 800	25	46.84	422
1 800	50	37.64	339
1 800	100	19.24	173
2 000	0	50.43	454
2 000	10	46.29	417
2 000	25	40.09	361
2 000	50	29.76	268
2 000	100	9.08	82
2 200	0	44.73	403
2 200	10	40.14	361
2 200	25	33.25	299
2 200	50	21.78	196

表 5.5　有效热量——天然气(950 Btu/scf)

温度（℉）	过量空气（%）	有效热量（%）	有效热量（Btu/scf）
600	0	88.12	837
600	10	87.10	827

（续表）

温度（℉）	过量空气（%）	有效热量（%）	有效热量（Btu/scf）
600	25	85.57	813
600	50	83.03	789
600	100	77.93	740
600	200	67.75	644
800	0	83.45	793
800	10	82.04	779
800	25	79.93	759
800	50	76.40	726
800	100	69.35	659
800	200	55.25	525
1 000	0	78.65	747
1 000	10	76.84	730
1 000	25	74.13	704
1 000	50	69.60	661
1 000	100	60.55	575
1 000	200	42.44	403
1 200	0	73.74	700
1 200	10	71.52	679
1 200	25	68.19	648
1 200	50	62.64	595
1 200	100	51.54	490
1 200	200	29.35	279
1 400	0	68.71	653
1 400	10	66.07	628
1 400	25	62.12	590
1 400	50	55.53	528
1 400	100	42.35	402
1 400	200	16.00	152
1 600	0	63.58	604
1 600	10	60.52	575
1 600	25	55.93	531
1 600	50	48.29	459
1 600	100	32.99	313
1 600	200	2.41	23
1 800	0	58.35	554
1 800	10	54.87	521
1 800	25	49.64	472

（续表）

温度（°F）	过量空气（%）	有效热量（%）	有效热量（Btu/scf）
1 800	50	40.92	389
1 800	100	23.49	223
2 000	0	53.04	504
2 000	10	49.12	467
2 000	25	43.24	411
2 000	50	33.45	318
2 000	100	13.87	132
2 200	0	47.64	453
2 200	10	43.29	411
2 200	25	36.77	349
2 200	50	25.9	246
2 200	100	4.15	39

表 5.6　有效热量——天然气(1 000 Btu/scf)

温度（°F）	过量空气（%）	有效热量（%）	有效热量（Btu/scf）
600	0	88.71	887
600	10	87.74	877
600	25	86.29	863
600	50	83.87	839
600	100	79.04	790
600	200	69.36	694
800	0	84.28	843
800	10	82.94	829
800	25	80.93	809
800	50	77.58	776
800	100	70.88	709
800	200	57.48	575
1 000	0	79.72	797
1 000	10	78.00	780
1 000	25	75.42	754
1 000	50	71.12	711
1 000	100	62.52	625
1 000	200	45.32	453
1 200	0	75.05	750
1 200	10	72.94	729
1 200	25	69.78	698

（续表）

温度（℉）	过量空气（%）	有效热量（%）	有效热量（Btu/scf）
1 200	50	64.51	645
1 200	100	53.96	540
1 200	200	32.88	329
1 400	0	70.27	703
1 400	10	67.77	678
1 400	25	64.01	640
1 400	50	57.75	578
1 400	100	45.23	452
1 400	200	20.20	202
1 600	0	65.40	654
1 600	10	62.49	625
1 600	25	58.13	581
1 600	50	50.87	509
1 600	100	36.34	363
1 600	200	7.29	73
1 800	0	60.43	604
1 800	10	57.12	571
1 800	25	52.15	522
1 800	50	43.88	439
1 800	100	27.32	273
2 000	0	55.38	554
2 000	10	51.66	517
2 000	25	46.08	461
2 000	50	36.78	368
2 000	100	18.18	182
2 200	0	50.25	503
2 200	10	46.12	461
2 200	25	39.93	399
2 200	50	29.60	296
2 200	100	8.95	89

继续上例，添加天然气后，废气温度将升高至目标温度 1 500 ℉。然而，在燃烧产物中没有过量的氧气。通常，热氧化器操作要求燃烧产物中至少存在 3 vol%的氧气。氧气一般是以过量空气的形式加入的，所需空气量可以通过两种方式计算。第一种方法是添加任意数量的空气，并加入天然气将此空气升温到目标温度，再为天然气加入额外的空气，并继续此迭代过程，直到得到所需的氧浓度，并同时满足热平衡。图 5.2 展示了该过程。虽然这是控制质量和能量平衡的最精确方法，但它的过程单一且计算量大，所以最好是通

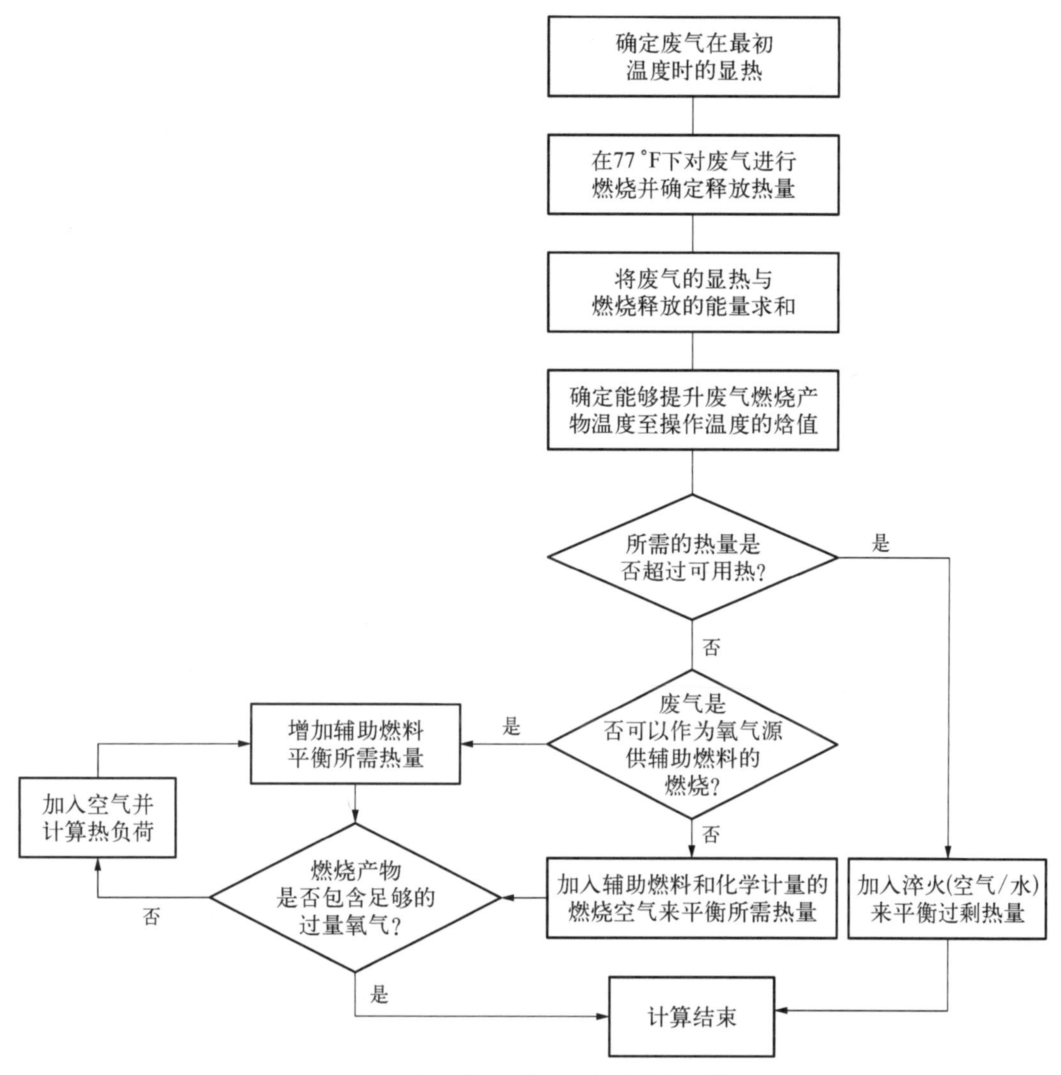

图 5.2　用于质量和能量平衡计算的逻辑图

过计算机程序或电子表格来执行计算过程。

第二种计算热量平衡的方式是使用有效热量的概念。通过燃烧伴有过量空气的天然气,空气中的过量氧提供了达到预期燃烧产物氧含量的氧气。然而这也是一个试差的过程,因为一定含量过量空气产生的氧气浓度是未知的。

参考表 5.5,使用 LHV 为 950 Btu/scf 的天然气来完成先前的例子。在这个例子中,需要 87 324 Btu/h 的热量才能将废气提高到 1 500 ℉的最终温度。

如果首先选择空气过量 50%,在 1 400 ℉和 1 600 ℉得到的有效热量是494 Btu/scf。因此,所需天然气的量为

$$天然气(scfh)=[(87\ 324\ Btu/h)/(494\ Btu/scf)]=176.8\ scfh$$

这相当于天然气的总输出热量为 167 960 Btu/h。在化学计量条件下,每标准立方英尺天然气需要 9.52 scf 空气。加入的空气总量为 176.8×9.52×1.5=2 525 scfh。过量空

气为 0.5×9.52×176.8=842 scfh。在这里面有 21%或 177 scfh 的氧气。总之,这一数量的天然气燃烧产生如下反应:

	CH_4	+	$2O_2$	$\longrightarrow$	CO_2	+	$2H_2O$
scfh	177		2×177		77		2×177
lb·mol/h	0.467		2×0.467		0.467		2×0.467

另外,未反应的(过量)空气产生 0.79×2 525(不参与反应)=1 995 scfh(5.26 lb·mol/h)的氮气和 842×0.21=177 scfh(0.467 lb·mol/h)的氧气。废气燃烧产物加上天然气燃烧产物的总量如下:

组　分	流量(lb·mol/h)	含量(vol%)
CO_2	0.474+0.467	3.96
H_2O	0.474+0.934	5.93
N_2	15.67+5.26	88.14
O_2	0.466	1.96
总　量	23.75	100

结果表明,通入 50%的过量空气不足以达到燃烧产物中 3%的氧气的要求。通入 100%过量空气重复上述过程会产生以下结果:

组　分	流量(lb·mol/h)	含量(vol%)
CO_2	0.474+0.467	3.62
H_2O	0.474+0.934	5.42
N_2	15.67+7.02	87.37
O_2	0.933	3.59
总　量	25.97	100

天然气的流量为 244 scfh,稍微低一些的过量空气流量即可达到预期的 3.0 vol%氧气的结果。

5.11　绝热火焰温度

在本章中已多次提到过量空气的概念。再次说明,过量空气是为了确保 VOC 完全氧化(或接近完全氧化)和低 CO 排放。在设计良好的热氧化系统中,热氧化器排出的燃烧产物应是均一的。然而,在废气、空气和辅助燃料进气的热氧化器上游段会发生局部反应,导致反应物的浓度分布不均。因此,为了确保 VOC 完全氧化,需添加过量的氧(通常以空气的形式)以确保每个 VOC 和辅助燃料分子与一个氧分子接触。

表 5.7　天然气理论火焰温度和燃烧产物(LHV=950 Btu/scf)

过量空气(%)	理论火焰温度(℉)	燃烧产物(vol%)			
		CO_2	H_2O	N_2	O_2
15	3 525	8.34	16.68	72.41	2.56
20	3 425	8.04	16.08	72.65	3.23
25	3 325	7.75	15.49	72.88	3.88
30	3 230	7.47	14.94	73.10	4.49
35	3 139	7.21	14.42	73.30	5.06
40	3 053	6.97	13.94	73.49	5.59
45	2 973	6.75	13.50	73.67	6.08
50	2 895	6.54	13.07	73.84	6.55
60	2 753	6.15	12.31	74.14	7.40
75	2 565	5.66	11.31	74.53	8.50
100	2 305	4.99	9.97	75.06	9.98
150	1 922	4.03	8.06	75.82	12.10
200	1 654	3.38	6.76	76.33	13.53

在美国,大多数热氧化器使用天然气作为主要燃料。第4章已讨论过它的组分可以在一定范围内变化,而表5.7则向我们展示了天然气在不同过量空气条件下的绝热火焰温度和燃烧产物的情况。绝热火焰温度是指在假设没有热损失和物质分解条件下,燃烧反应可能达到的最高温度。天然气燃烧的产物是二氧化碳和水蒸气。在3 000 ℉以上的温度下,这些反应产物开始分解为一氧化碳和氢,并在此过程中吸收热量。在3 500 ℉下,大约有10%的CO_2在此温度下分解成CO和O_2。每生成1 lb的CO需要吸收4 347 Btu的热量,每生成1 lb的H_2需要吸收61 100 Btu的热量。但是当气体温度降低后,分解得到的CO和H_2重新与O_2反应,释放分解过程中所吸收的热量。因此热量并没有损失掉,但是总体效果却是降低了实际火焰温度。表5.8展示了不同温度下的分解情况。表5.9显示了其他燃料和有机化合物在化学计量空气中的理论火焰温度。表5.10是燃料油在不同过量空气下的理论火焰温度。

表 5.8　燃烧产物的分解

反　应	温度(℉)	分解率(%)
$O_2 \longleftrightarrow 2O^a$	4 937	5.95
$N_2 \longleftrightarrow 2N^a$	7 142	5.00
$H_2O \longleftrightarrow H_2 + \frac{1}{2}O_2$	3 182	0.37
	3 992	4.10
$CO_2 \longleftrightarrow CO + \frac{1}{2}O_2$	2 048	0.014
	2 804	0.40
	3 993	13.50

注:[a]表示不稳定的离子。
资料来源:Niessen, W.R., *Combustion and Incineration Processes*, Marcel Dekker, New York, 1995.

表 5.9　理论火焰温度(化学计量空气)

可燃气体	理论火焰温度（℉）	可燃气体	理论火焰温度（℉）
一氧化碳	4 311	丙　烯	3 830
氢　气	3 960	乙　炔	4 250
甲　烷	3 640	苯（g）	3 860
乙　烷	3 710	氰化氢	4 250
丙　烷	3 770	甲醇（g）	3 610
丁　烷	3 780	氨　气	3 440
戊　烷	3 720	炼厂气(1 365 Btu/scf-LHV)	3 841
己　烷	3 710	炼厂气(591 Btu/scf-LHV)	3 832
乙　烯	3 910		

表 5.10　No.2 燃料油理论火焰温度和燃烧产物

过量空气（%）	理论火焰温度（℉）	燃烧产物（vol%）			
		CO_2	H_2O	N_2	O_2
15	3 468	11.96	10.11	75	2.92
20	3 361	11.49	9.71	75.16	3.62
25	3 260	11.06	9.35	75.31	4.27
30	3 165	10.66	9.01	75.44	4.88
40	2 989	9.94	8.4	75.68	5.96
50	2 832	9.32	7.87	75.89	6.91
60	2 691	8.76	7.41	76.07	7.75
75	2 505	8.05	6.8	76.31	8.83
100	2 248	7.08	5.98	76.64	10.29
150	1 873	5.71	4.83	77.09	12.37
200	1 610	4.78	4.04	77.4	13.77

5.12　过量空气

所有的热氧化器都是用燃烧器来产生高温火焰。燃烧器将辅助燃料和助燃空气混合以产生火焰。连续操作燃烧器可以调节热氧化器的温度，或者在某些情况下，仅需要在热氧化器启动阶段启动燃烧器。燃烧器的设计和操作将在第 7 章给出更详细的描述。

通常，燃烧器使用过量的空气进行操作。然而，某些燃烧器可在所需化学计量空气的50%的情况下进行操作。某些场合下使用这种亚化学计量操作是由于废气本身包含了相当高浓度的氧气，废气中含有的氧气将来自燃烧器的亚化学计量燃烧产物完全氧化。在以后的章节中将进一步讨论这一概念，特别是在控制 NO_x 排放方面。表 5.11 给出了天然气在各种助燃空气下亚化学计量比燃烧的理论温度。理论燃烧所需空气量因燃料种类和原子组成的不同而改变。各种燃料和常见有机化合物的燃烧常数见表 5.12。

表 5.11　理论火焰温度(天然气的亚化学计量燃烧)

化学计量空气比(%)	理论温度(°F)	化学计量空气比(%)	理论温度(°F)
50	2 369	80	3 315
61	2 757	91	3 510
70	3 065	100	3 640

表 5.12　常见有机气体的燃烧常数

物质	化学分子式	分子量	燃烧热 Btu/scf 高位	燃烧热 Btu/scf 低位	燃烧热 Btu/lb 高位	燃烧热 Btu/lb 低位	化学计量空气 (mol/mol 有机物) (scfm/scfm 有机物)
氢气	H_2	2.02	325	275	61 100	51 623	2.38
一氧化碳	CO	28.01	322	322	4 347	4 347	2.38
甲烷	CH_4	16.04	1 013	913	23 879	21 520	9.53
乙烷	C_2H_6	30.07	1 792	1 641	22 320	20 412	16.68
丙烷	C_3H_8	44.09	2 590	2 385	21 661	19 944	23.82
正丁烷	C_4H_{10}	58.19	3 370	3 113	21 308	19 680	30.97
异丁烷	C_4H_{10}	58.19	3 363	3 105	21 257	19 629	30.97
正戊烷	C_5H_{12}	72.14	4 016	3 709	21 091	19 517	38.11
异戊烷	C_5H_{12}	72.14	4 008	3 716	21 052	19 478	38.11
正己烷	C_6H_{14}	86.17	4 762	4 412	20 940	19 403	45.26
乙烯	C_2H_4	28.05	1 614	1 513	21 644	20 295	14.29
丙烯	C_3H_6	42.08	2 336	2 186	21 041	19 691	21.44
正丁烯	C_4H_8	56.10	3 084	2 885	20 840	19 496	28.59
异丁烯	C_4H_8	56.10	3 068	2 869	20 730	19 382	28.59
正戊烯	C_5H_{10}	70.13	3 836	3 586	20 712	19 363	35.73
苯	C_6H_6	78.11	3 751	3 601	18 210	17 480	35.73
甲苯	C_7H_8	92.13	4 484	4 284	18 440	17 620	42.88
二甲苯	C_8H_{10}	106.16	5 230	4 980	18 650	17 760	50.02
甲醇	CH_4O	32.04	868	768	10 259	9 078	7.15
氨	NH_3	17.03	441	363	9 668	8 001	3.57
硫化氢	H_2S	34.08	647	596	7 100	6 545	7.15

气体混合物的热值,无论是高位的还是低位的,都可以从表中查到。每个组分的体积分数乘以其热值可以获得气体混合物的总热值。下例可说明这一点。

例 5.9　天然气组分为:甲烷 94.06%,氮气 0.28%,二氧化碳 0.36%,乙烷 3.92%,正丁烷 0.20%,异丁烷 0.12%,正戊烷 0.09%,异戊烷 0.10%,丙烯 0.87%。以 Btu/scf 为单位,确定天然气的高位热值和低位热值。

解　每种组分的高位热值和高位热值如下:

组　分	LHV(Btu/scf)	HHV(Btu/scf)
甲　烷	913	1 013
乙　烷	1 641	1 792
正丁烷	3 113	3 370
异丁烷	3 105	3 363
正戊烷	3 709	4 016
异戊烷	3 716	4 008
丙　烯	2 186	2 336

低位热值为：

$$\text{LHV(Btu/scf)} = 0.940\,6\times913+0.039\,2\times1\,641+0.002\times3\,113+0.001\,2\times3\,105+0.000\,9\times3\,709+0.001\times3\,716+0.008\,7\times2\,186$$

$$\text{LHV(Btu/scf)} = 959$$

高位热值为：

$$\text{HHV(Btu/scf)} = 0.940\,6\times1\,013+0.039\,2\times1\,792+0.002\times3\,370+0.001\,2\times3\,363+0.000\,9\times4\,016+0.001\times4\,008+0.008\,7\times2\,336$$

$$\text{HHV(Btu/scf)} = 1\,062$$

尽管燃料、有机化合物和 VOCs 的原子结构、所需的化学计量空气和热值差别很大，但是每释放 MM Btu 的热量所需空气的量基本相似。如表 5.13 所示，除氢气和一氧化碳以外，每 MM Btu 所需的(化学计量)空气量(scfm)在 155～174 之间。

表 5.13　燃烧所需空气的量

气体名称	LHV (Btu/scf)	scf 的气体/释放 MM Btu	化学计量空气量	
			scf 空气/scf 气体	scfm 的空气/MM Btu/h 热量
氢　气	275	3 636	2.38	144
一氧化碳	322	3 106	2.38	123
甲　烷	913	1 095	9.53	174
乙　烷	1 641	609	16.68	169
丙　烷	2 385	419	23.82	166
丁　烷	3 113	321	30.97	166
戊　烷	3 709	270	38.11	171
己　烷	4 412	227	45.26	171
乙　烯	1 513	661	14.29	157
丙　烯	2 186	457	21.44	163
苯	3 601	278	35.73	165

（续表）

气体名称	LHV (Btu/scf)	scf 的气体/释放 MM Btu	化学计量空气量	
			scf 空气/scf 气体	scfm 的空气/MM Btu/h 热量
甲　苯	4 284	233	42.88	167
甲　醇	768	1 302	7.15	155
乙　醇	1 451	689	14.29	164
氨	365	2 740	3.57	163

因此，作为详细燃烧计算的粗略估算，如果不存在氢气或一氧化碳，则所需的化学计量空气量应为约 160 scfm/MM Btu 的热释放。（注意：MM 在燃烧工业中通常代表“百万”。）

5.13　湿燃烧产物和干燃烧产物

通常燃烧产物都是以干基表示。这是因为分析仪器/程序常常先将燃烧产物中的水分提取/冷凝后再进行测量。以下公式可用于湿基和干基之间的互相转换。

$$\text{POC 组分 N(干)} = \text{POC 组分 N(湿)} \times 1/[1-(H_2O/100)]$$

$$\text{POC 组分 N(湿)} = \text{POC 组分 N(干)} \times [1-(H_2O/100)]$$

其中，H_2O—— 实际水蒸气浓度(vol%)。

表 5.14 显示了不同过量空气条件下天然气燃烧的湿基和干基氧气浓度。该表还阐明，就某一燃料而言，空气燃料比(Vol/Vol)与燃烧产物中氧气的浓度相对应。因为要求控制燃烧产物中氧气浓度(%)，所以对它的测量非常重要。一般分析仪器既可测量干基，也可测量湿基燃烧产物，这在测量前要注意区分。

表 5.14　天然气燃烧产物中湿基和干基氧浓度的比较

空气/燃料比率	过量空气(vol%)	POC 中的氧气(湿)(vol%)	POC 中的氧气(干)(vol%)
10	4.90	0.90	1.10
11	15.40	2.57	3.09
12	25.90	3.99	4.72
13	36.40	5.21	6.07
14	46.90	6.26	7.22
15	57.40	7.18	8.21
16	67.90	7.99	9.06
17	78.40	8.72	9.80
18	88.90	9.36	10.46
19	99.40	9.94	11.05
20	109.90	10.47	11.57

5.14 简化计算程序

虽然到目前为止已经描述了相对精确的计算程序，但是有一些近似计算的方法，虽然不那么准确，但在许多情况下也可使用。一个估算温度的方程式如下[4]：

$$T=60+\frac{LHV_0}{0.3\times[1+(1+EA)\times 7.5\times 10^{-4}\times LHV_0]}$$

其中：T——温度(℉)；

EA——过量空气率(%，过量空气/100)；

LHV_0——低位热值(Btu/lb)。

例 5.10 求天然气在 100%过量空气条件下燃烧达到的温度。其低位热值为 950 Btu/scf或 22 392 Btu/lb。天然气和助燃空气的初始温度均为 60 ℉。

解 数据代入上述方程式：

$$T=60+\frac{22\,392}{0.3\times[1+(1+100/100)\times 7.5\times 10^{-4}\times 22\,392]}$$

$$T=2\,218\ ℉$$

而表 5.7 给出的数值为 2 305 ℉。本方程式的局限在于废气和助燃空气的初始温度必须都是 60 ℉。

在大多数情况下，即使含有 VOCs，废气的主要组成仍然是惰性组分，如氮气、氧气、二氧化碳和水蒸气。氮、氧和二氧化碳的质量热容近似相等。例如，这些气体在 77～1 500 ℉之间的平均比热容分别为 0.262、0.242 和 0.259 Btu/(lb·℉)。在此温度范围内，水蒸气的平均热容为 0.496 Btu/(lb·℉)。除非废气是洗涤器排出的，不然大部分废气的水分含量低于 10%。因此，对大多数废气来说其平均热容可近似为0.28 Btu/(lb·℉)，空气在这个温度区间的平均热容约为 0.26 Btu/(lb·℉)。天然气(主要是纯甲烷)在这个温度区间的平均热容为 0.82 Btu/(lb·℉)。由于甲烷的质量流量通常比空气和废气质量流量小得多，因此可以忽略它带来的热负荷。

将废气和助燃空气上升到指定的最终温度所需的热量为：

$$Q=m_{wg}\times C_{pwg}\times(T_f-T_i)+m_{air}\times C_{pair}\times(T_f-T_i)$$

其中：Q——所需热量(Btu/lb)；

m_{wg}——废气质量流量(lb/h)；

C_{pwg}——废气在 T_f与 T_i之间的平均热容；

T_f——最终温度(℉)；

T_i——最初温度(℉)；

m_{air}——加入空气的质量流量(lb/h)；

C_{pair}——空气在 T_f与 T_i之间的平均热容。

但作为估算，我们假设 $C_{pwg}=0.28$ Btu/(lb·°F)以及 $C_{pair}=0.26$ Btu/(lb·°F)。因此，

$$Q=m_{wg}\times 0.28\times(T_f-T_i)+m_{air}\times 0.26\times(T_f-T_i)$$

如果废气和助燃空气都在环境温度下，则可以将方程进一步简化为：

$$Q=(m_{wg}\times 0.28+m_{air}\times 0.26)\times(T_f-77)$$

如前所述，所需空气质量可近似为 160 scfm/MM Btu 的放热量。在上述方程式中只提供了化学计量燃烧所需的热量。解决了这个方程式后，有效热量的概念即可使用。假定了空气过量后，将 Q 除以有效热量即可确定所需天然气用量。通过重新计算例 5.8 来说明。

例 5.11　温度为 77 °F的废气由 1%丙酮和 99%氮组成，其流量为 100 scfm。当热氧化器的温度为 1 500 °F时，丙酮会被氧化去除。以热值为 950 Btu/scf(LHV)的天然气作为辅助燃料，求所需辅助燃料量。

解　丙酮的分子量 $=3\times 12.01+6\times 1.02+16=58.2$

丙酮的质量流量 $=1\%/100\times 100$ scfm $\times 60$ min/h $\times 1$ lb·mol/379 scf $\times 58.2$ MW
$=9.2$ lb/h

氮气的质量流量 $=99\%/100\times 100$ scfm $\times 60$ min/h $\times 1$ lb·mol/379 scf $\times 28.01$ MW
$=439$ lb/h

丙酮 LHV $=12\,593$ Btu/lb

丙酮放热量 $=12\,593$ Btu/lb $\times 9.2$ lb/h $=115\,856$ Btu/h $=0.116$ MM Btu/h

因此，估算化学计量空气量 $=160$ scfm $\times 0.115$ MMBtu/h $=18.4$ scfm

$$18.4\ \text{scfm}\times 60\ \text{min/h}\times 379\ \text{scf/lb·mol}\times 28.85(\text{MW})=84\ \text{lb/h}$$

另外，空气质量流量也可以这样计算：

$$18.4\ \text{scfm}\times 60\ \text{min/h}\times 0.075\ \text{lb/ft}^3=84\ \text{lb/h}$$

(注：77 °F和 1 大气压下的空气密度为 0.075 lb/ft^3。)

将这些值代入化学计量热方程：

$$Q=[(9.2+439)\times 0.28+84\times 0.26]\times(1\,500-77)$$

$$Q=209\,659$$

然而，丙酮在自身氧化时会释放出 115 856 Btu/h 的热量。因此，仍需要的净热量为 209 659－115 856＝93 803 Btu/h。使用相当于 50%过量空气(494 Btu/scf)的有效热量完成计算。

$$Q(\text{天然气})=(93\,803\ \text{Btu/h})/(494\ \text{Btu/scf})$$

$$Q=207\ \text{scfh}$$

在 50%的过量空气时，过剩的氧气为：

过剩氧气量 $=50\%/100\times 9.52\times 21\%/100\ O_2=1$ scf O_2/scf 天然气

过剩氧气量 $=1$ scf O_2/scf 天然气 $\times$ 207 scfh 天然气 $=207$ scfh O_2

加入的氮气量 $=1.5\times9.52\times0.79=11.28$ scf/scf 天然气

加入的氮气量 $=11.28$ scf/scf 天然气 $\times$ 207 scfh 天然气 $=2\ 335$ scfh

遗憾的是，虽然氧气过量，但是浓度很低。幸运的是，对于天然气燃烧来说，不仅在方程的两边能达到质量平衡，体积也是如此（其他燃料一般不是这样）。因此，由于 VOC 浓度很低，对质量平衡没有显著影响，所以我们可以简单地用过剩氧气量除以所有组分的总体积得到过剩氧气浓度。

废气 $=100$ scfm $=6\ 000$ scfh

天然气 $=207$ scfh

过量的氧气 $=207$ scfh

加入的氮气 $=2\ 335$ scfh

$$O_2(\text{POC})(\%)=\frac{207}{6\ 000+207+207+2\ 335}\times100=2.37\%$$

当天然气作为辅助燃料时，这个方程可以概括为：

$$\text{燃烧产物中 } O_2(\%)=(EX/100\times2\times NG)/(WG+(((EX/100\times2)+(1+EX/100)\times7.52)\times NG)+NG)\times100$$

其中：WG—— 废气流量（scfh）；

EX—— 过量空气量（%）；

NG—— 天然气流量（scfh）。

如果燃烧产物中需要特定的氧气浓度，应该采用试差的方法来重复上面这个方程式。

如果废气是含 VOC 的空气，则计算更为简单。通常不需要额外的空气，而这避免了必须添加空气量的问题。气流中的氧气提供了 VOC 和辅助燃料燃烧所需的氧气。在这种情况下，热平衡方程简化为

$$Q=m_{\text{wg}}\times C_{p\text{wg}}\times(T_{\text{f}}-T_{\text{i}})$$

例 5.12 77 ℉的废气由空气和 1% 的丙酮组成，废气流量是 100 scfm。丙酮在一个操作温度为 1 500 ℉的热氧化器中被氧化。计算所需的辅助燃料量。

解 用作辅助燃料的天然气热值为 950 Btu/scf(LHV)（除了丙酮是在空气中而不是在氮气中之外，其他条件与例 5.8 相同）。

使用从例 5.8 中计算出来的值：

丙酮的分子量 $=3\times12.01+6\times1.02+16=58.2$

丙酮的质量流量 $=9.2$ lb/h

丙酮 LHV $=12\ 593$ Btu/lb

丙酮放热量 $=12\ 593$ Btu/lb $\times$ 9.2 lb/h $=115\ 856$ Btu/h $=0.116$ MM Btu/h

空气量为：

$$\text{空气的质量流量}=99\%/100\times100\ \text{scfm}\times60\ \text{min/h}\times1\ \text{lb}\cdot\text{mol}/379\ \text{scf}\times28.85\ \text{MW}=452\ \text{lb/h}$$

或

$$99\%/100 \times 100\ \text{scfm} \times 60\ \text{min/h} \times 0.076\ \text{lb/ft}^3 = 452\ \text{lb/h}$$

$$Q = m_{\text{wg}} \times C_{p\text{wg}} \times (T_{\text{f}} - T_{\text{i}})$$

$$Q = 452\ \text{lb/h} \times 0.28\ \text{Btu/(lb} \cdot {}^\circ\text{F)} \times (1\ 500\ {}^\circ\text{F} - 77\ {}^\circ\text{F})$$

$$Q = 180\ 094\ \text{Btu/h}$$

由于丙酮氧化所释放的热量为 115 856 Btu/h，辅助燃料必须提供的热量为 180 094－115 856＝64 238 Btu/h。而例 5.11 中的结果为 93 803 Btu/h。在此例中，由于 VOC 和辅助燃料燃烧所需的氧气已经包含在废气中，因此不需要额外添加助燃空气。

如果废气和(或)助燃空气已经处于较高的温度，则辅助燃料需求将会减少。有时，有些工艺过程会产生高温废气。其他的情况下，废气通过与燃烧产物的热交换而被预热(这将在第 8 章更详细地讨论)。以下例子就说明了在较高初始废气温度产生的影响。

例 5.13　585 ℉的废气由空气和 1%的丙酮组成，废气流量是 100 scfm。丙酮在一个操作温度为 1 500 ℉的热氧化器中被氧化。计算所需的辅助燃料量。

解　用作辅助燃料的天然气热值为 950 Btu/scf(LHV)(除了提高了废气的初始温度，其余与例 5.12 相同)。

$$Q = m_{\text{wg}} \times C_{p\text{wg}} \times (T_{\text{f}} - T_{\text{i}})$$

$$Q = 452\ \text{lb/h} \times 0.28\ \text{Btu/(lb} \cdot {}^\circ\text{F)} \times (1\ 500\ {}^\circ\text{F} - 585\ {}^\circ\text{F})$$

$$Q = 115\ 802\ \text{Btu/h}$$

由于丙酮在废气中的氧化释放热量为 115 856 Btu/h，因此不需要添加辅助燃料来增加热量即可将废气的温度提高到 1 500 ℉。

这些简化的方法获得的质量与能量的衡算足够进行成本估算，以及确定初步设备尺寸。通过它们计算得到的结果一般与正确值的偏差在±15%以内。它们可以使用普通计算器执行计算，而图 5.2 所描述的是更严格的过程，这就需要使用计算机程序进行计算。

第 6 章　废气性质和分类

热氧化技术可用于处理流量和组成波动很大的 VOCs 废气。因此，大多数热氧化系统可以为特定应用进行量身定制式的设计。废气的组成对最终设计有非常显著的影响。本章将讨论工业废气中常见的组分，以及这些组分是如何影响热氧化器的最终设计的。

6.1　废气性质

通常有两种方法可以用于描述废气的特征：直接法和间接法。直接法是识别废气中的每个特定化合物及其浓度；间接法是对废气进行元素分析，即对原子和灰分进行分析。通常有碳、氢、氧、氮、硫、氯和灰分几种成分，这些成分按质量百分比列出。

例 6.1　硝基甲烷的分子式为 CH_3NO_2，其分子量为 61.05。试对其进行元素分析。

解　每个原子在其结构中的质量分数(元素分析)如下：

原　　子	质量分数(wt%)
碳	1×12.01/61.05=19.67
氢	3×1.01/61.05=4.96
氮	1×14.01/61.05=22.96
氧	2×16.0/61.05=52.42

元素分析通常用于固体废物，固体废物通常是含有多种物质的非均相混合物。对于此类混合物，确定其元素比确定各个成分容易得多。但是，元素分析有几个缺点。首先，除非在干燥的基础上测定，否则很难确定分析结果中的氢和氧是来自水还是分子化学结构的一部分。水蒸气是惰性的(没有化学反应或热释放)，而氢和氧元素通常又会参与氧化反应。氯化氢(HCl)和二氧化硫(SO_2)也是如此。不可能从元素分析中确定这些组分是废气中的惰性(非燃烧)组分形式(HCl 或 SO_2)，还是参与燃烧反应的单个原子。此外，虽然燃烧热可以根据元素分析进行估算，但它们不会比通过已知的单个有机组分热值计算更精确。

如果有机废气的元素分析是唯一的可用信息，则可以将每种元素的质量分数除以它们各自的分子量，然后通过将每个原子的摩尔数除以具有最低摩尔数的原子的摩尔数，将其转化为“伪”化合物。

例 6.2 有机废气的最终分析是 58.80 wt%的碳、9.87 wt%的氢和 31.33 wt%的氧。请将其转换为“伪”化合物。

原　子	质量分数(wt%)	相对原子质量	摩尔分数
碳	58.80	12.01	58.80/12.01=4.90
氢	9.87	1.01	9.87/1.01=9.79
氧	31.33	16.0	31.33/16.0=1.96

将以上结果用化学式 $C_{4.9}H_{9.79}O_{1.96}$ 表示是完全正确的。但是，大多数科学家和工程师更喜欢使用整数。将每个原子的摩尔数除以具有最低摩尔数(1.96)的原子的摩尔数得到下式：$C_{2.5}H_5O$。为了消除碳的分数，将每个原子分数乘以 2，得到下式：$C_5H_{10}O_2$。该式可代表乙酸异丙酯。但是，这又说明了元素分析法的另外一个缺点：不同的化合物可以具有相同的分子式(同分异构体)，即无法区分同分异构体。例如，乙烯醇和乙醛都具有化学式 C_2H_4O，但具有不同的分子结构。

6.2 废气工况波动

很多时候，热氧化设备供应商得到的废气组成是单一的流量和组分。但是在工艺生产的过程中，废气组成很少是一成不变的，因此单一流量和组分通常为平均值。实际上，虽然平均值可以提供正常操作下的燃料需求，但是它们不能为设备设计者提供最重要的信息，即废物流量和成分的变化。设备的设计必须考虑极端条件，而不是通常情况下的条件。例如，启动时刻所需的辅助燃料量可以代表最高的辅助燃料需求量，因为此时废气中的 VOCs 还没有发生反应，也就不能放热。许多设备供应商在设计最大废气流量的辅助燃料燃烧器时，通常假设没有 VOCs 氧化放热。相反地，当体系中 VOCs 浓度升高时，它将增加总体热释放并提高温度。在这种情况下，可能需要空气或者水急冷。因此，当设计设备或分析一个热氧化技术的潜在应用工艺时，不仅要注意正常、平均或典型的流量和组成，而且更要注意它们的变化情况。

6.3 少量污染物——主要问题

6.3.1 有机成分

确定废气的所有成分是非常重要的，即便有些组分是少量存在的。与高浓度的惰性组分相比，某些少量组分对热氧化系统的设计和操作影响更大。

我们在前面的章节中经常讨论卤素原子。卤化有机化合物在热氧化的过程中会产生酸性气体，如氯化氢。当它们存在于燃烧气体中时，可以在等于或低于其露点的温度下冷凝，并且对金属具有很强的腐蚀性。有些甚至可以腐蚀热氧化器的耐火衬里。即使在浓度低于 25 ppmv 的情况下，这些物质也是很难处理的。此外，废气中含有硫、磷氧化物时，产生的影响与卤素相类似。卤化酸和二氧化硫的排放也受到环境法规的限制。如果气体中这些物质大量存在，则可能需要在热氧化器的出口处设置气体洗涤器。

6.3.2 无机成分

废气中的无机(不可燃)组分也会对热氧化器的设计产生重大影响。主要有化学过程和物理过程两方面的因素。从化学角度上分析，钠等物质会与耐火衬里反应，导致其熔化、碎裂或分解。这些无机物质以颗粒物的形式进入热氧化器，或者在燃烧过程中转化成固体氧化物。这些无机痕量金属燃烧后的产物如表 6.1 所示。

表 6.1 痕量金属燃烧后的产物

无机金属	元素符号	燃烧产物	无机金属	元素符号	燃烧产物
铅	Pb	PbO/Pb_3O_4	铁	Fe	Fe_2O_3/Fe_3O_4
铬	Cr	Cr_2O_3	镍	Ni	NiO
镉	Cd	CdO	锡	Sn	SnO
铍	Be	BeO	锌	Zn	ZnO
砷	As	As_2O_5	钴	Co	CoO/Co_3O_4
铜	Cu	CuO/Cu_2O	钒	V	V_2O_5
锰	Mn	Mn_3O_4/Mn_2O_3	汞	Hg	Hg

一些常见的能够化学腐蚀耐火衬里的无机金属材料有钠、钾和钒的化合物。这些物质与二氧化硅和其他耐火组分形成复合盐，最终形成低熔点化合物(熔解)。

物理破坏主要有侵蚀和磨损。固体颗粒长期以较高速度撞击耐火材料的表面，导致耐火材料磨损。在热氧化器的高温环境中，颗粒会熔化。熔融颗粒可黏附在热氧化器或下游设备的表面上，随着时间的推移而累积，最终阻碍燃烧产物的流动。如果颗粒的熔化温度是已知的(例如，单组分无机颗粒)，那么在设计热氧化器时，可以将这些特征考虑在内，以防止这种积聚情况的发生。

一种设计方法是将燃烧产物急冷到颗粒物的熔点温度以下，如图 6.1 所示。图中安

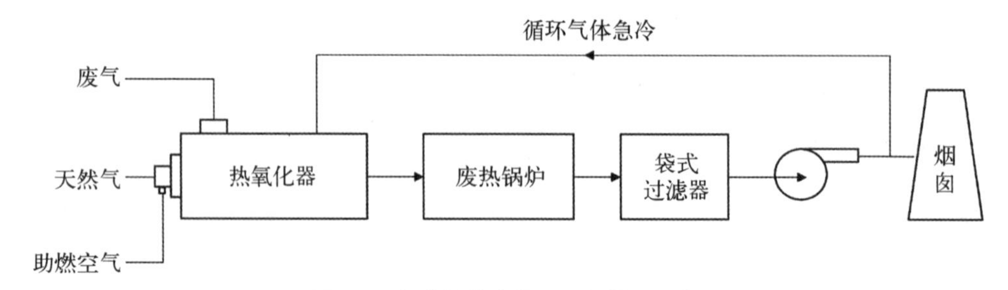

图 6.1 急冷燃烧产物以固化熔融颗粒

装了一个废热锅炉来回收热氧化器中产生的热量。为了防止熔融颗粒附着在锅炉管上，来自锅炉出口的低温循环气与燃烧产物混合以固化颗粒物，防止其进入锅炉。表 6.2 列出了在热氧化器应用中常见的一些无机物质的熔点。

表 6.2　部分无机化合物的熔点

化合物	化学式	熔点（℉）	化合物	化学式	熔点（℉）
氢氧化钙	$Ca(OH)_2$	1 075	氢氧化钾	KOH	680
硫酸钙	$CaSO_4$	2 640	氢氧化钠	NaOH	600
氯化钙	$CaCl_2$	1 440	氯化钠	NaCl	1 475
氯化钾	KCl	1 420	硫酸钠	Na_2SO_4	1 625
硫酸钾	K_2SO_4	1 960	碳酸钠	Na_2CO_3	1 564

如果存在多种无机物质，那么问题会变得更加复杂。有时纯无机组分会混合形成较低熔点混合物，这些化合物被称为"低共熔混合物"，常见的低共熔混合物的熔点如表 6.3 所示。混合物中加入耐火衬里中的硅铝氧化物会进一步降低熔点温度，磷和铁的存在也会加剧这个问题。

表 6.3　低共熔混合物的熔点

低共熔混合物	熔点（℉）	低共熔混合物	熔点（℉）
$MgSO_4/Na_2SO_4$	1 220	$NaCl/Na_2CO_3$	1 171
$Na_2O/SiO_2/Na_2SO_4$	1 175	Na_2SO_4/Na_2CO_3	1 522
$NaCl/Na_2SO_4$	1 153	$NaCl/Na_2SO_4/Na_2CO_3$	1 134

本节讨论的重点是，虽然这些少量物质通常对热氧化器的质量和能量平衡没有显著影响，但它们对热氧化器和下游排放控制系统却有很大影响。因此，确认废气中这些微量物质和主要组成的分类是非常重要的。

6.4　废气分类

大多数气态废物流中废气大体可分为三大类：

1. 被污染的空气
2. 被污染的惰性气体
3. 富污染物废气

下面是每种废气的工艺设计策略。

6.4.1　被污染的空气

第一类废气包括被低浓度挥发性有机化合物污染的空气。烟和异味是这类废气的典型特征。这类废气的特点是最低氧气浓度为 18 vol%，不存在爆炸危险[有机化合物浓度远低于爆炸下限(低于 LEL(Lower Exposion Limit)的 25%)——详见第 14 章]。具有较低氧含量,具有较高有机化合物浓度和(或)腐蚀性的化合物、颗粒的废气属于另外两类废气。

产生这一类废气的行业和工艺有:

涂装作业

印刷线

喷漆室

纺织品加工

纺织品整理

溶剂清洗

包装

食品加工和烘焙

纸浆和造纸

计算机芯片制造(半导体)

烘干

通风臭气

特定化工工艺

炼油厂

污水处理厂

热氧化器工艺设计使用废气作为燃烧器的助燃空气源。应用于以下几种情况:

- 低流量(小于 5 000 scfm)
- 不存在腐蚀性化合物
- 清洁气流(无颗粒)
- 天然气、丙烷或液化石油气(Liquefied Petroleum Gas, LPG)等气态辅助燃料

最经济(设备成本)的设计方案是使用风道燃烧器(也称为原料气燃烧器、管道燃烧器或线性燃烧器——在第 7 章中进一步讨论)。如上所述,使用废气作为助燃空气源。气流通过燃烧器混合板,与燃料充分混合并点燃,如图 6.2 所示。

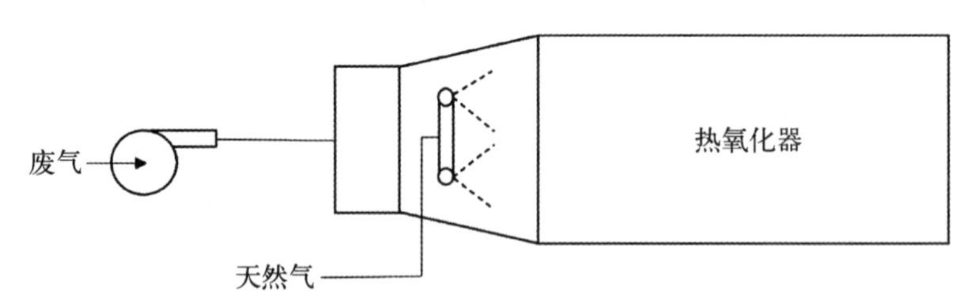

图 6.2 通过管道(列管)燃烧器直接注入废气

燃烧产物被升高到所需的操作温度,并在此温度下保持足够的停留时间来完成 VOCs 热氧化反应至反应近乎完全。燃烧器设计和"混合板"保证必要的湍流,这种设计被称为"直接火焰焚烧法"。污染物直接通过火焰燃烧,这是 VOC 的一种非常有效的破坏形式。由于没有外界空气引入,热效率也是非常高的。此类工艺(系统)的典型要求和特点包括:

- 废气不含任何硫化合物、卤化物和(或)颗粒物
- 污染物浓度低于爆炸下限(Lower Explosive Limited, LEL)的 25%
- 环境温度下氧气浓度大于或等于 18 vol%
- 仅限气体燃料(天然气、丙烷、液化石油气等)
- 燃烧器的废气压力在 0.5～3 in 水柱之间(如果需要,鼓风机可以提供动力)
- 最高入口气体温度为 1 000 ℉(此温度受到燃烧器制作材料的限制)
- 最高工作温度(燃烧产物出口温度)为 1 700 ℉;这个温度也受到燃烧器制作材料的限制
- 最大燃料调节量比为 20∶1
- 最大废气流量调节比为 3∶1

对低温废气,使用这类燃烧器所需的最小氧气浓度约为 18%。然而,如果气流温度高于环境温度(如余热回收),则氧气浓度可低至 12%(如废气温度为 1 000 ℉)。对于一个管道(线性)燃烧器来讲,温度对所需最低氧气浓度的影响如图 6.3 所示。虽然预热废气是可行的,但由于热辐射会反过来影响燃烧器的金属结构,因此,该燃烧器的最高工作温度为 1 700 ℉。在第 7 章中将要讨论的耐火挡板以及喷嘴混合燃烧器不受此限制,但会受到可注入废气量的限制。

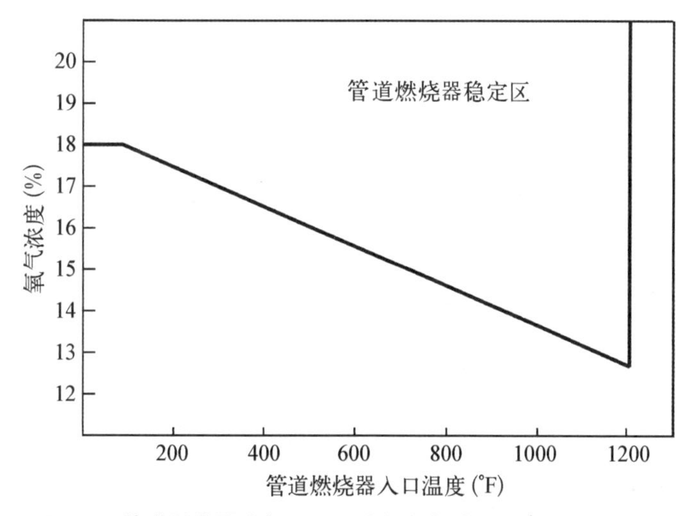

图 6.3　管道燃烧器废气入口温度与氧气浓度(%)之间的关系

当使用液体燃料(#2 燃料油、重油、煤油、废液等)或双燃料时,或常温下当废气的氧含量为 16 vol%～18 vol%时(环境温度下),必须使用喷嘴混合型燃烧器代替管道燃烧器。与管道燃烧器类似,如果温度升高,喷嘴混合燃烧器可以在较低的氧气浓度下操作。低氧浓度燃烧空气流被称为“稀薄空气”。图 6.4 显示了常用燃烧器的稳定操作范围。

根据废气的流量以及燃烧器的设计情况来看,全部或部分空气都是被用作助燃空气并且通过燃烧器燃烧。在大多数情况下,并不能将废气全部直接引入燃烧器,因为会导致火焰温度低,燃烧不稳定,一氧化碳(CO)排放高,高浓度不充分燃烧产物(Products of Incomplete Combustions, PICs)的生成和停机故障。

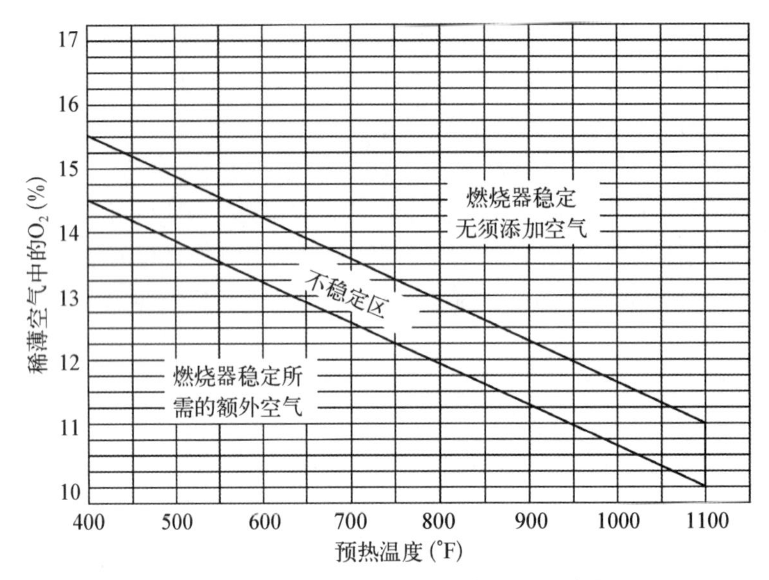

图 6.4　燃烧器稳定性与空气氧含量之间的关系

大多数喷嘴混合燃烧器在使用过程中,空气流被分为一次空气流和二次空气流。一次空气流作为助燃空气引入燃烧器。二次空气流进入燃烧器下游的系统并充当急冷空气或稀释空气。如图 6.5 所示。

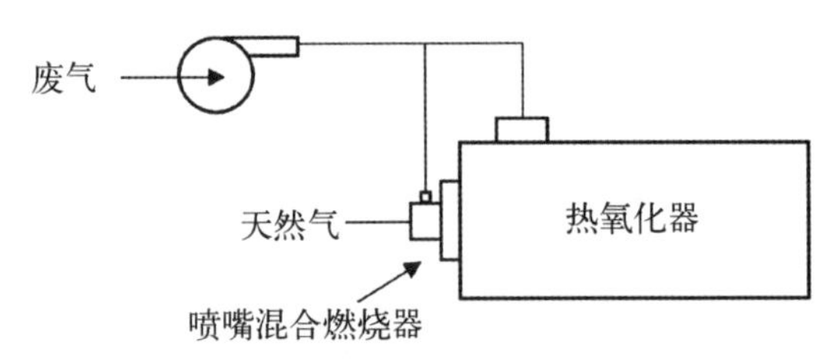

图 6.5　喷嘴混合燃烧器和热氧化器之间的废气分流

该系统的热效率也非常高,实际上,与管道燃烧器的效率一样高。没有外部空气添加到系统中,只有一部分废气即一次废气进行火焰燃烧(直接火焰焚烧)。二次空气流不进入燃烧器,它被注入火焰燃烧器的下游并且必须与燃烧器的燃烧产物适当混合。要氧化二次气流中的污染物必须保证足够的湍流程度。

达到充分的混合和湍流程度并不是件容易的事情。将二次空气流注入或添加到燃烧器火焰中可能会熄灭火焰,这会导致高浓度一氧化碳排放、高浓度的不充分燃烧产物生成、低破坏效率和不稳定燃烧。但也有许多设计和配置将二次空气引入系统的,最好的方法之一是将二次空气"喷射"到火焰根部下游的燃烧产物中。优选的方法是使用具有足够速度的多个喷嘴将二次气流渗透到燃烧器的燃烧产物中。该系统的要求如下:

- 废气不包含任何颗粒、可冷凝气体、腐蚀性化合物和(或)酸
- 污染物浓度低于爆炸下限(LEL)的 25%
- 在环境温度下,氧气浓度大于或等于 16 vol%
- 液体和(或)气体辅助燃料

- 燃烧器(入口)处废气的压力必须在 4～8 in 水柱之间(通常使用鼓风机提供动力)
- 最高入口气体温度仅受燃烧器结构材料的限制;入口温度为 649 ℃(1 200 ℉)或更高
- 最高工作温度仅受燃烧器结构材料的限制;最高工作温度通常为 1 204 ℃(2 200 ℉)
- 气体燃料的最大燃料调节比为 20∶1,液体燃料的最大燃料调节比为 6∶1
- 最大废气流量调节比为 5∶1;这种调节通常受鼓风机设计和混合要求的限制

当废气含有颗粒物、可冷凝气体、腐蚀性化合物和(或)酸时,当不允许有压降或允许压降很小时,或当废气温度高于燃烧器制备材料所能承受的温度时,喷嘴混合燃烧器需要使用外界环境中的常温助燃空气。废气被引入燃烧器的下游并与燃烧器的燃烧产物混合。为了节省燃料,燃烧器应在过量空气比很低的情况下运行,或者应使用特制的亚化学计量空气/燃料燃烧器。如上所述,混合(湍流)是达到最大污染物破坏效率,减少一氧化碳排放,最小化未充分燃烧产物排放并保持可靠运行的关键。最佳设计取决于烟气成分、烟气温度和调节比要求。最经济、直接的设计是将燃烧器径向安装或与废气流呈一定角度安装。这样燃烧器火焰穿过废气,废气也流过燃烧器火焰。这种装置的示意图如图 6.6 所示。

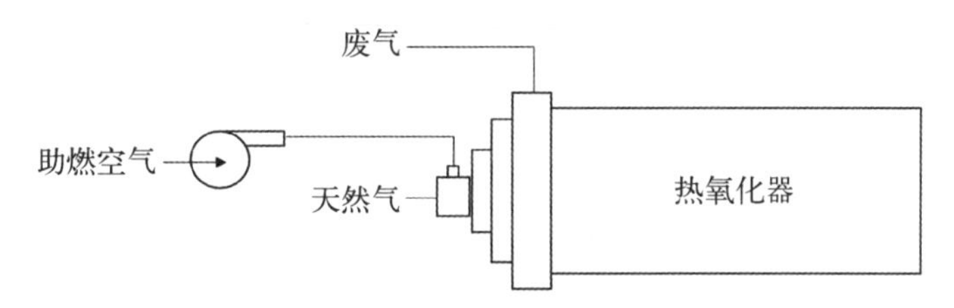

图 6.6　在辅助燃料燃烧器下游注入废气的系统

该设计可以达到 95%以上的破坏效率。采用这种设计,废气的入口温度可高达 1 204 ℃(2 200 ℉)或更高,操作温度也可高达 1 204 ℃(2 200 ℉)或更高。这些最高温度由所需的破坏效率、结构材料、上游工艺条件、鼓风机设计和(或)热回收要求决定。将废气“喷射”到燃烧器燃烧产物中可以达到更高的破坏效率。但是,废气必须处于足够的正压力下且不含颗粒物。黏性颗粒物是最大的隐患,它们可能会导致“喷射”设计方案不可行。

例 6.3　在室温下,5 000 scfm 的废气中含有 100 ppmv 的氯甲烷和痕量的氯化氢。热氧化器设计操作温度 871 ℃(1 600 ℉)以实现高氯甲烷的破坏效率。使用低位热值为 942 Btu/scf 的天然气作为辅助燃料。燃烧器在 25%过量空气下运行。请确定工艺配置。

解　由于气流中含有氯化氢气体,因此不能使用管道(线性)燃烧器。将使用喷嘴混合燃烧器并在指定的 25%过量空气水平下操作,且使用部分废气作为助燃空气。废气分流为燃烧器和热氧化器两部分,如图 6.5 所示。使用第 5 章中概述的方法,本例所需的辅助燃料为 170 scfm 或 9.6 MM Btu/h。由于每标准立方英尺每分天然气需要 9.52 scfm 的空气,助燃空气过量 25%,燃烧器所需的助燃空气(来自废气)为 $170\times9.52\times1.25=$ 2 023 scfm。

例 6.4 例 6.3 的废气中含有颗粒物。请确定工艺配置。

解 在这种情况下，废气不能进入上述两种燃烧器(管道或喷嘴混合燃烧器)。为了减少燃料消耗，喷嘴混合燃烧器在天然气完全燃烧所需的化学计量空气的 50%情况下运行。所需的天然气流量为 203 scfm 或 11.5 MM Btu/h。与例 6.3 相比，辅助燃料消耗量增加了 1.9 MM Btu/h 或高出 20%。这是额外增加助燃空气所致。如果燃烧器用 25%过量的环境空气(而不是亚化学计量)燃烧，则总的热量需求为 16.4 MM Btu/h。

有些工况条件下，管道和喷嘴混合燃烧器都可以应用，同样的热量需求下，通常管道燃烧器的成本较低。但是由于管道燃烧器直接暴露于废气和火焰的辐射热中，因此，其应用比喷嘴混合燃烧器更受限制。燃烧器设计将在第 7 章进一步讨论。

6.4.2 受污染的惰性气体

此类废气中含有低于 8 vol%的氧和低浓度的有机化合物。气体热值通常小于 30 Btu/scf。由于氧含量低于 8 vol%，不用考虑回火和爆炸的问题。污染物浓度和氧气浓度不足以产生和维持火苗(见第 14 章)。此类废气基本上是惰性的。

在本小节的讨论中，“惰性”指的是不可燃混合物。如果混合物的氧浓度太低，则 VOC 不会被引燃。氧浓度阈值取决于剩余惰性气体、特定的 VOC 或其他有机化合物的性质及其温度。对于特定的 VOC，表 6.4 列出了在常温下防止易燃混合物着火的最大允许氧气浓度。

表 6.4 常温下防止易燃混合物引燃的最大安全氧气浓度

化合物	氮气稀释	二氧化碳稀释	化合物	氮气稀释	二氧化碳稀释
乙　醛	12		汽　油	11.5	14
丙　酮	13.5	15.5	己　烷	12	14.5
氨	15		氢	5	6
苯	11	14	硫化氢	7.5	11.5
丁二烯	10	13	异丁烷	12	15
丁　烷	12	14.5	煤　油	11	14
丁　烯	11.5	14	甲　烷	12	14.5
二硫化碳	5	8	甲　醇	10	13.5
一氧化碳	5.5	6	甲基乙基酮	11.4	
环丙烷	11.5	14	氯甲烷	15	
二甲基丁烷	12	14.5	正庚烷	11.5	14
乙　醚	10.5	13	戊　烷	11.5	14.5
乙　烷	11	13.5	丙　烷	11.5	14
乙　醇	10.5	13	丙　烯	11.5	14
乙酸乙酯	11.2		甲　苯	9.1	
乙　烯	10	11.5	二甲苯	8	

资料来源：摘自 *National Fire Protection Association Bulletin* 69－1986 和 *Chemical Engineeing*，June 1994

废气的爆炸概率是VOC浓度与LEL比值的函数。防止VOC过早引燃是热氧化器设计中的主要考虑因素。几乎所有应用都有VOC浓度不得超过LEL的50%的规定，并且许多应用规定该浓度不得超过LEL的25%。

例如，若废气主要成分为氮气，且该废气已经被乙醛污染，在氧浓度低于12%的情况下，该废气不会被引燃。除了一氧化碳和氢气以外，大多数有机化合物的引燃氧浓度均大于8%。我们将在第14章中介绍热氧化器设计中应该注意的安全事项。

产生此类废气的行业和生产过程包括：

纸浆和造纸

惰性干燥或固化操作

洗涤塔废气

陶瓷工业

人造纤维制造

吸收塔废气

树脂制造(中间状态)

柴油机/发动机排气

热处理炉

沥青制造

化学工业

石化行业

针对这类废气，一般是使用燃烧液体燃料或气体燃料的传统燃烧器。环境空气被用作助燃空气。废气引入燃烧器火焰根部下游的燃烧室中。图6.6说明了这种设计概念。

根据惰性气体的特性(成分、流量和温度)差异，废气可以将其通过单个切向喷嘴、单个径向喷嘴、单个轴向喷嘴或通过一系列喷嘴进入燃烧室。一些相对清洁不含颗粒、黏性焦油、油雾、烟雾等物质的废气，可以通过多个喷嘴引入。废气被"喷射"到燃烧器的燃烧产物中。这种喷射包括通过喷嘴将废气以高速喷入，使得气体与燃烧器的火焰前端相混合。

推荐使用单个喷嘴将含颗粒物、黏性焦油、油雾和(或)烟雾的较脏的废气，引入系统。如果烟气含有3 vol%～8 vol%的氧气，则辅助燃料燃烧器可以用亚化学计量法操作以节省燃料。惰性废气提供完全燃烧所需的氧气平衡。

请注意，环境空气鼓风机的选型必须能提供足够的过量环境空气以符合最大燃烧器功率，在所有操作情况下(包括启动、预热和停机工况)保持POC中至少含有3 vol%(湿基)的过量氧气。该系统的要求如下：

- 废气不包含任何颗粒物或可冷凝气体
- 污染物浓度低；气体的热值小于30 Btu/scf
- 氧气浓度低于8 vol%

- 液体和(或)气体燃料用作辅助燃料
- 入口喷嘴处废气的压力必须介于 4～8 in 水柱之间(鼓风机可以提供动力)

最大进气温度仅受入口喷嘴结构材料的限制。最高工作温度(燃烧产物出口温度)仅受燃烧室结构材料的限制。最高工作温度通常为 2 200 ℉。气体燃料的最大燃料调节比为 20∶1,液体燃料的最大燃料调节比为 6∶1。惰性废气流量可调节性非常高,并且在特定设计下可以为零。

例 6.5 25 000 scfm 的废气中含有 2.5％的一氧化碳,0.5％的丙烷,2.2％的二氧化碳,6.5％的水蒸气,80.3％的氮气和 8％的氧气。它的温度为 250 ℉。热氧化器的工作温度设定为 1 600 ℉。请确定其设计配置。

解 从其可燃组分快速确定废气的热值：20 Btu/scf(0.025×322 Btu/scf＋0.005×2 385 Btu/scf)。由于其氧含量相对较低,废气不能作为燃烧器的助燃空气。为节省燃料,燃烧器以 50％的化学计量空气下运行,废气中的氧气用于完成燃烧。使用第 5 章描述的方法,燃烧器在 50％化学计量空气下操作需要 294 scfm 的辅助燃料和 1 400 scfm 的环境助燃空气。工艺配置和速率如图 6.7 所示。

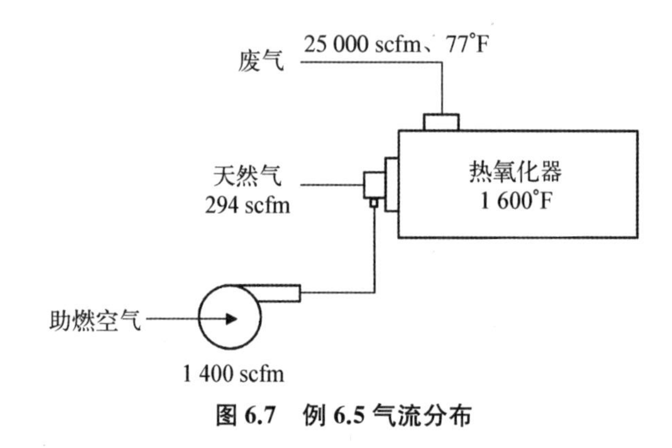

图 6.7 例 6.5 气流分布

6.4.3 富污染物废气

该类废气氧含量非常低、可燃化合物(VOC)占比很高,并且热值大于 50 Btu/scf。由于氧浓度非常低,无须考虑回火问题。氧气浓度不足以产生和维持火焰峰。在燃烧区之前释放的任何能量都不足以引发爆炸。

产生此类废气的行业和生产工艺包括：

纸浆和造纸

储罐排气

洗涤塔废气

CO 气体

反应器废气

工艺扰动排气

树脂釜废气

高炉煤气
热处理炉
汽提塔废气
化学工业
石化行业
垃圾填埋气

这类废气的设计处理方法是使用废气作为燃烧器的燃料。通常，使用特殊设计的低热值气体燃烧器。在某些情况下，双燃料或多燃料燃烧器是合适的选择。废气被导入燃烧器并通过中心喷嘴或喷射器组件“燃烧”。在废气喷嘴周围引入助燃空气。燃烧器的设计，尤其是废气喷射器组件，对于实现适当且稳定的燃烧和无故障操作是至关重要的。燃烧器设计对于实现高 VOC 破坏效率也同样重要。

在涉及富污染物废气的大多数应用中，废气的组成和流量随时间变化非常剧烈。在启动、关闭或者扰动情况下，废气可能变为“惰性”或其流量可能降低至设计下限，可能发生不稳定的燃烧或火焰熄灭。为了防止这种情况发生，可设置辅助燃烧器。配置如图 6.8 所示。

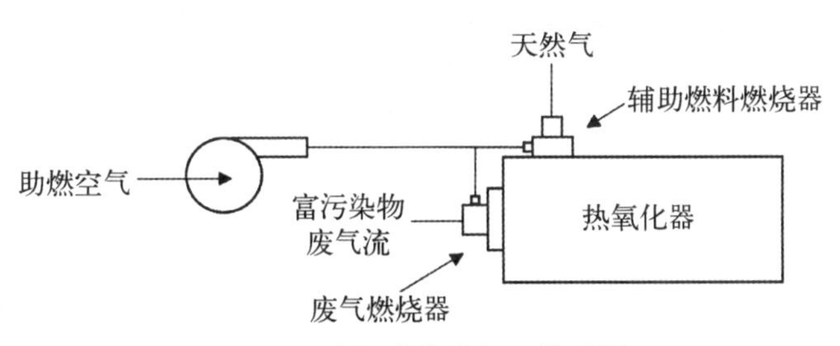

图 6.8　富污染物废气工艺配置

辅助燃烧器使用常规燃料并在所有操作条件下保持燃烧状态。它提供了一个稳定的热量来源。它也可以在富污染物废气变为“惰性”时或废气被切断或流量低于设计下限时，还保持必要的操作温度。

富污染物废气通常可以在不加入(或加入少量)辅助燃料的情况下维持燃烧。如果废气热值(LHV)大于 150 Btu/scf，并且不含高浓度的水蒸气，那么废气一定可以在没有辅助燃料的情况下维持燃烧。热值在 50～150 Btu/scf 之间的废气可能在没有辅助燃料添加的情况下维持燃烧。如果热值小于 200 Btu/scf，想要维持一个稳定的引燃点，就应该加入少量的辅助燃料。废气热量为氧化反应的进行提供必要的能量。事实上，对于这种类型的废气，最低工作温度不是问题。废气释放的热量会使温度升高。真正需要考虑的是最高温度不要超过 2 200 ℉，以最大限度地降低耐火材料成本。通过燃烧器的过量空气来控制该温度。

例 6.6　在常温下的 350 scfm 废气流组成为：12.8%戊烷，21.6%苯，1.8%甲苯，24.8%丁烷和 39%氮(均为体积百分比)。请确定热氧化器的设计和操作条件。

解　该气体混合物的热值为 2 102 Btu/scf，分析过程如下：

可燃成分	热值（Btu/scf）		体积分数		热成分（Btu/scf）
戊　烷	3 709	×	0.128	=	475
苯	3 601	×	0.216	=	778
甲　苯	4 284	×	0.018	=	77
丁　烷	3 113	×	0.248	=	772
			总　计	=	2 102

由于废气热值远高于近似的燃烧阈值(150 Btu/scf)，最终温度将取决于燃烧器所使用的过量(急冷)空气的流量。在这种情况下，将火焰温度维持在 2 200 ℉以下需使用过量约为 110%的空气。大多数燃烧器可以在此范围内的过量空气水平下运行。但是，在许多燃烧器中可以使用的过量空气量存在上限。如果气体热值太高，有必要在燃烧器下游添加急冷空气(或水)以限制温度上升。

6.4.4 "脏"的废气

有些废气含有大量的颗粒物。也有些废气因为含有无机物，燃烧产物中会生成颗粒物。针对这种情况，热氧化器通常会竖直布置，气流方向向下，使得颗粒不能聚集在热氧化器恒温室内。这种布置如图 6.9 所示。在装置的底部设有料筒或收集系统，以通过重力收集较大的颗粒。然后燃烧产物水平排出，排放到其他下游颗粒物收集装置，例如，静电除尘器(Electrostatic Precipitator，ESP)或纤维过滤器。有时颗粒物是液态或熔融态。这时候也需要使用与图 6.1 所示的类似急冷设备。

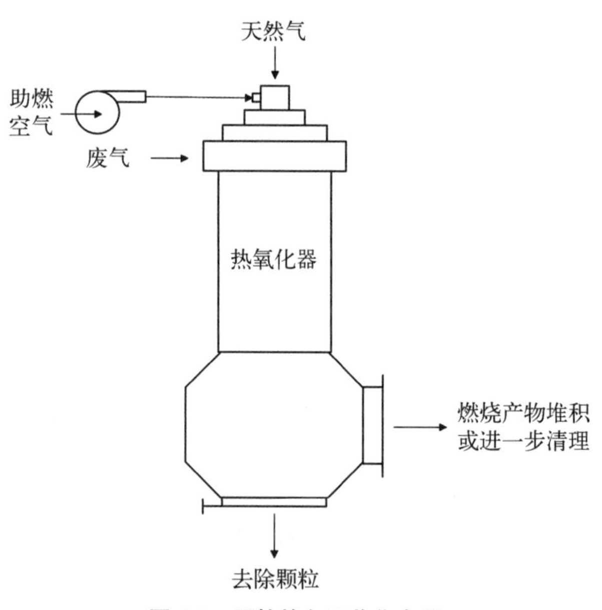

图 6.9　颗粒的向下收集布局

6.5　液体废物流

本书的重点是设计用于处理挥发性有机化合物的热氧化系统。这些 VOCs 总是废气的一部分。如果有机化合物存在于液体而非气体中，它仍然可以使用燃烧技术处理。但是，如果处于液态中，它可能被归类为危险废物，并且须要遵守一套特定的处理规范。然而，并非所有液体都会被归类为危险废物。那些被视为危险废物的纯化合物列于美国联邦法规(40 CFR 261)中。非危险废液有时与含有 VOC 的废气一起处理。因此，这里简单介绍废液的热氧化处理系统。

6.5.1　溶液型废液

第一类废液是被有机化合物污染的水或废水。这些废水中水含量大于或等于 85 wt%。许多不同的行业和工艺都会产生水溶液型废液。例如：

储罐底部

化学冲洗

溢流过程

工艺废水

暴雨排水(径流)

垃圾渗滤液

牛皮纸厂冷凝水

由于水不能“燃烧”，因此，它不能用作燃料来源，但它可以用作急冷或调温介质。水(在液相中)可以快速熄灭火焰，从而导致燃烧不稳定、排放高浓度不充分燃烧产物、令人讨厌的停机和积碳等一系列问题。因此，溶液型废液应引入燃烧器火焰下游的燃烧室中。只有高温燃烧器的燃烧产物才能与废液混合，如图 6.10 所示。

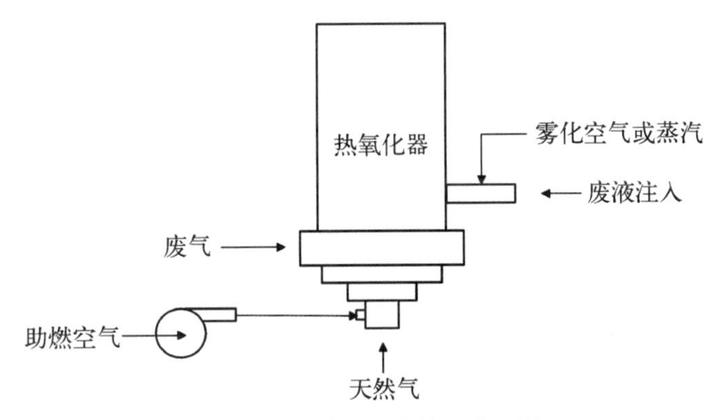

图 6.10　溶液型废液的工艺配置

燃烧系统设计者还应假设废液中的有机化合物在水完全蒸发并与氧气(空气)充分混合前不会被氧化。这是一种保守的设计方法，实际应用中可以得到更高的破坏效率。

注入点的位置、雾化方法和空气/液体混合技术对于优化操作、降低装置体积和达到最大破坏效率至关重要。如上所述，水溶液型废液应引入燃烧器火焰的下游并与高温燃烧产物充分混合。处理水溶液型废液，建议气体温度为 1 800 ℉或更高。这种高温不仅可以确保高破坏效率，还可以加快液滴蒸发速度并缩短完全破坏所需的总停留时间。

与可直接注入的含 VOC 气流不同，废液必须首先雾化。通常使用空气或蒸汽的雾化作用将液体分散成细小液滴，其在热氧化器的热环境中快速蒸发。燃烧反应仅发生在气相中。雾化不当可能导致维修问题、会产生低破坏效率和高浓度的不充分燃烧产物。

优选空气雾化，其次是水流蒸汽雾化。只有在空气或蒸汽雾化不具备条件时才应使用机械或压力雾化。当用空气雾化时，高压空气也为有机化合物的氧化提供氧气。然而，空气雾化不应作为将空气与废液混合的主要(或唯一)方法。在废液注入点上游产生的高温燃烧器燃烧产物也应含有过量的氧。

通常，溶液型废液氧化系统的最终操作温度高于大多数废气系统，停留时间也更长，以便在氧化开始之前允许液滴蒸发。这种工艺的要求和特点是：

- 注入点的废液压力应为 80～100 psig
- 空气或蒸汽雾化是首选
- 废液的调节由注射系统设计确定
- 最低推荐操作温度(POC 出口温度)介于 1 600 ℉～1 800 ℉之间
- 在废液注入点后测量的最小推荐停留时间为 1.0 s
- 废液注入点位于燃烧器下游的富氧区

6.5.2 可燃废液

第二类废液是被高浓度可燃化合物污染的废液。这些废液浓度可从 100%可燃化合物到 30%可燃物与 70%水(按重量计)的溶液。与溶液型废液不同，可燃废液可以燃烧并维持稳定燃烧。许多行业和工艺均可产生可燃废液。例如：

化工工艺行业
石油行业
石化行业
纸浆和造纸
喷涂
制药业

可燃废液可作为燃料来源，通过专为液体设计的燃烧器引入或“焚烧”。环境法规可能禁止在热氧化器达到最低工作温度之前引入可燃废液。因此，通常提供带有“常规”启动或辅助燃料的双燃料或多燃料燃烧器，如图 6.11 所示。

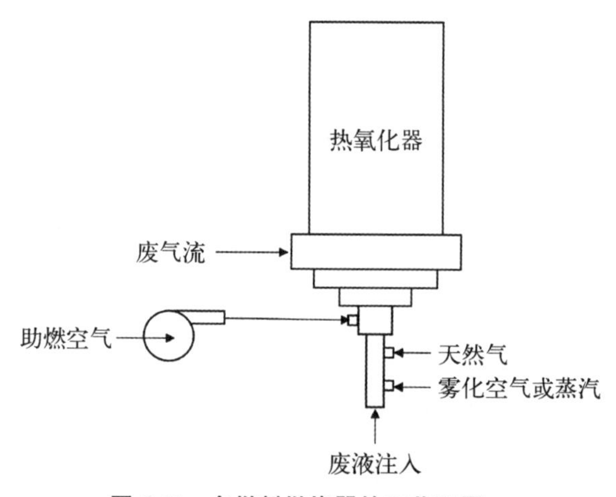

图 6.11 多燃料燃烧器的工艺配置

其次，可燃废液的雾化是非常重要的设计步骤。空气或蒸汽雾化是优选的，机械或压力雾化应作为最后的手段。可燃废液氧化系统的操作温度和停留时间与溶液型废液氧化系统的操作温度和停留时间相似。此过程的要求和特点是：

- 燃烧器处的可燃废液压力应在 20～100 psig 之间
- 空气或蒸汽雾化是首选
- 可燃废液的调节与燃油燃烧器类似
- 最低推荐操作温度(燃烧产物出口温度)介于 1 600 ℉～1 800 ℉之间
- 推荐最短停留时间为 1.0 s

例 6.7　设计一个热氧化器，处理两股 VOCs 废气和一股溶液型废液，组成如下：

组　分	流量(scfm)		流量(lb/h)
	1＃废气	2＃废气	废　液
烯丙基氯	11.05	10	0
二甲胺	0.32	0	0
烯丙醇	4.49	0	49
二氧化碳	0.59	0	0
水蒸气	3.86	0	0
氮	32.42	221.2	0
氧	9.12	58.8	0
水(液体)	0	0	155
总　计	62	290	204

解　热氧化器在 1 800 ℉下运行，以确保废液的良好蒸发和破坏。1＃废气的热值为 514 Btu/scf，2＃废气的热值为 68 Btu/scf，废液的热值为 4 008 Btu/lb。由于废物流本身具有相对高的热值，因此不需要辅助燃料来达到设定的操作温度。

工艺布局如图 6.12 所示。2＃废气来自储罐排放，靠自身压力不足以进入热氧化器，因此需要使用蒸汽喷射器来提供动力。这部分蒸汽必须在质量和能量平衡计算时加以考虑。在这种情况下，由于要处理的废物本身热值很高，该蒸汽增加的额外热负荷不需要添加辅助燃料。

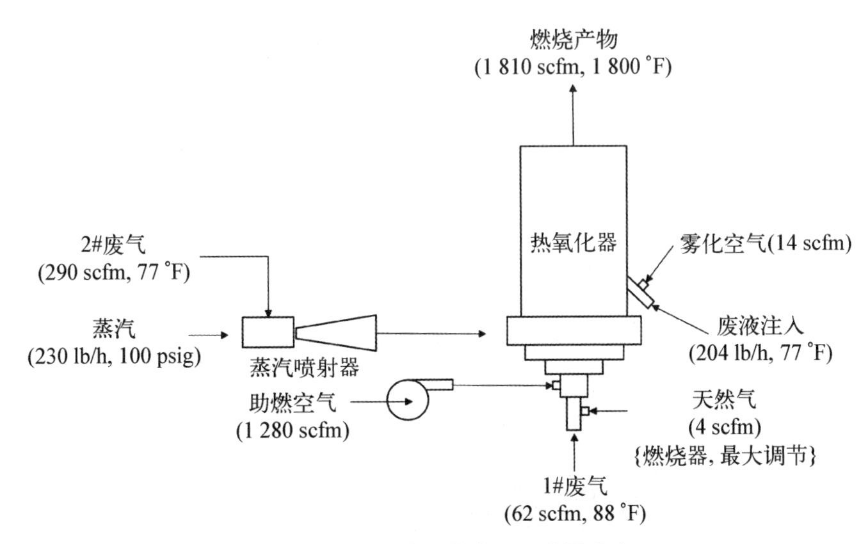

图 6.12　例 6.7 的工艺布局和流量分布

第7章　热氧化器设计

所有热氧化器均含有一些基础组件，包括燃烧器、燃烧室/停留室、耐火隔热材料和烟囱。基本的热氧化器示意图如图7.1所示。当然，大多数热氧化器，还包括其他组件和功能，其中许多将在本书中详细讨论。燃烧器通过辅助燃料燃烧产生高温火焰，燃料可以是

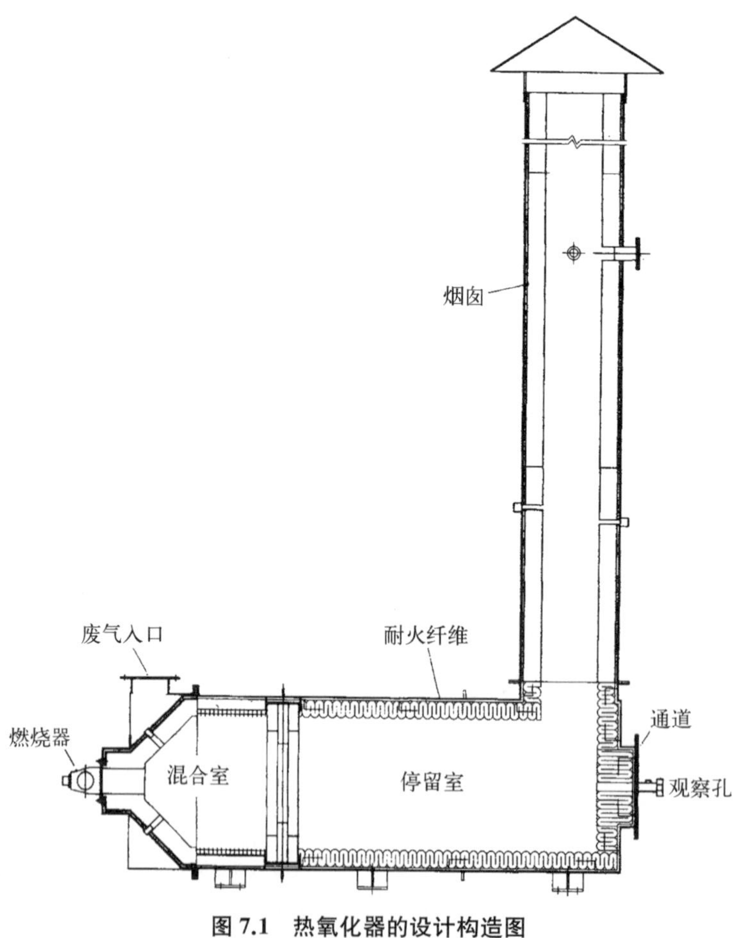

图7.1　热氧化器的设计构造图

天然气或高浓度有机污染物废气，前提是后者的热值足以保证它可以进入燃烧器燃烧。燃烧室/停留室为燃烧反应的进行提供了充足的时间。耐火隔热材料可保护金属外壳免于接触内部高温气体。烟囱是将燃烧产物排放到大气中的管道。

7.1　燃烧器

燃烧器的用途是混合燃料和氧化剂(通常是空气)以产生火焰。火焰提供了将废气温度提高到热氧化器操作温度所需的部分或全部能量。在市场上可以买到各种各样的商用燃烧器，大多数都是为特定应用而设计的。热氧化器就是其中一种应用。

7.1.1　喷嘴混合燃烧器

这种燃烧器的主要特征是燃料和氧化剂是分开的，在燃烧器的喉部混合后点燃形成火焰。

商用燃烧器的设计要保证火焰的边缘在较宽的操作范围内保持在一定的位置。通常，空气和燃料是按比例混合的，空气的体积要大于将所有燃料完全燃烧所需要的化学计量体积。在这种操作模式下运行的燃烧器是在“过量空气”下运行的。然而，有一些燃烧器只需要50%化学计量的空气就能够良好运行。在想要节省燃料或降低氮氧化物(NO_x)排放的情况下，这么做是有优势的。

简化的通用燃烧器示意图如图7.2所示。辅助燃料和空气通过火焰内发生的湍流扩散过程混合在一起。混合的动力是气流(空气或燃料)通过燃烧器、涡流、折流的压降或其他设置提供的。通常，空气围绕辅助燃料的中心喷入。燃料和空气的点燃发生在它们混合点的下游。当空气和燃料处于特定浓度范围内时才会燃烧且仅发生在空气/燃料很薄的界面处。燃料和空气的边缘会产生火焰空穴，这些火焰空穴被带入未点燃的区域，形成新的火焰空穴。在这种扩散火焰中，燃烧是由空气和燃料之间的混合速率控制的。这涉及高速区域和低速区域之间质量和动量的传递。当火焰速度小于穿过喷嘴的气流速度时，火焰前缘会离开气体喷嘴。

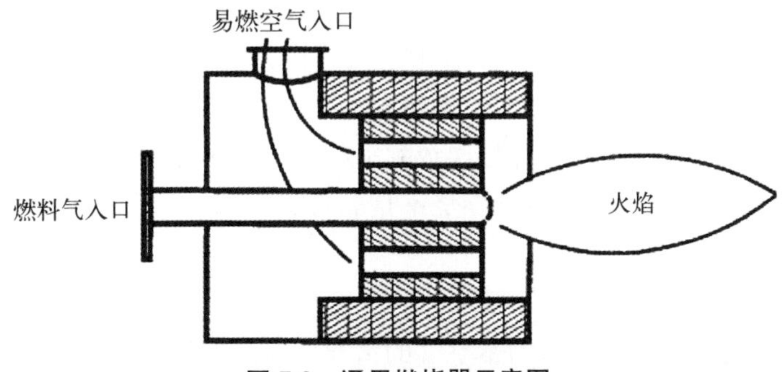

图7.2　通用燃烧器示意图

给定燃料燃烧速率和过量空气的条件下，产生的火焰具有特征性的长度和直径。助燃空气预热和燃烧室的尺寸都可以影响火焰的直径。通常，较高的过量空气会产生较短的火焰长度。这些火焰长度也因会燃烧器的设计而异。

如果燃料或空气通过它们各自的喷嘴时速度太高，火焰可能会熄灭。为此，在燃烧器设计中设置了特殊的几何结构和折流板来增加燃烧器的稳定性。它们在火焰内或火焰附近保持一个局部区域，该区域位于特定燃料的可燃极限内，使燃料或空气保持足够低的速度以防止火焰熄灭。一种方法是配置燃烧器瓦以减慢空气流速，形成切向的空气涡流以产生可以混合燃烧产物与新燃料和空气的回流区域。燃烧器瓦也因暴露于火焰而被加热，将热量辐射回火焰。使用分级喷入空气也是一种方法，也有人使用靶板产生回流区域。预热助燃空气也会提高火焰稳定性并增加调节比。温度越高，这种效应越大。

7.1.1.1 火焰特性

火焰与燃烧室相互作用。热氧化器内的流动形式影响废气与火焰的混合和回流涡流的形成。高温耐火材料辐射火焰，影响其温度和能量释放速率。因此，火焰特性取决于热氧化器的总体设计及其操作。

燃烧器可以获得很宽范围的火焰形式。控制火焰特性的主要变量是所用燃料的类型、燃料和空气之间的湍流程度，以及轴向和旋转动量。天然气火焰在低过量空气中往往火焰亮度较低。随着过量空气的增加，火焰变得更紧凑、呈蓝白色。过量空气的减少导致火焰变长，颜色变浅，变得柔和。天然气中含有不饱和烃(含双键化合物，如乙烯)可以增加烟尘的形成，火焰变得明亮。预热助燃空气或废气时，火焰趋于缩短并变暗。

燃油火焰通常很明亮。燃油越重，氢含量越低，产生的烟尘(未燃烧的碳颗粒)越多，火焰越明亮。因为需要时间来蒸发燃料液滴和混合蒸汽与空气，所以燃油火焰往往比燃气火焰长。

7.1.1.2 湍流和喷射

湍流产生混合燃料与空气或废气的涡流。虽然火焰本身会产生一些湍流，但大多数是速度差异的结果。这些速度差异是由空气和燃料流过燃烧器的喷嘴或喷孔的压降产生的。由于助燃空气的体积是燃料气体积的 10 倍(或更多)，因此，大部分能量来自助燃空气。

空气和燃料的流动产生的动量形成气体喷射流。如果空气和燃料通过直管进入，则这种动量是轴向动量。轴向喷射产生长的、逐渐变大的锥形火焰。如果使用转向叶片或空气调节器产生涡流，则火焰具有角动量。具有涡流的燃烧器通常用于减小火焰长度从而减小燃烧室的总长度。周围陶瓷燃烧器瓦或异形耐火砖也会影响火焰的形状及其再循环。

燃烧室安装燃烧器的位置应该避免燃烧器火焰对耐火内衬的侵蚀。这种侵蚀会导致耐火材料内部产生严重的热应力，并且导致耐火材料过早失效。因此，了解整个预期工况范围内的燃烧器火焰长度并据此设计燃烧室是非常重要的。

7.1.1.3 过量空气

在热氧化器中应用的许多燃烧器可以在 100%～150%的过量空气的范围内操作。然而，也存在使用废气作为燃烧器助燃空气的情况。在某些情况下，在燃烧器中全部使用废气可能会超过燃烧器的稳定操作范围。一种解决方案是将部分废气直接喷入燃烧器下游的停留室。第二种方案是选用专为高过量空气条件而设计的燃烧器。它们通常由两个空气入口组成，如图 7.3 所示。通过内孔喷入的空气流量相当于燃烧器的 50%～100%的过量空气。剩余的空气通过外孔喷入。这种结构和混合方式是基于首先用内部空气形成稳定的火焰，外部空气仅用于稀释和冷却助燃空气。该设计必须防止火焰过快冷却，否则将会形成醛、一氧化碳或其他污染物。

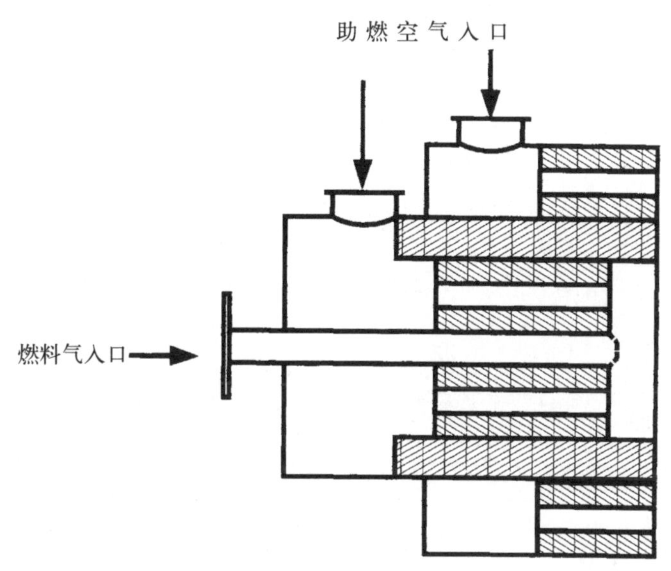

图 7.3　带有双助燃空气入口的高过量空气燃烧器

7.1.1.4　高强度燃烧器

在一些燃烧器中，燃料和空气非常迅速地混合以产生短火焰。这通常是通过高流速或涡流模式来完成的。燃烧强度定义为每立方英尺燃烧器的放热量。高强度燃烧器的热释放量大于 250 000 Btu/ft^3。虽然短火焰可以减小热氧化器的尺寸，但高燃烧强度通常会导致更高的 NO_x 排放。这种燃烧器通常是低过量空气燃烧器，在高过量空气水平下不稳定。这样的高强度燃烧器如图 7.4 所示。

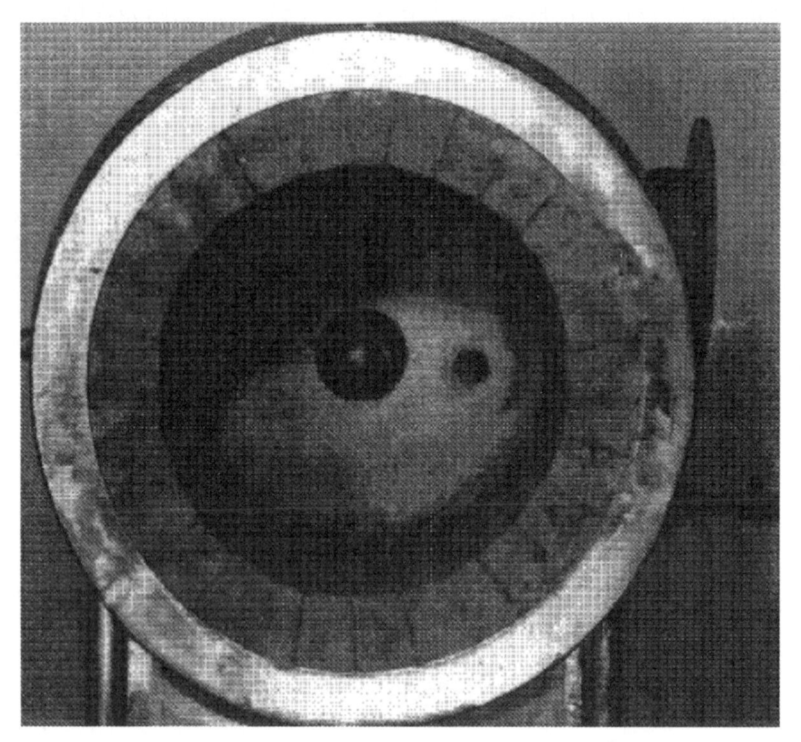

图 7.4　高强度"Vortex"燃烧器(由 T－Thermal 公司提供)

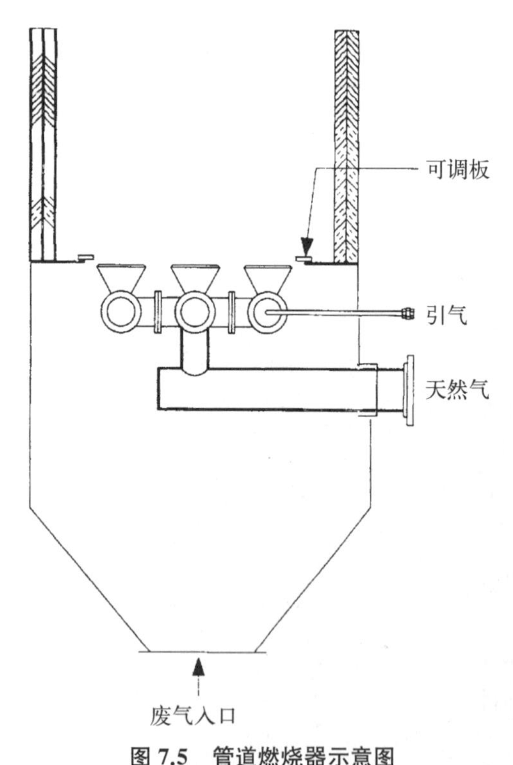

图 7.5　管道燃烧器示意图

7.1.2　管道燃烧器

在热氧化应用中使用的另一种燃烧器是管道(也称为列管式或分布式)燃烧器。这些燃烧器仅适用于气体燃料。这种燃烧器设计示意图如图 7.5 所示。当废气含有较高的氧气浓度并受第 6 章所述的限制时,可以使用管道燃烧器。助燃空气取自废气。燃气通过管道上的集气管孔进入,在空气和燃气混合的歧管孔处形成小火焰。与喷嘴混合燃烧器形成大火焰不同,管道燃烧器产生一系列小火焰。

将混合板连接到气体集气管上以形成 V 形图案。这些板上有小孔,允许空气与燃气混合。也可以使用可调节的分布板以调节相邻燃烧器之间或燃烧器和壁之间的面积。分布板和燃烧器混合板之间的气流决定了燃烧器两端的压降。它还迫使部分废气通过混合板上的孔,为火焰提供氧气。

7.1.3　低 NO_x 燃烧器

为了响应减少向大气排放 NO_x 的环境法，在 20 世纪 80 年代末和 90 年代初开发了一大批“低 NO_x”燃烧器。这些燃烧器的设计、操作和应用将在第 11 章讨论。

7.1.4　预混合燃烧器

在预混合燃烧器中，燃料和助燃空气在进入燃烧器本体之前混合。这通常是为了降低 NO_x 排放。同样的过量空气比下，预混合燃烧器产生的火焰温度远低于喷嘴混合燃烧器。在设计这些燃烧器时必须谨慎，以防止可燃燃料/空气混合物的回火。通常是使用阻焰器(阻火器)或通过燃烧器孔来维持高气流速度来完成的。

7.1.5　双燃料燃烧器

一些热氧化器的设计可以同时使用液体或气体燃料。这些所谓的“双燃料”燃烧器通常在燃气喷嘴下配置燃油喷嘴，并与燃气喷嘴保持同一轴心。

虽然出于成本和排放的考虑，在美国使用燃油作为辅助燃料的情况并不常见，但它经常用作备用燃料。例如，在极端寒冷的气候条件下，有时会减少工业用户天然气供应，以确保居民生活用气。在这种情况下，燃烧系统就必须使用双燃料燃烧器，将天然气操作切换到燃油操作。

7.1.6　调节比

一些废气含有的热值足以保证不需要使用任何辅助燃料。但是，辅助燃料燃烧器很少关闭。工艺条件的波动会短时间地改变废气热值或流量。此时就需要立即启动辅助燃料提供热量。在废气热值非常高的情况下，燃烧器辅助燃料燃烧速率通常降低至最低水平，低于最低水平时，燃烧器不能保持稳定燃烧。大多数喷嘴型混合燃烧器燃烧燃气(如天然气)时具有 8∶1～10∶1 的调节比。例如，如果燃烧器的最大燃烧功率为 10 MM Btu/h，则可将其调低至 1.0 MM Btu/h。对于高旋涡或涡流燃烧器，由于混合模式对流速的依赖性，其可调节性比会很低。

空气调节比通常不像燃气那么宽。通常助燃空气的调节比为 6∶1。由于燃料调节比和空气调节比不对应，调低时的过量空气比例更高。

例 7.1　燃烧器的最大功率为 10 MM Btu/h，燃料调节比为 10∶1，助燃空气调节比为 6∶1。请计算在最大调节比下过量空气比和最大功率时 25%的过量空气比例下的空气流量。假设燃料热值为 1 000 Btu/scf。

解　10 MM Btu/h = 10×10^6 Btu/h/1 000 Btu/scf = 10 000 scf/h

25%过量空气比例下空气流量：

10 000 scf/h × 9.52 scf 空气/天然气(化学计量) × 1.25(25% 过量空气) = 119 000 scf/h

调节后，燃料流量 = 10 000/10 = 1 000 scf/h；空气流量 = 119 000/6 = 19 833 scf/h

$$调节后的过量空气比=\{[(19\ 833/1\ 000)/9.52]-1\}\times 100=108\%$$

燃油燃烧器的调节比要比燃气小，通常为 5∶1。仅使用气态燃料的管道（列管）燃烧器调节比高达 25∶1。

7.2 停留室

7.2.1 目的

燃烧是化学反应的一种形式。化学反应产物的形成基于两个原理：化学平衡和反应动力学。假设反应物在无限的接触时间下，化学平衡决定反应产物，而反应动力学则决定了在该反应发生时的反应速率。根据化学平衡可知，烃类与氧气完全反应生成二氧化碳和水蒸气。反应动力学不改变反应产物，但是会限定反应物之间的接触时间，以达到既定的反应程度。热氧化器的停留室保证反应物可以有足够的接触时间，从而满足反应动力学的需求，最终实现高转化效率。

停留室是热氧化器的一部分，处于燃烧器和废气注入口的下游。虽然热氧化器由这些部分共同组成，但是停留室只有在反应物充分混合之后才会开始工作。图 7.6 展示了基本热氧化器的各个组成部分，也包括停留室。停留室的外形可以是圆柱形或方形（矩形或正方形）。然而，方形的停留室可能会存在一些气体不流动的死角，从而导致死角处气体的温度与主体的温度不同。大尺寸方形停留室的设计还需要考虑加强其机械强度，避免由于容器内部压力波动或者旋转设备（如风机）、燃烧器引起的振动而造成的停留室壁的变形。

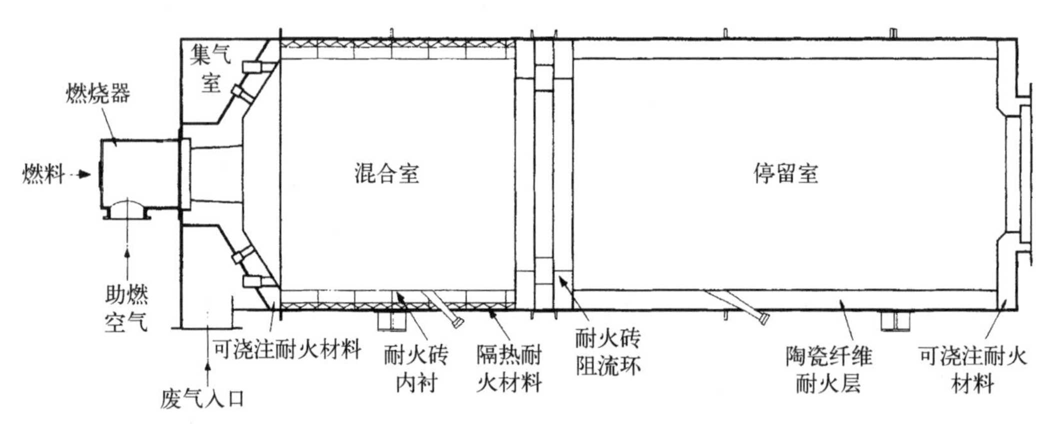

图 7.6 典型热氧化器耐火材料安装示意图

7.2.2 体积大小

第 4 章讨论了实现 VOC 高处理效率所需要的条件，即停留时间、湍流、温度和过量的氧气。停留室为 VOC 的高效处理提供足够的时间。第 4 章中也讲述了估算所需停留时间的方法。停留室体积是所需停留时间和燃烧产物体积的函数。停留室体积可以通过燃烧产物的体积与所需停留时间相乘得到。

$$停留室体积(V)=F \cdot t$$

其中：F——燃烧产物的流量(ft^3/s)；

t——所需停留时间(s)。

例7.2　含有0.63%的甲基吡啶和0.34%氨的废气，在1 600 ℉的温度下进行热氧化处理。燃烧产物的流量为23 607 acfm，第5章讲述了计算的方法。计算1.0 s停留时间所需要的停留室体积。

$$F=23\ 607\ \text{acfm}=393\ ft^3/s$$

$$t=1.0\ s$$

$$停留室体积=393\ ft^3/s\times 1.0\ s=393\ ft^3$$

7.2.3　直径

一旦停留室体积确定，接下来就要选择它的直径。直径的选择通常有两种标准：长度/直径比(L/D)和气流速度。L/D的比值范围通常在2～8，但是也可以更高以满足更长的停留时间。设计气流速度范围通常25～40 ft/s。切记，如果以最大的气流速度作为设计条件，则在其工作状态下，速度应低于最大速度。当然，气流速度和直径之间也存在着关系，即设计者一定要尽量将这两者与设计标准匹配。建立两者关系的步骤如下：

1. 选择气流速度
2. 计算直径D
3. 计算L/D比值
4. 重复步骤1～3直到满足所有设计标准

具体计算公式如下：

$$Vel=(Flow\times L)/V$$

$$D=[(4\times Flow)/(\pi\times Vel)]^{0.5}$$

$$L=(4\times V)/(\pi\times D^2)$$

其中：Vel——停留室气流速度(ft/s)；

$Flow$——燃烧产物流量(ft^3/s)；

V——停留室体积(ft^3)；

π——圆周率=3.14；

L——停留室长度(ft)；

D——热氧化器停留室内径(ft)。

例7.3　计算例7.2中的停留室直径。

从例7.2中可以知道，停留室体积为393 ft^3。开始的气流速度设为25 ft/s。

$$D=\{(4\times Flow)/(\pi\times Vel)\}^{0.5}$$

$$D=\{(4\times 393\ ft^3/s)/(3.14\times 25)\}^{0.5}$$

$$D = 4.47\ \text{ft}(\approx 4.5\ \text{ft})$$

$$L = (4 \times V)/(\pi \times D^2)$$

$$L = (4 \times 393\ \text{ft}^3)/(3.14 \times 4.5^2) = 24.7\ \text{ft}$$

$$L/D = 24.7/4.5 = 5.5(\text{可接受的})$$

7.2.4 材质

停留室的外壳通常使用碳钢(ASTM A-36)。外壳的厚度通常为3/16 in,甚至更厚。有时会把腐蚀余量加入标称厚度中。不锈钢并不常用,但是实际运行的装置也有不锈钢制作的。使用不锈钢材质可以提高对于酸性气体的耐腐蚀性。除此之外,也可以通过对耐火隔热层的巧妙设计,使停留室内部的温度始终在金属露点以上,从而防止金属发生腐蚀。当然,这种"热壳"设计也会导致在热氧化器的外表面产生相对较高的温度。很多时候,会在距离热氧化器外表面4~6 in处设置隔热罩(如多孔金属网),从而防止操作人员意外接触到温度较高的热氧化器表面。停留室通常是焊接或者用法兰连接,以保证气密性。

7.3 耐火隔热

热氧化器内部衬有耐火材料以容纳高温气体,同时防止金属外壳暴露在高温气体中。耐火材料通常由非金属矿物质组成,其具有强稳定性、抗软化,并且能够承受住高温。用于制备耐火材料的典型矿物质通常是氧化铝、铝土矿、铬铁矿、白云石、菱镁矿、二氧化硅、碳化硅、氧化锆和红柱石。黏结剂将耐火材料颗粒黏结在一起。它们作为添加剂加入到原材料和随后的热处理过程中。黏结剂可以理解为包裹在耐火材料颗粒外面使它们黏在一起的胶水。耐火材料的强度也取决于黏结剂的强度。

在制造耐火材料过程中,未煅烧的或者原始的耐火材料通常会在温度控制炉中进行加热或者烧制,以便在耐火骨架材料中形成陶瓷结合相。当在烧制耐火材料时,会使耐火材料的永久机械强度达到一个最高值。然而,这其中也存在一个温度上限,超过此温度,耐火材料的强度、密度、孔隙率等都会发生永久不可逆的变化。这个温度上限也是热氧化器选择耐火材料的一个关键参数。

有四种基本的耐火材料:耐火砖、浇注耐火材料、塑性耐火材料和耐火陶瓷纤维。我们将逐一对其进行简短介绍。

7.3.1 耐火砖

耐火砖是由在粒度和组成方面仔细筛选过的黏土、二氧化硅、片状氧化铝或氧化锆混合烧制而成的。将该混合物在炉中烧制以去除组分颗粒中的挥发物质并形成牢固的陶瓷结合相。耐火砖又叫致密砖,超过100 lb/ft^{3}的耐火砖通常被放置在与高温燃烧气体直接接触的位置。耐火砖也被称为致密砖。耐火砖通常隔热性能比较差。这可以根据其组成成分进行分类。耐火砖的优点是其可以承受住高温。耐火砖可以提供各种不同的形状，其中以 9 in×4.5 in×2.5 in 和 9 in×4.5 in×3 in 系列的最多。

致密耐火砖的最高使用温度由耐火砖内玻璃相形成的温度和耐火砖结构开始发生变形的温度决定。抗蠕变性是耐火材料温度等级的一个衡量标准。耐火材料的承载强度或抗蠕变性由材料在高温下承受载荷变形程度决定。

表 7.1 列出了一些常见耐火砖的参数。尽管可以测量热氧化器运行中特定位置的标称温度，但是在实际应用中选择耐火材料的温度等级时，还应当考虑测量中存在一些测不到的高温区域的可能性。根据经验，在热氧化器的最大工作温度与特定耐火砖的温度等级之间应该有 200 ℉的安全余量。事实上，这个安全余量适合于所有类型的耐火砖。

表 7.1 部分耐火砖属性

类 型	等 级	氧化铝含量(wt%)	最高使用温度(℉)
黏土砖	超级耐高温	40～56	3 200
黏土砖	高级耐高温	40～44	3 175
黏土砖	中级耐高温	25～38	3 040
黏土砖	低级耐高温	22～33	2 815
黏土砖	半硅砖	18～26	3 040
高铝砖	45%～48%	45～48	3 245
高铝砖	60%	58～62	3 295
高铝砖	80%	78～82	3 390
高铝砖	90%	89～91	3 500
高铝砖	莫来石	60～78	3 360
高铝砖	刚 玉	98～99	3 660

与致密耐火砖相比，隔热耐火砖(insulating firebrick, IFB)是一种轻质多孔砖，其密度通常小于 50 lb/ft^3。其优异的隔热性能是由于其具有高孔隙率。多孔或者闭塞空间带来高隔热性能。IFB 通过两种机理减少热量损失：(1) 对热流具有高热阻，(2) 重量轻减少了热量存储。IFB 重量轻也有利于安装，此外也可以减少燃烧单元的重量。它在高温下是结构自支撑的。IFB 的耐磨性较低，因此，不适用于那些高速气体或者气体中含有粗糙颗粒的情况。致密砖通常会为 IFB 提供保护，IFB 在致密砖与金属外壳中间。这有利于充分利用致密砖的耐磨性和高温兼容性以及 IFB 的高隔热性能。致密砖通常用在混合室和其他可能存在高速或者高温情况的区域。尤其是燃烧器附近，这里的温度远高于热氧化器出口温度。

耐火材料行业已经规定了描述耐火砖尺寸的标准，该标准称为砖当量(brick equivalent, BE)，它是尺寸的一个量度。砖当量的尺寸为 9 in×4.5 in×2.5 in。因此，一个尺寸在 9 in×4.5 in×3 in 的耐火砖等同于 1.2 个砖当量(3/2.5)。1 ft^3 的耐火砖等同于 17.07 个砖当量。有时候需要的耐火材料的量以砖当量来计算，然后转换成实际需要的尺寸。

正如住宅建筑砖必须黏合在一起才能建成一个稳定的建筑，耐火砖也同样如此。耐火砖不是锚定在金属表面，而是通过薄层砂浆把耐火砖黏合在一起。砂浆的类型也有许多种，包括气固、热固和磷化三种类型。IFB 通常作为备用的隔热材料，不需要温度较高的热固型砂浆。

砂浆的最常见的使用方法是浸浆法。把砂浆混合成黏稠度比较小的状态，然后把耐火砖浸渍在砂浆中。使用浸浆法要注意尽量减少耐火砖高温面的砂浆，这个面上的砂浆很容易开裂、剥落。抹浆法也是常用的一种方法，但接缝处会更厚一些。无论浸浆法还是抹浆法都需要专业熟练的泥瓦匠。谨记耐火砖不是用于结构载荷支撑的。

当选择热氧化器使用的耐火砖时，应当考虑耐火砖的温度等级、密度、强度（如断裂模量所示）、体积稳定性、抗热震性以及环境。体积稳定性是指当耐火砖暴露于热氧化器中的高温气体中时，耐火砖不会发生永久性收缩或膨胀。剥落是指耐火砖表面碎片的损失。这可能是由于热冲击、膨胀余量不足或者腐蚀性气体渗透造成的。现在已经开发出抗剥落性能的耐火砖。

耐火砖的砌筑必须考虑到砖被加热和冷却时的可逆热膨胀。一种方法是预留伸缩缝。永久性砖膨胀和收缩都是在热氧化器应用中不希望出现的。

7.3.1.1　物理性质

砖型耐火材料有一些物理性质对选择它们用于 VOCs 废气热氧化具有影响。这些性质是表观开孔率、抗磨损性能、冷碎强度和断裂模数。

表观开孔率

表观开孔率是耐火砖内开放孔和互联孔的测量值。由于封闭孔不能有效地测量，故未将其考虑在开孔率内。在任何情况下，开放孔都会直接影响耐火砖对金属、矿渣和流体的渗透阻力性能。通常，开孔率更高的耐火砖绝热性和耐热震性更好。然而，低开孔率提高了强度、承载力，且因为较低的矿渣渗透性，抗腐蚀能力更好。

抗磨损性能

磨损是指一种固体物质在另一种固体物质表面相对运动造成的物质消耗。在热氧化应用中，磨损通常是由废气中的颗粒物或氧化过程中形成的颗粒物造成的。机械强度好、连接良好的耐火砖抗磨损性能最佳。断裂模数或冷碎强度是抗磨损性能优劣的良好指标。

冷碎强度

评价耐火砖最常用的参数之一是强度。强度通常在室温下测量得到。虽然室温下的测量值不能直接用于预测高温性能，但它却是连接键形成的良好指示。耐火材料的这种性质是通过在试验样品上承载压缩负荷，直到耐火砖开裂或碎裂测量出来的。冷碎强度是总压缩载荷除以样品截面积计算得到的。

断裂模数

断裂模数是评价耐火砖的另一个测量参数。它代表了材料在室温或者高温下的弯曲或拉伸强度。在确定该参数的测试中，样品两端支撑在测试仪上，在样品中心施加点负荷。断裂模数的单位是 lb/in^2，是样品失效时的负荷值。

耐火砖的常见物理性质如表7.2所示。

表7.2 一些常见耐火砖的物理性质

耐火砖类型	密度（lb/ft^2）	表观开孔率（%）	冷碎强度（lb/in^2）	断裂模数（lb/in^2）
		耐火泥		
超级	144～148	11.0～14.0	1 800～3 000	700～1 000
高级	132～136	15.0～19.0	4 000～6 000	1 500～2 200
低级	130～136	10～25	2 000～6 000	1 800～2 500
		高 铝		
60%	156～160	12～16	7 000～10 000	2 300～3 300
70%	157～161	15～19	6 000～9 000	1 700～2 400
85%	176～181	18～22	8 000～13 000	1 600～2 400
90%	181～185	14～18	9 000～14 000	2 500～3 000
硅石(超级)	111～115	20～24	4 000～6 000	600～1 000
		基本式		
烧镁砖	177～181	15.5～19.0	5 000～8 000	2 600～3 400
烧镁-铬砖	175～179	17.0～22.0	4 000～7 000	600～800
烧铬砖	190～200	15.0～19.0	5 000～8 000	2 500～3 400
烧铬-镁砖	189～194	19.0～22.0	3 500～4 500	1 900～2 300

资料来源：由美国宾夕法尼亚州匹兹堡的Harbison-Walker耐火材料公司提供。

7.3.2 可浇注耐火材料

可浇注耐火材料是由生黏土和煅烧黏土混合而成的，黏土具有独特的组成和粒径分布，它的主要化学成分铝酸钙与水混合时会发生水合反应，这类似于混凝土，但不同的是其在加热和脱水后会形成稳定的化学键。

可浇注耐火材料分为致密型(或硬质)和隔热型(轻质)两类。这些材料是干燥粉末状态，需要加水使用。水合是将干浇注料中的石灰与水结合的过程。水的配比量对最终性能能否符合要求至关重要。可浇注耐火材料是通过浇注、涂抹、气动喷补或捣打来安装的。因此，可浇注耐火材料可以形成连续、整体的结构。

浇注料具有成本效益，因为它们可以比砖更快、更容易安装。未烧结的混合物的混合、输送和放置均可机械化完成。而在小空间安装砖块会比较费时，因为必须切割砖块以适应需要。

通常，在浇注料中加入钢纤维以提高韧性和黏结性。对于1 800 ℉或更低的温度，这些钢纤维可以是304或310(美国标准代号)不锈钢。有些浇注料添加了硅粉添加剂。当干基水含量低于6%时，这些浇注料具有易于储存和强度优良等优势，即使在2 200 ℉高温下，依然具有非常高的强度。

浇注料按密度和最高使用温度来分类。它们在最高 3 200 ℉的温度等级下仍然可用。与耐火砖类似,大多数工况下使用隔热型浇注料和致密型浇注料。浇注料的温度极限通常用度数表示。一个典型的名称可能是轻质 2 700 ℉浇注料,这意味着它是轻质类型,最高连续使用温度为 2 700 ℉。浇注耐火材料的最大允许工作温度由该温度下的收缩量决定。此温度不考虑耐火材料将应用于何种环境气氛。

任何耐火材料的氧化铝含量通常都能表明其耐火性。一般来说,氧化铝含量越高,耐火度就越高。在可浇注耐火材料中,氧化钙(CaO)也会影响其耐火性。

耐火材料的氧化铁(Fe_2O_3)含量对于还原气氛的工艺非常重要。这适用于设计用来减少化学结合氮的 NO_x 形成的分段式热氧化器(在第 11 章中讨论)。环境气氛中的一氧化碳可以与氧化铁反应,形成的碳在衬里内沉积。碳的沉积最终会导致炉衬破裂。同样,氢气气氛也会减少 Fe_2O_3。

"干化"可浇注耐火材料是在使用前将多余的水(包括水合水)排出的过程。在材料安装完成后,按照制造商规定的速度和温度进行。在寒冷的气候条件下,耐火材料在干燥开始前必须防止其冻结。干燥所需的时间取决于内衬的厚度,干燥温度通常在 250～1 000 ℉之间。如果干燥速度太快,可能会导致耐火材料随机剥落和开裂,从而导致过早失效。当加热到等于或大于 2 000 ℉的温度时,在一些浇注料中会形成更牢固的陶瓷结合相。适当的干燥和固化会增加韧性并提高耐磨性。为了防止在释放滞留蒸汽时材料在高温下发生爆炸性剥落或爆裂,必须对材料进行预干燥,以适当的速率去除水。最大的危险来自预热过程中水合水的脱除,通常在 400～650 ℉的范围内。当浇注料在寒冷天气中冻结时,也可能发生爆炸性剥落。即使它看起来似乎很正常,但加热时会破裂。

由于耐火浇注料在加热和冷却循环过程中会膨胀和收缩,所以通常采用分段浇注或喷补的方法。每段之间应使用伸缩缝分开,以防止随机开裂。与砖衬相比,需要的伸缩缝更少。通常会将金属锚固件焊接在金属壳体上以固定耐火浇注料,浇注料就浇注或喷射在这些锚固件上。

可浇注耐火材料也可分层安装。由此产生的复合结构可用于双重目的:表面耐磨和内层隔热。在多层情况下,锚定的大小是将所有层固定住。

7.3.3 塑性耐火材料

这种类型的耐火材料是骨料、黏土和化学黏合剂的混合物,供应商已经提前用水预混好。术语"塑性"是指其弹性或半固态形式(固化前)使其易于使用机械力成形。与浇注型耐火材料不同,塑性耐火材料的水是由供应商而不是安装者添加的。它们分为气固型和热固型两类。热固型又可细分为两类:磷酸盐黏结和黏土黏结。正如它们的名字,气固型在暴露于空气中时变硬,而热固型在暴露于高温时变硬。

磷酸盐黏结耐火材料的强度来自耐火材料中的骨料和磷酸盐连接相之间的化学反应,它们主要的强度在高温下产生。在需要抗热震性或耐磨性的应用中,通常首选这种类型材料。黏土黏结和气固型的品种可能需要暴露在高达 1 800 ℉的温度下,以提高其强度。

塑性耐火材料通常使用气锤或特殊喷枪设备,用捣打的方式使其就位。同样,由于制造商已经提前将水预混好,它们不会遇到像浇注料那样加水配比不合适的情况。由于预混合水和化学黏合剂的原因,塑性耐火材料通常比浇注料的保质期短。在储存或运输过程中,水分可能会蒸发掉。高的环境温度可能通过促进黏合剂-骨料反应生成固体来加速这一过程。一旦硬化,磷酸盐黏结耐火材料就无法再生,必须丢弃。

磷酸盐黏结耐火材料具有吸湿性,也就是说它们具有从周围的空气中吸收水分的能力。在高湿度条件下,曾有耐火材料坍塌的案例发生。通常,加热磷酸盐黏结耐火材料时,建议使用模板加热。

同浇注型耐火材料类似,塑性耐火材料也需要控制加热速度。通常,可接受每小时50～90 ℉的预热速度。但是,升温速度必须得到材料供应商的确认。在某些情况下,热氧化器上的燃烧器可以在低火下运行以产生必要的热量。在其他情况下,使用专门的便携式燃烧器或加热器来降低爆炸性剥落的可能性。塑性材料通常比浇注料更耐热冲击。

与浇注型耐火材料一样,塑性耐火材料需要锚固件来固定它们。锚固件连接在热氧化器金属外壳上,可以是金属、陶瓷销或其他形状。每个制造商和(或)安装承包商都有一个首选的锚固系统,而且选择也非常依赖于应用工况。

固化后,组成相似的耐火砖、浇注料和塑性耐火材料的性能几乎相同,只是整体形式的比砖砌形式的透气性稍差。它们的易用性以及均匀的热和机械性能使塑性耐火材料成为进行现场维修的理想选择。

7.3.4 陶瓷纤维

陶瓷纤维是由氧化铝-二氧化硅组成的柔软、轻质材料。其优点是重量轻、导热系数低、密度小、更大的抗剥落性、抗热震性、易于应用和低热量存储。由于这些优势,在不存在颗粒物、卤素和硫的(标准 VOCs)热氧化器应用中,它们是首选的耐火材料。同时,在操作中热氧化装置的频繁启动不会影响耐火材料。此外,与浇注料和塑性耐火材料相比,它们不需要任何特殊的混合或干燥程序。然而,陶瓷纤维的强度要低得多,耐腐蚀和抗磨损性能也很差。还存在燃烧产物的气体速度限制。即使硬化剂可以应用于纤维表面,使其更耐磨,但在主要使用陶瓷纤维内衬的热氧化器的喷嘴和尾端墙壁部分还是要使用浇注料。

耐火纤维被加工成毛毡、毛毯、纸张和砌块模块。标准级产品的连续使用温度为2 300 ℉。标准级产品通常含有47%～51%的氧化铝和49%～53%的二氧化硅。硅铝比在这个范围内对热阻影响很小。但是,杂质如氧化钠(Na_2O)和氧化钾(K_2O)的存在对耐火性能有很大的影响。具有更高三氧化二铝含量和含有氧化锆或其他添加剂的陶瓷纤维可以应用于更高的温度。各种纤维材料与其特性见表7.3。

陶瓷纤维最重要的特性是纤维直径和热稳定性。铝硅纤维直径范围为2～3.5 μm。更细的纤维在更低的密度和更高的平均温度下导热系数更低,但在高密度下存在递减的临界效应最大使用温度是使纤维变得不稳定的温度,由制造商确定。当超过这个温度时,就会发生一种称为失透的现象。材料开始结晶,随之产生收缩、强度损失和结构退化。这是与时间/温度有关的现象,当超过最高使用温度时开始加速。

表 7.3 陶瓷纤维性能比较

名 称	最大使用温度（℉）	熔点温度（℉）	平均纤维直径（μm）	组成（wt%）		
				Al_2O_3	SiO_2	Cr_2O_3
Kaowool	2 300	3 200	2.8	47.3	52.3	0
Fiberfrax	2 300	>3 200	2.6～3.0	51.8	47.9	0
Kaowool 1400	2 552	3 300	2.5	56.3	43.3	0
Fiberfrax H	2 606	3 506	约 2～3	56	44	0
Cerachrome	2 600	>3 200	3.5	42.5	55.0	2.5
Saffil	2 912	3 300	3	95	5	0
Fibermax	3 000	—	3	72	28	0

资料来源：改编自 Horie E. Ceramic Fiber Theory and Practice，Osaka：Eibum Press，1986

7.3.4.1 纤维形式

生产的陶瓷纤维有多种厚度和形状。散装纤维是松散的纤维，一般用作填充物。原始散装形式可喷涂添加剂以提供柔韧性、可压缩性和弹性。

纤维毡是由多层纤维层制成的毡状产品。多层堆积形成一定的体积密度。纤维毡的制造方法有两种：一种是通过气流将散装纤维分散，并层压在集流网输送机上，不使用黏合剂，纤维毡通过热固性工艺形成；另一种方法是，将大块纤维切碎，分散在水中，然后用真空脱水连续或间歇地形成纤维毡。陶瓷板是使用制作纤维毡的湿式真空脱水工艺加工的。纤维被无机黏合剂或有机黏合剂结合在一起。使用无机黏合剂时，即使加热后仍能保持其强度。安装过程中，需要小心防止剥落。纤维板有时用作伸缩缝与砖结构连接。安装砖块时，必须为要膨胀的砖块预留空间。但是，这个空间也必须隔热，以防止热量损失。使用纤维板作为伸缩缝提供了必要的间距，同时防止热量渗入金属外壳。纤维板足够坚硬以提供机械强度，当结构冷却后有足够的弹性弹回并重新填充到接头中。

纤维块是一种三维的矩形或方形纤维形式。它具有和纤维毡相同的成分和特性。安装时，纤维按厚度方向定向以在该方向具有更高的强度。纤维块衬里使用黏合剂或金属锚栓安装。金属锚栓方法在热氧化器应用中更为常见。这些金属锚栓将纤维块直接固定在内壳上。多次折叠毡折成一个手风琴形状（有时称为堆叠黏合）形成纤维块。不同制造商使用许多不同的锚固方法。一种陶瓷纤维安装方法如图 7.7 所示。

陶瓷纤维“纸”是由陶瓷纤维加入有机黏合剂制成的产品。尽管有机黏合剂烧坏后强度会降低，但仍可作为高温垫圈、密封材料或小间隙的保温材料。陶瓷纤维“绳”是通过梳理（分离纤维用线齿刷），然后捻成纱线。连续纱线不能单独由陶瓷纤维制造。因此，陶瓷纤维与其他纤维如人造丝混纺，陶瓷纤维绳用作密封和填充材料。

7.3.4.2 陶瓷纤维施工技术

分层结构

陶瓷纤维一般采用分层或模块化结构安装。层铺式安装是沿陶瓷纤维厚度方向铺设多层，直至达到要求厚度。各层均用锚固件固定。该方法允许使用多种类型的陶瓷材料组合。

① 将模块压在相邻模块上。

② 将Pyro-Bloc螺柱枪插入铝管和螺母的端部，部分压缩螺柱枪中的弹簧。

③ 将扳机拉到焊接螺柱上，然后拧紧螺栓上的螺母，拧紧模块并检查焊缝。
注意：在焊接顺序和钻孔顺序完成之前，不要释放扳机。

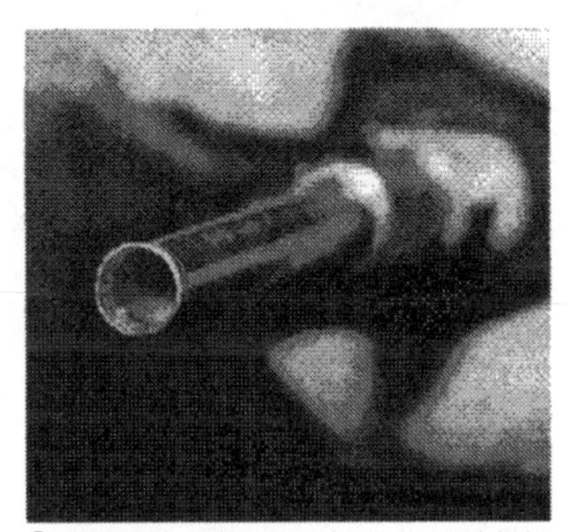

④ 拆下铝管，确保其已磨圆。这可确保焊缝经过扭矩测试。

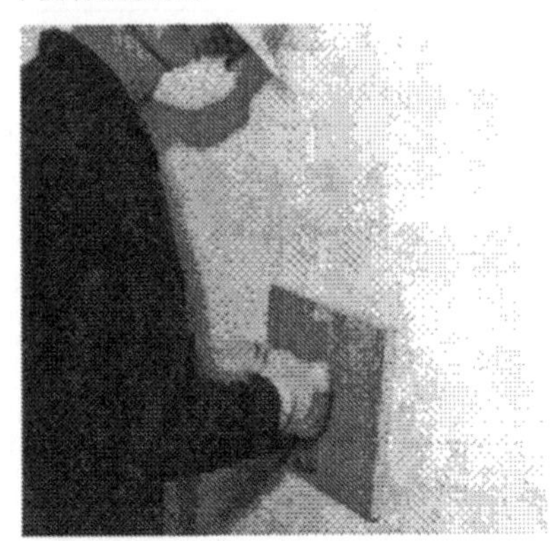

⑤ 安装完成后，夯实衬砌表面

图7.7　陶瓷纤维安装(由 Thermal Ceramics Inc. 提供)

在分层结构中，可使用各种类型的锚固件满足特殊应用。有多种长度以及材料的金属锚。它们可用于高达2 200 ℉的工作温度。锚固件被焊接在外壳上，纤维被钉在上面。锚垫圈固定住保温层。当温度超过2 200 ℉时，可以使用陶瓷材质锚固件。

一种方法是,合金金属被焊接到内壳上。然后将陶瓷锚固钉拧到金属螺柱上。然后,陶瓷垫圈固定在陶瓷锚固钉的一端。陶瓷锚固钉必须伸入耐火衬里足够深以防止金属螺柱暴露在高温下。两级热氧化器中存在还原性气氛的区域也需要使用陶瓷锚固钉。合金锚固件中的镍催化一氧化碳形成碳。这些碳聚集在螺柱周围温度高于1 000 ℉的区域,会导致纤维劣化。

模块化结构

在这种结构中,预制块或模块按照一定的厚度制作,这样安装时仅需一层即可。通常有两种方法安装模块:一种方法是通过焊接或螺栓连接;另一种是在内壳上安装单独的金属配件,然后锚固定纤维块。

7.3.4.3 *表面涂层*

在有些情况下,会在陶瓷纤维上涂覆涂层以改善其性能。这些涂料,有时称为固化剂,有以下优点:

- 减少高温加热时的收缩
- 增加表面强度以增加对流速和磨损的耐受性
- 增加燃烧气体抗渗透性和耐腐蚀性以及阻垢性

7.3.5 化学腐蚀

铝硅耐火材料具有惰性,能抵抗许多化学腐蚀。然而,燃烧气体的某些成分会严重腐蚀耐火材料,在选择材料的过程中必须考虑。例如,碳钢的锈蚀、耐火材料的腐蚀涉及耐火材料和它周围气体组分之间的化学反应。在VOC热氧化器应用中能够腐蚀耐火材料的元素或化合物如表7.4所示。

表7.4 对耐火衬里具有潜在破坏性的元素和化合物

名 称	分子式	名 称	分子式
二氧化硅	SiO_2	氧化铅	PbO
三氧化二铁	Fe_2O_3	氯离子	Cl^-
氧化钠	Na_2O	氟离子	F^-
氧化钾	K_2O	五氧化二钒	V_2O_5
五氧化二磷	P_2O_5	氧化钙	CaO

钠、钾、钙等氧化物的碱腐蚀(石灰)有两种机理。湿式碱腐蚀在耐火材料表面产生光滑的玻璃状层,耐火材料被碱渗透,碱反应形成低熔点共晶化合物。如果温度相对较低,可能是无害的。实际上,它可以将耐火材料密封,防止腐蚀性气体进一步渗透。然而,在较高的温度下,该相可能熔化并从高温表面流下,暴露出新鲜表面导致进一步被腐蚀。

干式碱腐蚀会导致耐火材料开裂和剥落。在这种情况下,碱穿透耐火材料结构并与耐火成分反应形成含有不同碱、氧化铝和二氧化硅组合的膨胀性物质。反应产物通常具有不同于耐火材料的热膨胀系数。因此,由于机械应力引起的裂纹和剥落暴露出新表面导致进一步腐蚀。

钠、钾和钒可与氧化铝和硅反应形成低熔点化合物。钠也可能腐蚀氧化铝，形成化合物 $Na_2O-11Al_2O_3$，导致膨胀和剥落。在低等级燃料油中通常会含有五氧化二钒和钒酸钠。

钙、锌、磷、铁和钴也常常具有腐蚀性。它们通过形成在常温下稳定，但反应停止时会剥落的固态反应产物来腐蚀耐火材料。氧化镁（MgO）基耐火材料一般是最耐碱腐蚀的材料。氧化镁与碱共存不会发生反应。然而，氧化镁基耐火材料有一些不能在实际中应用的特性，包括对热循环损伤的高敏感性、高热膨胀率、易于和卤化碳氢化合物反应。氧化镁也具有吸湿性，会导致其膨胀。耐碱性耐火材料的另一种选择是高铝含量耐火材料，基体致密，孔隙率低，游离氧化铝和游离二氧化硅含量很低。

硫是许多挥发性有机化合物[特别是总还原态硫（Total Reduced Sulfur，TRS）气体]和燃料油的组成元素。在热氧化器的高温环境中，硫反应生成二氧化硫和少量的三氧化硫。这些硫氧化物与耐火材料反应生成硫酸钙（$CaSO_4$）、硫酸镁（$MgSO_4$）、硫酸铝[$Al_2(SO_4)_3$]和硫酸钠（Na_2SO_4）。这些反应产物降低了耐火材料的强度。

氯也会与耐火材料中的氧化物反应生成镁、铁或钙的氯化物。如果浇注料是铝酸钙黏结的，可以形成氯化钙。如果浇注料是硅酸钠黏结的，则可以形成氯化钠。所选耐火材料应含有尽量少的镁、铁的氧化物和石灰。反应活性最低的氧化物是氧化铝和二氧化硅。所以，耐火材料应考虑高铝产品。

氟与氯相似。然而，氟与硅酸盐会发生强烈的反应，而氯不会。氟也能与二氧化硅反应生成四氟化硅，其在室温下易挥发。尽管氟会与氧化铝起反应形成氟化铝（AlF_3），但这种化合物也是耐火材料而且不会显著加速损耗率。对于含氟化氢的燃烧产物，耐火材料应选择尽量低的二氧化硅含量和尽量小的孔隙率。

废气中的磷化合物[如磷化氢（PH_3）]会在高温氧化环境中形成五氧化二磷（P_2O_5）。五氧化二磷与氧化铝反应形成高耐火性化合物。事实上，磷酸盐常用于高铝含量耐火材料。P_2O_5也会和二氧化硅或氧化镁反应生成用作助熔剂的低温化合物。用于此应用的耐火材料应具有低二氧化硅和氧化镁含量。

在设计用于 NO_x 控制的两级热氧化器时，第一部分氧化器工作在还原（缺氧）气氛中，趋向于将耐火材料中的氧化铁从 Fe_2O_3形式还原为 FeO 形式。FeO 形式比 Fe_2O_3形式耐火性差。在温度高于 1 800 ℉时会导致耐火材料发生热变形。在还原条件下，二氧化硅（SiO_2）可以转换成 SiO 形式。应选择低铁含量、低游离二氧化硅含量和低孔隙率的高铝和耐火黏土耐火材料。应避免使用空气固化整体耐火材料，如塑性和用硅酸钠黏合砂浆和低纯度（高铁含量）铝酸钙浇注料。

7.3.6　VOC 应用的典型耐火材料安装

图 7.6 显示了不含腐蚀性气体或颗粒物的 VOC 应用的典型耐火材料安装。集气室废气流入口装有可浇注耐火材料以便于适应入口喷嘴的形状，并承受燃烧器火焰的高温。混合室由复合材料组成。高温面采用耐火砖，经久耐用，抗冲击和耐高温。外层包用绝热性能好的耐火材料以降低热损失。接下来是衬以耐火砖的阻塞环，用于湍流和混合。耐

火砖提供能够耐受因截面积减小而引起的湍流和压力的机械强度。在停留室内使用保温性能好、轻质、易于安装且成本低的陶瓷纤维。烟气排放内衬同样衬以可浇注耐火材料，以承受较大的压力以及产生的湍流。

7.4 导热系数

所选的耐火材料必须能够耐受它所安装的环境，选择耐火材料最关键的参数之一是导热系数(热阻)。通过耐火材料和反应器外壳散发的热量必须通过燃烧器的较高辅助燃料消耗来抵消。同时更高的热损耗也会产生更高的外壳表面温度，可能对操作人员造成伤害。

表 7.5 列出了各种耐火材料的导热系数。导热系数是耐火材料厚度的平均温度的函数。一般来说，致密耐火砖具有最高的导热系数，陶瓷纤维最低。

表 7.5 部分耐火材料的导热系数 [Btu · in/(h · ft² · °F)，在氧化性环境中]

材料类型	安装密度 (lb/ft³)	三氧化二铝含量(%)	平均温度		
			500 °F	1 000 °F	1 500 °F
超级砖	145	40～45	8.9	9.3	9.7
高三氧化二铝砖	183	88	26.5	22.8	20.8
绝热砖	48	45	1.7	1.9	2.4
绝热浇注料	36	66	1.5	1.7	1.9
喷补浇注料	121	47	5.5	5.7	5.8
致密浇注料	130	45	5.9	6.1	6.3
塑性保温材	145	65	5.8	6.3	6.7
陶瓷纤维	6	45	0.5	0.95	1.6
	10	45	0.45	0.8	1.2

注：选择的这些耐火材料代表一类耐火材料。在同一类材料的性质可能变化非常大。

通过板式耐火墙的热流量计算公式如下：

$$Q=[kA(T_{\mathrm{I}}-T_{\mathrm{O}})]/L$$

其中：Q——热流量(Btu/h)；

k——导热系数[Btu · in/(h · ft² · °F)]；

A——热传输面积(ft²)；

L——传热材料的厚度(ft)。

热传输面积 A，等于导热区域的宽度乘以长度。对于复合材料(两层)，公式为：

$$Q=\frac{T_1-T_3}{L_1/k_1A_1+L_2/k_2A_2}$$

其中：k_1——材料 1 的导热系数[Btu · in/(h · ft² · °F)]；

A_1——材料 1 的热传输面积(ft²)；

L_1——材料1的厚度(in)；
k_2——材料2的导热系数[Btu·in/(h·ft^2·℉)]；
A_2——材料2的热传输面积(ft^2)；
L_2——材料2的厚度(in)；
T_3——外表面温度(℉)；
T_1——内表面温度(℉)。

示意图如图7.8所示。

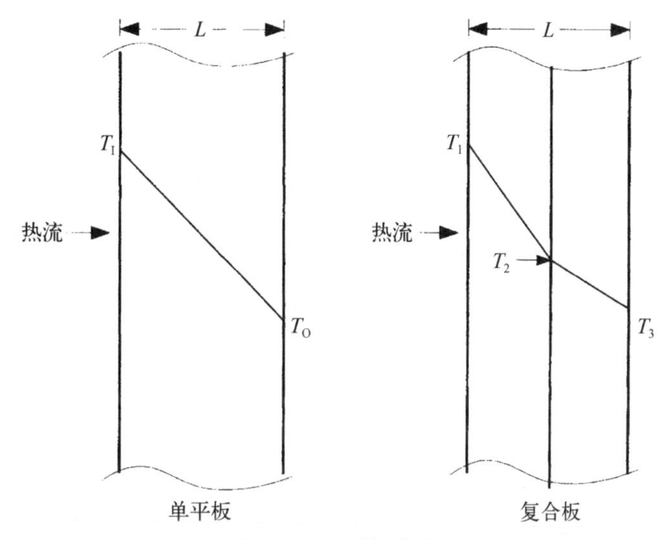

图7.8 平壁热传导

对于空心圆柱，热传导公式为：

$$Q=[kA_m(T_I-T_O)]/L$$

其中：Q——热流量(Btu/h)；
k——导热系数[Btu·in/(h·ft^2·℉)]；
A_m——平均热传输面积(ft^2)；
L——室壁厚度(ft)；
T_O——外壁温度(℉)；
T_I——内壁温度(℉)。

因为存在壁厚，圆柱内外表面积不相等，所以引入平均传热面积A_m。修正公式为：

$$Q=\frac{k\pi N(D_O-D_I)\cdot(T_I-T_O)}{\dfrac{(D_O-D_I)\ln\left(\dfrac{D_O}{D_I}\right)}{2}}$$

其中：N——圆筒长度(ft)；
D_O——圆筒外径(ft)；
D_I——圆筒内径(ft)；
π——圆周率(=3.14)。

对于多层圆筒壁，传热公式变为：

$$Q=\frac{\pi\cdot N\cdot(T_I-T_O)}{\dfrac{\ln(D_2/D_1)}{2k_2}+\dfrac{\ln(D_1/D_O)}{2k_1}}$$

其中：D_O——内层内径；
D_1——外层内径；
D_2——外层外径；
k_1——内层导热系数；
k_2——外层导热系数。

单层和复合层圆柱体的耐火层示意图如图 7.9。

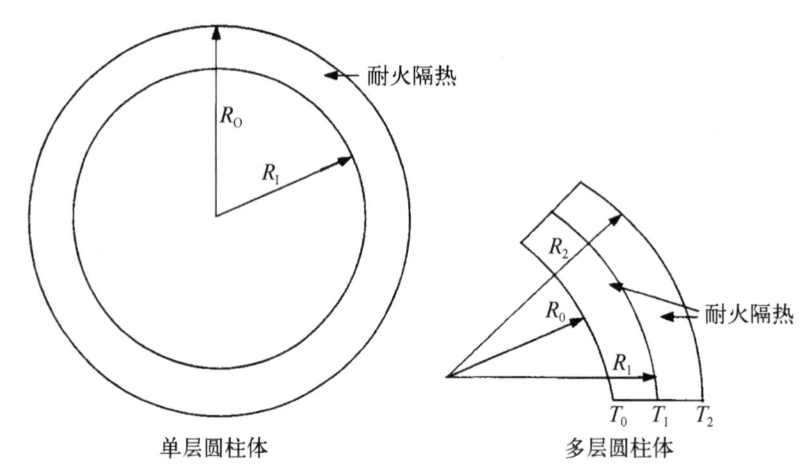

图 7.9　单层和复合层圆柱体的耐火层示意图

7.5　热损失

通常上面介绍的导热方程被用来计算热氧化器外壁的热损失。此外，这些计算还可以用于计算复合层的界面温度。隔热层材料的耐热等级比高温面材料低得多。因此，必须计算界面温度以保证不会超过隔热材料的温度等级。金属的导热系数与耐火材料相比要高很多。可以假设金属外壳的温度与隔热层的外侧温度一致(误差很小)。因此，在计算热损失时没有必要把金属外壳厚度考虑在内。

例 7.4　热氧化炉衬有复合耐火层，包括 4.5 in 的高密度耐火砖和 6 in 厚的隔热耐火砖。容器的内径是 60 in。长度为 20 ft，工作温度为 1 800 ℉，外壳温度测量为 150 ℉。确定(1) 热损失和(2) 两层耐火材料之间的界面温度。导热系数随温度变化如下：

温度(℉)	导热系数[Btu・in/(h・ft²・℉)]	
	绝热耐火砖	致密耐火砖
500	2.1	11
1 000	2.4	10
1 500	2.8	10
2 000	3.4	10

首先，假设隔热耐火砖导热系数 2.4，致密耐火砖导热系数 10：

$$Q=\frac{\pi \times N \times (T_I - T_O)}{\dfrac{\ln(D_2/D_1)}{2k_2}+\dfrac{\ln(D_1/D_0)}{2k_1}}$$

$$Q=\frac{3.14\times 20\times(1\,800-150)}{\dfrac{\ln(81/69)}{2\times 2.4/12}+\dfrac{\ln(69/60)}{2\times 10/12}}=213\,776\ \text{Btu/h}$$

导热系数除以12换算成英尺单位，与其他参数的单位一致。每一层耐火材料的热损失与外壳热量损失是一样的。因此，界面温度可以通过将该热损失等同于单层的导热速率来确定。使用致密耐火砖尺寸和导热系数代入：

$$Q=\frac{k\pi N(D_O-D_I)\times(T_I-T_O)}{\dfrac{(D_O-D_I)\ln\left(\dfrac{D_O}{D_I}\right)}{2}}$$

$$Q=\frac{\dfrac{10}{12}\times 3.14\times 20\times(69/12-60/12)\times(1\,800-T_O)}{\dfrac{(69/12-60/12)\ln\left(\dfrac{69}{60}\right)}{2}}$$

导热系数除以12可转换为Btu·ft/(h·ft^2·℉)，与其他参数的单位保持一致。

$$T_O=1\,515\ ℉$$

对隔热耐火砖层做计算可以得到同样的结果：

$$Q=\frac{\dfrac{2.4}{12}\times 3.14\times 20\times(81/12-69/12)\times(T_I-150)}{\dfrac{(81/12-69/12)\ln\left(\dfrac{81}{69}\right)}{2}}$$

$$T_I=1\,515\ ℉$$

对这个问题首次假设两层的平均导热系数是1 000 ℉下的值。对于致密耐火砖来说实际温度应该是(1 800+1 515)/2=1 658 ℉，隔热耐火砖的实际温度是(150+1 515)/2=833 ℉。为准确起见，应使用这些温度下的导热系数。但是，实际上误差很小。

燃料成本与213 776 Btu/h的热损失有关。如果采用导热系数为0.9 Btu·in/(h·ft^2·℉)的陶瓷纤维层代替致密和隔热耐火砖，热损失将减少到

$$Q=\frac{\dfrac{0.9}{12}\times 3.14\times 20\times(81/12-60/12)\times(1\,800-150)}{\dfrac{(81/12-60/12)\ln\left(\dfrac{81}{60}\right)}{2}}$$

$$Q=51\,792\ \text{Btu/h}$$

前面的例子中外壳温度或热损失是已知的。实践中，对于一项新的工程设计，这些数据经常是未知的。当耐火材料和厚度以及热氧化器温度确定时，可以计算得到外壳的热

损失和温度，但是计算会比较复杂，需要迭代计算。

通过外壳的热损失等于外壳的热辐射和热对流损失来平衡。方程如下：

$$Q_L = Q_R + Q_C$$

其中：Q_L——耐热层热传导造成的热损失；

Q_R——容器外壳热辐射造成的热损失；

Q_C——和周围环境热对流造成的热损失。

辐射热损失可以用下面的公式计算：

$$Q_R = \sigma\varepsilon(T_O - T_a)$$

其中：σ——Stefan-Boltzman 常数[1.713×10^{-9} Btu/(ft^2 · h · °R^4)]；

ε——辐射系数；

T_O——热氧化器外壳温度(℉)；

T_a——环境温度(℉)。

对环境的对流热损失取决于这种损失是通过强制对流还是自然对流。自然对流发生在没有强制空气流动的情况下。强制对流发生在强制空气(如风)在外表面流动的情况下。对于自然对流，传热取决于方向(垂直或水平)和几何结构(平面或圆柱)。对于自然对流，计算传热的方法如下[6]：

$$Q_C = 0.53 \times C \times (1/T_{avg})^{0.18} \times (T_O - T_a)$$

其中：C——考虑到几何结构和取向因素的取值；

T_{avg}——周围空气和热氧化器外壳的平均温度(℉)；

T_O——热氧化器外壳温度(℉)；

T_a——周围空气温度(℉)。

对强制对流，对流热损失可以用下面的公式计算：

$$Q_R = (1 + 0.225\text{vel}) \times (T_O - T_a)$$

其中：vel——空气流速(ft/s)。

通过 $Q_L = Q_R + Q_C$ 来迭代计算确定热量损失或外壳温度。首先，假设壳体温度为周围环境温度。待计算出的外壳温度后再修正。用传热方程重新计算外壳温度。重复这些计算，直到计算结果没有变化。这些计算可以由耐火材料供应商提供。有的供应商开发了计算软件并提供给潜在客户。

7.6 混合过程

如前所示，热氧化器中 VOC 的破坏效率是停留时间、温度、湍流和过量氧浓度的函数。测量温度和氧气浓度，计算气体停留时间很简单。然而，湍流是一个很难测量的参数。湍流程度不够可能是热氧化器的 VOCs 破坏效率不足的最重要的单一因素。它会引起流量和温度的分布不均，部分的污染物会没有经过处理就离开热氧化器。对于类似于总还原态硫(TRS)气体的恶臭物质，在地面浓度低于 1 ppm 时，人仍然可以闻到气味。

只要有可能，烟气就应该直接通过燃烧器注入，以提供最大的湍流和混合，并使 VOC 处理温度达到最高。这种理念可用于当废气热值大于 100 Btu/scf 或可用作助燃空气的情况，否则可能需要将废气注入燃烧器的下游。

如果废气流是受污染的空气(氧含量高)，则管道或线性燃烧器可能是最好的选择，根据前文所述这种类型燃烧器的特征，可以将燃烧器直接置于输送废气的管道中。为达到燃烧器下游均匀的温度分布，废气必须均匀地流过燃烧器。在压降为 1～2 英寸水柱的条件下，废气可以平顺地通过燃烧器。然而，如果燃烧器上游设计留有 3～4 倍管道直径的直管，这样可以使废气的流量降到最低。

尽管需要将废气混合到燃烧区来达到 VOC 的高降解效率，但过快地混合会使火焰熄灭。这可能会导致热氧化器中氧化不充分，生成醛、有机酸和一氧化碳。气体的混合与恒温停留都发生在燃烧室中，因此很难区分两者。通常，气体混合与因注入方法而消耗的压降呈函数关系。消耗的压降能与额外的恒温时间之间必须维持一种平衡。

对喷嘴型混合燃烧器，从燃烧器喉部喷射出高速火焰。废气必须与火焰混合且不能熄灭。但是，简单的湍流混合不足以将废气的温度升高到要求的操作温度。燃烧器安装位置、折流板、喷嘴及其燃烧室的布置都是为了提高混合效果和热氧化器性能。

通过提高停留室的气体流速和高的 L/D 比来增强混合效果，就会产生涡流。涡流是相邻平行而流速不同的流线产生的。流动速度梯度会产生切应力，由此导致的回流运动称为涡流。在涡流中会发生物质和动量的交换。这个过程就是湍流的一种形式。分子扩散运动在涡流消失后变得尤为重要。最终扩散混合过程完成后，氧气和 VOCs 分子之间发生化学反应。

为引起大的混合程度，可以通过流体间速度梯度来产生大规模的随机漩涡。这种高气流速度来自废气自身含有的或风机及其他设备提供的压力。喷射速度与喷嘴面积成反比。达到给定程度的混合所需的距离与喷射速度成反比，是所提供能量的函数。

7.6.1　横向射流

在热氧化器中废气混合的一种方法是横流的方式。它是通过将气流以一定角度相互交叉混合来实现的，如图 7.10 所示。废气以一定角度被引入燃烧器火焰，有利于气体混合，但不至于使火焰温度瞬间降低。通过喷嘴的废气流速和压降将影响混合的程度。

自由射流中混合边界的湍流运动使周围的流体进入气流。喷射距离增加，轴向速度降低。自由喷射渗透进入静态流体的方程式如下[6]：

$$y = C_{\mathrm{d}}[0.1696 + 2.722 \times (\mathrm{Flow})^{0.49} \times (D_P)^{0.255} - 0.3975 \times (D_P)^{0.255}]$$

其中：y——径向喷射渗透(in)；

C_{d}——喷嘴泄放系数(如 0.8)；

Flow——通过喷嘴的流量(scfm)；

D_P——通过喷嘴的压降(英寸水柱)。

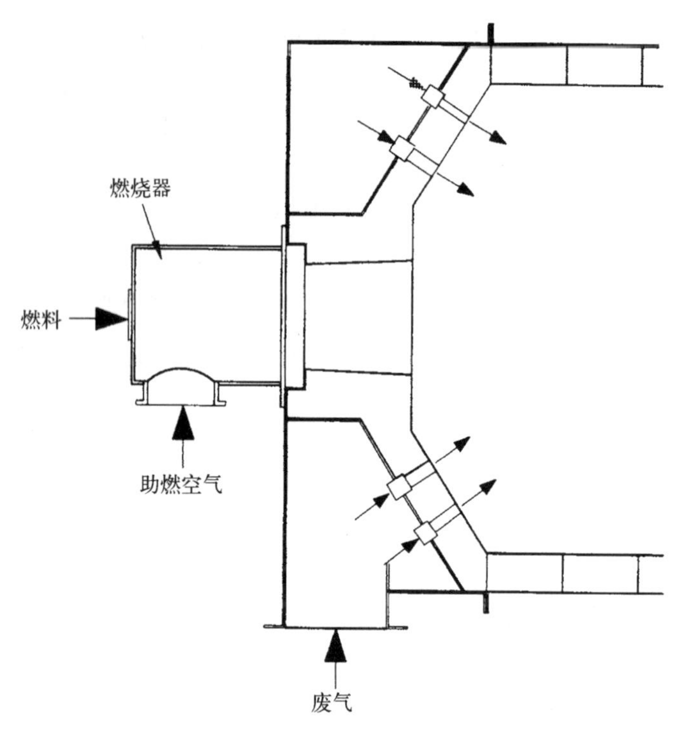

图 7.10　废气在燃烧器下游进入

在横向喷射中,喷射被横向流扰乱。横向喷射的流型如图 7.11 所示。Patrick 将横向喷射渗透与轴向和径向渗透关联起来的公式如下[7]:

$$y/d_O = p^{0.85}(x/d_O)^n$$

其中:d_O——喷射直径;

y——径向渗透距离;

x——下游轴向距离;

p——主体气流速度与喷射速度的比值;

n——对浓度分布 0.34,对速度分布 0.38。

公式应用于 $0 < p \leqslant 0.152$。

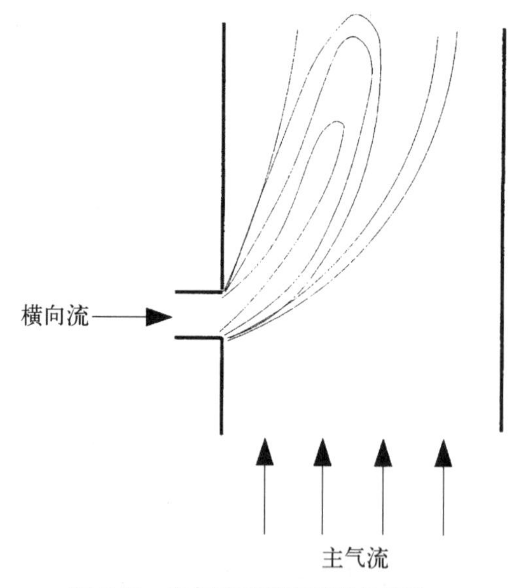

图 7.11　主气流对横向喷射的影响

对于横向射流的热氧化器,废气必须至少穿射到容器的中心线。气体停留时间应从穿透容器中心线的点开始计算。与直线喷射相比,产生涡流的燃烧器可以显著缩短废气混合的距离。可以观察到火焰缩短,直径变大。这种燃烧器可以用于提供高温燃烧气体,而火焰不容易被废气急冷。

7.6.2　切向进入

如前面燃烧器的相关章节所述,漩涡可用于产生强烈的混合。可用切向进气热氧化器来增强燃烧器火焰和废气之间的混合。同样,可以利用压降来产生这种漩涡形式。

为达到最佳的效果,冷态废气应该轴向射入,同时燃烧器火焰应该切向进入。相反,废气在高速下切向进入,冷态的废气(因此密度更高)由于旋转气流处于容器壁附近,与火焰混合的速度低于轴向喷射,因此更倾向于使用燃烧器切向燃烧。如图 7.12 所示,就是这种布置。若腔室结构在涡旋产生处有一个明显的扩张,则会产生回流和交叉混合,从而进一步提高混合效率。燃烧器火焰应该与直接径向注入成大约 30°角。废气应以相对较低的速度轴向进入,使火焰喷射可以穿透。侧装燃烧器,应防止火焰对耐火衬里的接触侵蚀,否则耐火衬里的寿命可能会缩短。

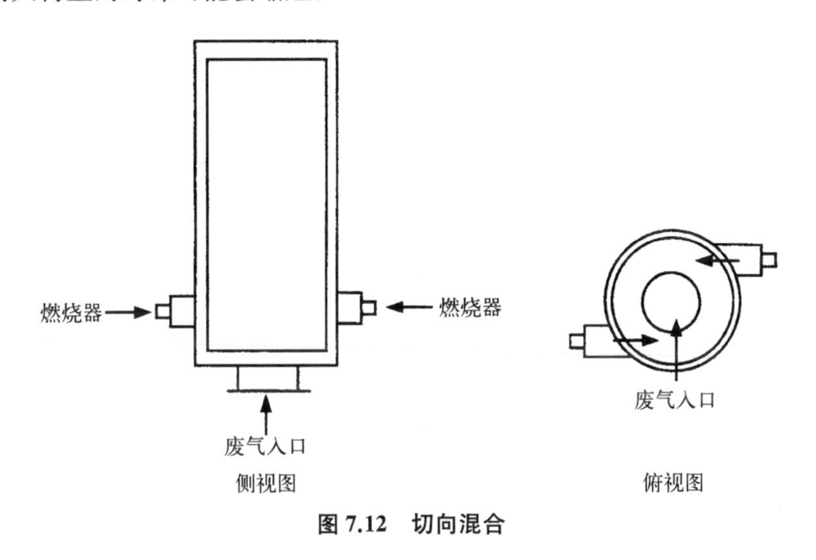

图 7.12 切向混合

7.6.3 轴向射流混合

一种简单的增强轴向射流混合的方法是燃烧器点燃后减小混合室直径。腔室几何结构先缩径再扩径,产生与喷射器相同的效果。然后废气进入高速火焰的高温燃烧产物中。如图 7.13 所示。

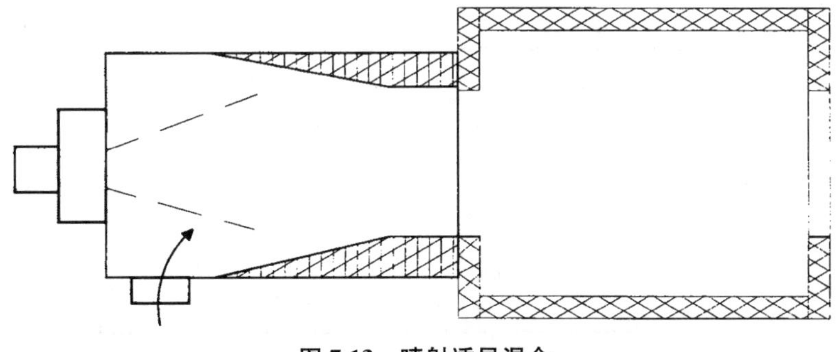

图 7.13 喷射诱导混合

7.6.4 折流板

另一种增强混合效率的方法是安装折流板。折流板是一种阻碍正常流型的机械装置。

利用折流板来阻挡燃烧室截面，使流速迅速增加，而折流板下游侧流速则随之快速下降。从而产生高度湍流，加速局部混合。折流板和前面介绍的废气喷射方法一同起作用，而非被取代。

根据热氧化器的几何结构，可以使用"桥墙"或"湍流环"等几何结构。如图 7.14 所示，使用两个桥墙结构可以实现热氧化器中气体对称流动和更好的混合效果。折流板的安装位置应使废气尽快地完成混合，允许停留室的剩余部分完成氧化反应。为了避免火焰冲击，第一折流板应位于最大燃烧火焰长度的 1～2 ft 远。后面的折流板大约每停留室直径距离布置一个。

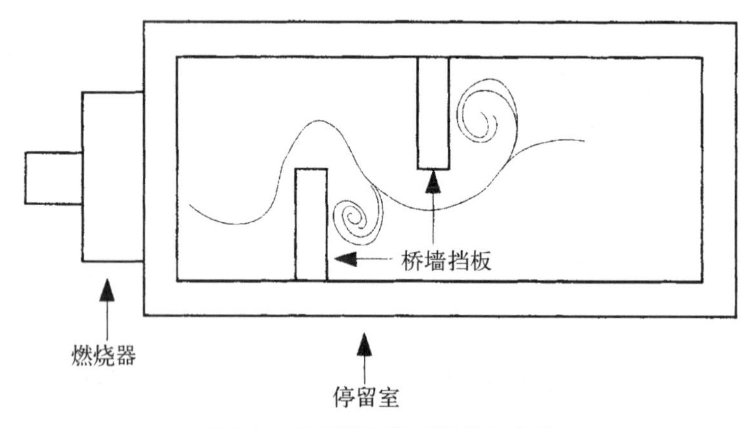

图 7.14　带桥墙折流板的热氧化器

折流板通常是用耐火砖建造的。它在截面上深入的长度越大，混合效果越好。然而，长度越长，产生的压降损耗越大(操作成本增加)。同样，混合的代价是压降(能量)和与压降相对应的操作成本，所以需要寻求一个平衡。

扰流器或阻流环在停留室的内部形成一个圆盘，产生废气的高速返混和再循环，以增强废气混合程度。如图 7.15 所示。沿停留室壁的流体层速度低于主体流速，折流板也可以将低速流体和主体流体混合。在某些设计中，通过减小壳体直径形成高速喉部也可以达到同样的效果，如图 7.16 所示。

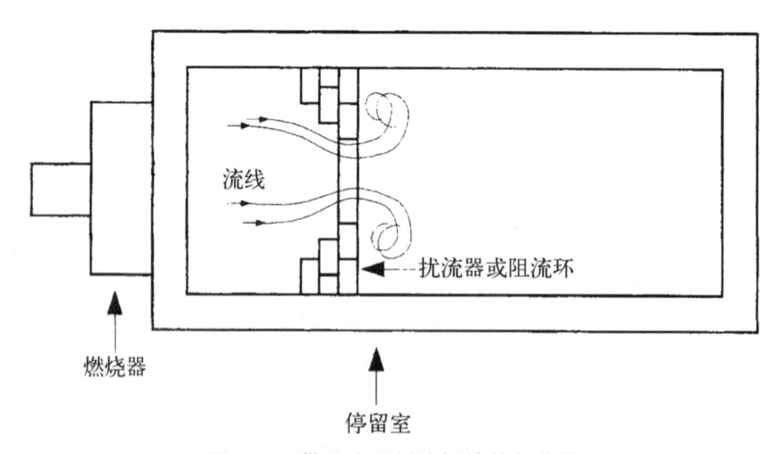

图 7.15　带阻流环折流板的热氧化器

图 7.16　带直径下降段以增加湍流的商业化热氧化器
(由 Anderson 2000 Inc. 提供)

7.7　集气室和喷嘴

在许多设计中,废气可以通过带多个喷嘴的集气室进入热氧化器,如图 7.17 所示。

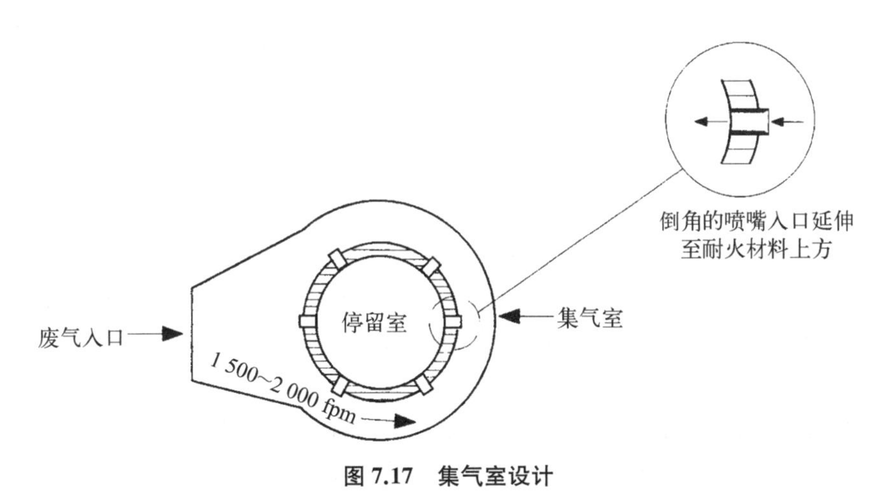

图 7.17　集气室设计

理想情况下,通过集气室的气流速度应为零,以便向所有喷嘴均匀分配流量。实际上,气流速度在 1 500~2 000 ft/min 是可以接受的。喷嘴的安装应使其稍微伸入集气室。喷嘴入口的倒角将降低压降。可使用以下公式计算喷嘴的压降[8]:

$$喷嘴\ D_P(\text{in}\ 水柱) = (v^2/C_d)(\rho/0.003)$$

其中：v——通过喷嘴的气速(ft/s)；

ρ——废气在操作状态下的密度(lb/ft^3)；

C_d——流量系数。

流量系数与喷嘴入口设计相关。不同喷嘴结构的流量系数如图 7.18 所示。为了达到良好的混合需要 6～8 ft 水柱压降。然而，如前所述，这必须与足够的射流穿透相结合。

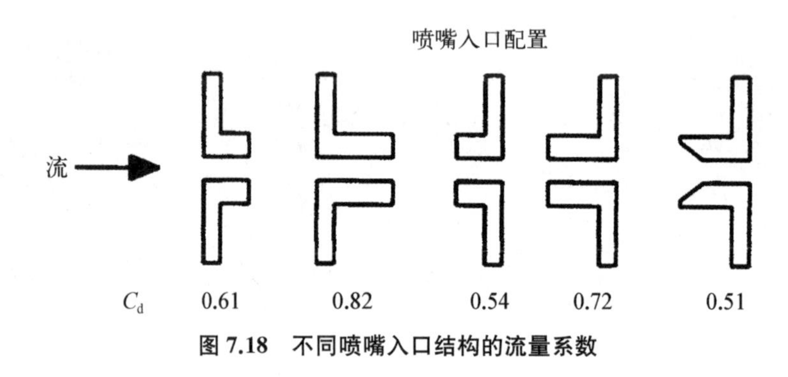

图 7.18　不同喷嘴入口结构的流量系数

7.8　典型布局

由于热氧化器处理的 VOCs 废气种类多样，会用到很多种不同的布置。通常，对小型装置，当维护安装于顶部的热电偶或其他仪表不是关键时，在不需要进一步处理燃烧产物的情况下，使用上燃式(火焰向上燃烧)热氧化器可以节省占地面积。向上燃烧布局成本较低，因为排放烟囱可以直接安装到热氧化器的出口。另一方面，如果需要高烟囱(基于烟气扩散分析)，则成本可能会增加，因为需要钢结构来支撑加固烟囱。

如果仪表维护是关键的，或需要一个高的烟囱，或热氧化器很大，或需要进一步处理燃烧产物，就需要采用水平设计。

当废气中含有颗粒物或燃烧反应产生颗粒(通常是无机颗粒)时，通常采用下燃式(火焰向下燃烧)设计。在装置的底部有一个侧排气口，用于将燃烧产物输送至烟囱或烟气处理装置。这种布置的缺点是，通常必须在设备周围建造通往顶部燃烧器的通道。

很多情况下，可用的空间将决定所使用的布局。还可以使用垂直和水平 U 形弯曲装置，甚至两者结合使用。这些布局还衍生出多燃烧器、轴向和径向废气喷射、矩形和圆柱形横截面等设计。热回收方案和为降低 NO_x 排放所采取的一系列措施目前尚未讨论(后面将讨论)。尽管看起来只有少数设计被应用于热氧化器设计中，但实际上不同的供应商采用不同的设计，制造了很多热氧化器系统。

上面讨论的部分设计如图 7.19 所示。

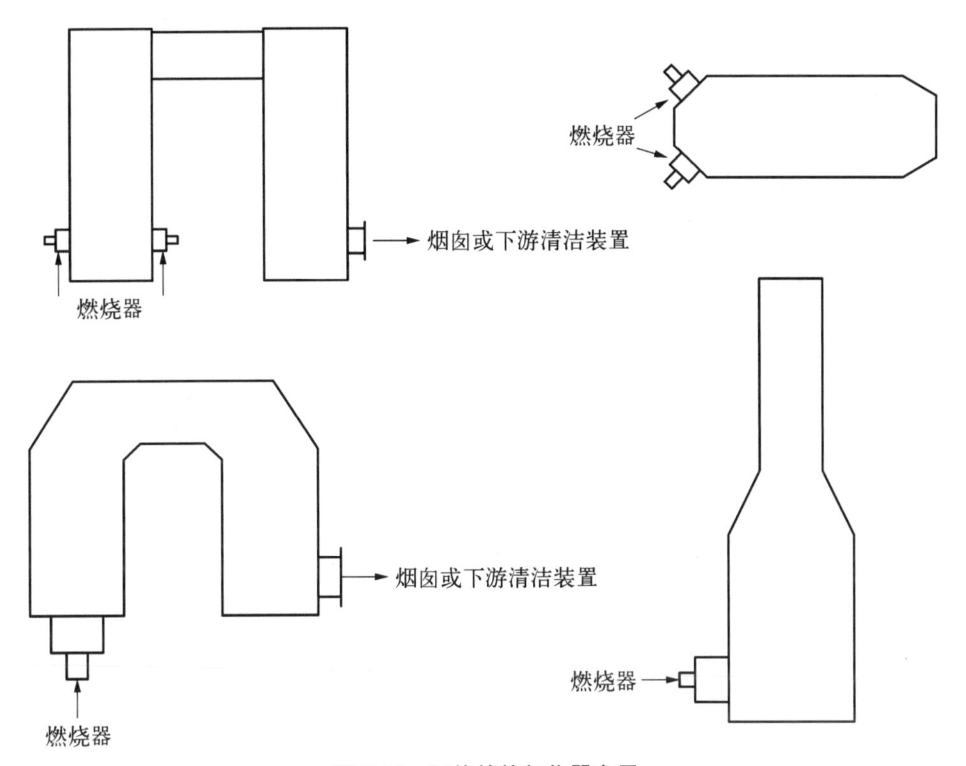

图 7.19　可能的热氧化器布局

第 8 章 热回收

热氧化是一个需要能量的高温过程。能量可以由 VOC 氧化反应本身、辅助燃料燃烧放热或两者共同产生。燃烧产物中所含的能量是有价值的，可以用来预热废气、助燃空气或同时预热这两者。它也可以用来生产蒸汽以及加热导热流体或水，或用于干燥。热氧化技术的一个缺点是，使废气温度达到所要求的热氧化器操作温度的操作成本较高，可以通过热回收技术减少甚至消除这些费用。在某些情况下，如在蒸汽生产中，利用热氧化技术可以为工厂生产有价值的产品。

并不是所有的 VOC 热氧化应用中都需要热回收，在某些情况下，VOC 热氧化反应提供的化学能量足以将废气温度升高到所需的操作温度。例如，VOC 浓度接近或超过最低爆炸极限(Lower Explosion Limits, LEL)的废气就属于这一类。

多数情况下，VOC 浓度太低而无法维持燃烧。事实上，废气中的 VOC 浓度必须加以限制，以防止源头处的意外燃烧(爆炸)。一般来说，这个限制设定在 LEL 的 25%～50%之间。爆炸的概念和安全系统的讨论将在第 14 章进行详细阐述。

热回收可分为两大类：换热式和蓄热式。在换热式系统中，热氧化过程中的热量通过与另一种流体的间接接触实时交换热量。在蓄热式系统中，热量储存在中间散热器材料(通常是陶瓷固体)上，以便在交替循环中回收。蓄热式系统将在第 10 章中详细讨论。

正如第 5 章所述，在热氧化过程中，能量和质量都必须平衡，这意味着热量的输入和输出必须相等。热量输入的组成通常有以下三种形式：(1) 废气中 VOCs 释放的化学能；(2) 添加辅助燃料的化学能；(3) 废气、助燃空气或燃料处于高温时产生的焓变。下面的例子对此进行了说明。

例 8.1 在 931 ℉的含 VOC 废气中，流速为 10 061 scfm (36 205 lb/h)，在 1 600 ℉时进行热氧化，废气自身含有的 VOCs 热值为 21.7 Btu/scf (LHV)。废气在 77 ℉(参考温度)和 931 ℉之间的平均热容为 0.36 Btu/(lb · ℉)(由于水汽含量相对较高)。为氧化 VOCs 和在燃烧产物中达到 5.0%的残氧量，助燃空气的加入流量为5 507 scfm。所用天然气的 LHV 为 1 110 Btu/scf，加入流量为 123 scfm(放热量＝8.18 MM Btu/h)。燃烧产物的流量为 15 818 scfm(61 696 lb/h)，平均热容为 0.345 Btu/(lb · ℉)(77～1 600 ℉)。请

计算燃烧产物的焓。

解　废气中的 VOCs 氧化放热＝21.7 Btu/scf×10 061 scfm×60 min/h＝13.1 MM Btu/h

辅助燃料燃烧放热＝8.18 MM Btu/h

废气的焓(931 ℉)＝36 205 lb/h×0.36 Btu/(lb・℉)×(931－77) ℉

＝11.13 MM Btu/h

合计＝13.1＋8.18＋11.13＝32.4 MM Btu/h

焓也可以直接利用燃烧产物计算如下：

燃烧产物焓＝61 696 lb/h×0.345 Btu/(lb・℉)×(1 600－77) ℉

＝32.4 MM Btu/h

这里 61 696 lb/h 是燃烧产物的总质量(废气＋助燃空气＋天然气)，0.345 Btu/(lb・℉)是燃烧产物在 77～1 600 ℉之间的平均热容。

8.1　换热器

降低辅助燃料运行成本的一种常用方法是预热要被氧化的废气、助燃空气或同时预热这两者。这一过程通过换热器来完成。高温燃烧产物流过换热器的一侧，同时废气或助燃空气流过由金属管道或金属板隔开的换热器另一侧。热量从高温的燃烧产物传递给低温的废气或助燃空气，最终的结果是燃烧产物温度降低，废气或助燃空气温度升高。

8.1.1　换热器分类

在 VOC 热氧化热回收(换热式)应用中，通常有两种类型的换热器：板式换热器和管壳式换热器。图 8.1 是板式换热器的一个样例，在图中，两个气流以错流方式交换热量，燃烧产物和预热的流体被独立的传热板隔开，以提供预期应用所需的换热面积。这些板式换热器通常是模块化组装的，每个模块包含两个通道(加热流体与燃烧产物在两个方向上的接触)，通过增加模块数量来增加的换热面积和热回收。由于热膨胀效应，板式换热

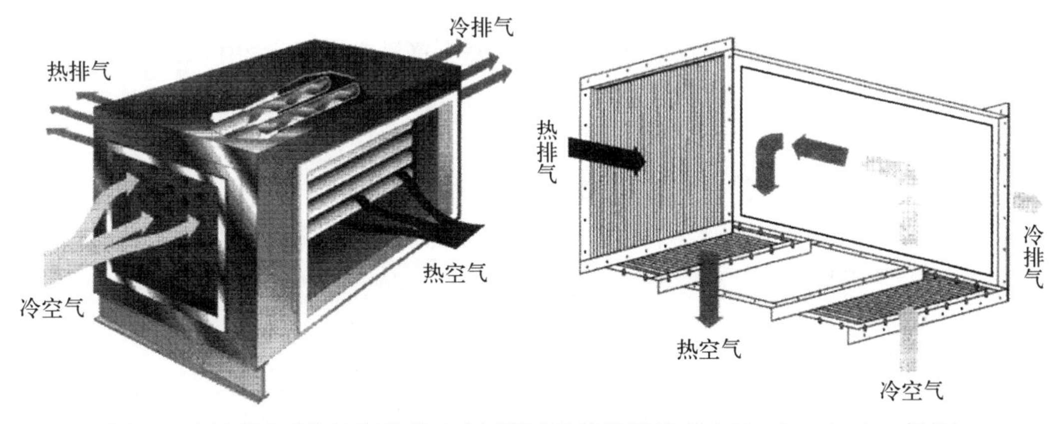

图 8.1　(左)管壳式换热器原理图;(右)板式换热器原理图(由 Exothermics Inc. 提供)

器使用温度一般不超过 1 550 ℉。

管壳式换热器的原理图如图 8.2 所示，在管壳式换热器中，热流体流过单个由两端的管板固定的管道。根据换热器的尺寸，可以为管支提供中间管板进行支撑。在管壳式换热器中，具有布置成用于正向或反向流动的多个通道，两种气体之间的流动模式也是交叉流动的，换热器背面的压板允许气体逆流。这种类型的换热器可以用于气体温度可达到 1 800 ℉的标准建筑材料中，甚至还能在更高温度的合金金属中运行。

图 8.2 管壳式换热器示意图(由 Alstom Energy System SHG, Inc.提供)

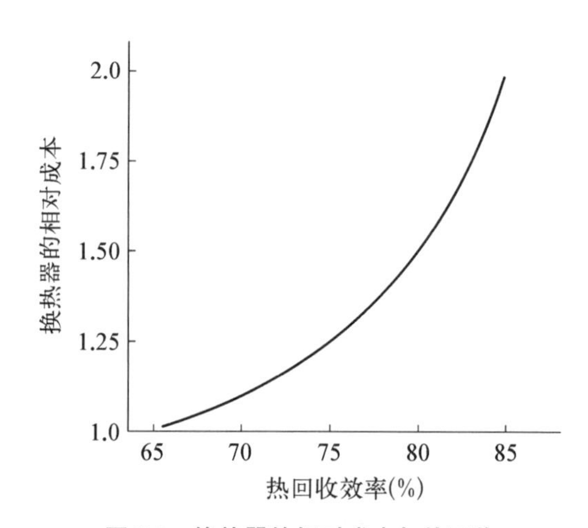

图 8.3 换热器的相对成本与热回收效率之间的关系

通常，在废气流和 POC 中无微粒时，板式换热器在较低的温度下更经济有效，管壳式换热器则相反。在一些应用中，尽管所需材料昂贵，但是由于气体之间的对数平均温差(Logarithmic Mean Temperature Difference, LMTD)更大，所需的表面积随着换热器的整体尺寸而减小，因此换热器的成本会降低。换热器的相对成本如图 8.3 所示，是效率的函数，但只适用于无腐蚀性的无微粒气体。

板式换热器的一个问题是废气在板间泄漏，并直接进入燃烧产物中。对于管壳式换热器，也必须在设计阶段对管道振动进行评估，管板中管子的振动会造成金属磨损、疲劳或断裂，最终会发生泄漏。

泄漏也可能由循环热负荷引起的疲劳失效引起。随着时间的推移，VOC 浓度的增加可能意味着换热器泄漏。

8.1.1.1 热传递

两种气体在换热器之间的传热基本方程为：

$$m_1 \times C_{p1} \times (T_{o1} - T_{o2}) = m_2 \times C_{p2} \times (T_{hx1} - T_{hx2})$$

其中：m_1——燃烧产物的质量(lb/h)；

m_2——被加热流体的质量(lb/h)；
C_{p1}——燃烧产物的热容[Btu/(lb·℉)]；
C_{p2}——受热流体的热容[Btu/(lb·℉)]；
T_{o1}——热氧化器温度(℉)；
T_{o2}——排出换热器燃烧产物的温度(℉)；
T_{hx1}——进入换热器的流体的温度(℉)；
T_{hx2}——预热流体的温度(℉)。

例 8.2　在例 8.1 中，废气的温度被指定为 931 ℉，这个温度是通过与燃烧产物进行热交换来预热废气实现的。如果预热前废气的温度为 190 ℉，那么燃烧产物排出换热器的温度是多少？

解　$$m_1 \times C_{p1} \times (T_{o1} - T_{o2}) = m_2 \times C_{p2} \times (T_{hx1} - T_{hx2})$$

在这种情况下：

$$m_1 = 61\ 696\ \text{lb/h}$$

$$m_2 = 36\ 205\ \text{lb/h}$$

$$C_{p1} = 0.345\ \text{Btu/(lb·℉)}$$

$$C_{p2} = 0.36\ \text{Btu/(lb·℉)}$$

$$T_{o1} = 1\ 600\ ℉$$

$$T_{o2} = \text{未知}$$

$$T_{hx1} = 190\ ℉$$

$$T_{hx2} = 931\ ℉$$

$$61\ 696 \times 0.345 \times (1\ 600 - T_{o2}) = 36\ 205 \times 0.36 \times (931 - 190)$$

$$T_{o2} = 1\ 146\ ℉$$

传递的热量在方程的每一边都是等价的。也就是说，从燃烧产物传递给废气的热量，与增加废气的焓完全相等。

$$61\ 696 \times 0.345 \times (1\ 600 - 1\ 146) = 9.66\ \text{MM Btu/h} = 36\ 205 \times 0.36 \times (931 - 190)$$

为了达到理想的换热效果，必须对换热器进行正确的设计和尺寸调整。两种流体之间的温度梯度沿流线变化，这里可以用最终温度计算平均温差。基本换热器方程将总换热作为总表面积、总传热系数和对数平均温差的函数相关联。对于简单的逆流设计，传热如下：

$$Q = U_o A (LMTD)$$

其中：Q——两种流体之间的传热(Btu/h)；
U_o——总传热系数[Btu/(h·ft^2·℉)]；

$LMTD$——两流体之间的对数平均温差(℉)；

A——换热器表面积(ft^2)。

对数平均温差定义为：

$$LMTD = \frac{(T_{hi} - T_{co}) - (T_{ho} - T_{ci})}{\ln[(T_{hi} - T_{co})/(T_{ho} - T_{ci})]}$$

式中：T_{hi}——热流体的初始温度(℉)；

T_{co}——冷流体的最终温度(℉)；

T_{ho}——热流体的最终温度(℉)；

T_{ci}——冷流体的初始温度(℉)。

例 8.3 来自热氧化器的燃烧产物进入管壳式换热器的壳程，入口温度为 1 500 ℉，出口温度为 800 ℉。流经管道的废气 100 ℉进入，并在 1 000 ℉下排出。计算 $LMTD$ 是多少？

解

$$T_{hi} = 1\,500\ ℉$$

$$T_{co} = 800\ ℉$$

$$T_{ho} = 1\,000\ ℉$$

$$T_{ci} = 100\ ℉$$

$$LMTD = \frac{(1\,500 - 1\,000) - (800 - 100)}{\ln[(1\,500 - 1\,000)/(800 - 100)]}$$

$$LMTD = 594\ ℉$$

现实中很少有换热器是简单的逆流设计，大多数换热器的流向会变化多次以达到设计的传热量。在这种情况下，需要在 $LMTD$ 前加一个校正系数，如下：

$$\Delta T = F \times LMTD$$

这里，ΔT 是在传热方程中使用的平均温差。校正系数 F 取决于换热器的流动形式，不同换热器流型的 F 值通常以给定符号 P 和 R 的两个温度比的函数表示。这些参数定义如下：

$$P = [(T_{hi} - T_{ho})/(T_{hi} - T_{ci})]$$

$$R = [(T_{co} - T_{ci})/(T_{hi} - T_{ho})]$$

许多换热器设计文献和管状换热器制造商协会(TEMA)提供了很多不同种类的换热器布置的与 P 和 R 相关的校正系数 F。例如，具有 2 个壳道和 4 个或更多管道的管壳式换热器，当 $P = 0.7$ 和 $R = 1.0$ 时，校正系数 F 值等于 0.7。

总传热系数 U_o 要复杂得多，它是每种气流各自的传热系数、污垢系数、隔离气体的金属壁导热系数的函数。大多数用于热氧化热回收系统的气-气换热器，总传热系数在 5～20 Btu/(h · ft^2 · ℉)之间。换热器的设计最好留给这类设备的供应商，他们使用专门的计算机程序来执行这些计算。

例 8.4　一股废气的流量为 279 000 lb/h，从 130 ℉通过换热器被燃烧产物预热到 780 ℉。废气在此温度区间的平均热容为 0.270 Btu/(lb·℉)。热氧化器的操作温度为 1 550 ℉，燃烧产物的流量为 331 800 lb/h。换热后燃烧产物的温度降低至 1 047 ℉。燃烧产物在 1 047 ℉和 1 500 ℉之间的平均热容为 0.293 Btu/(lb·℉)。换热器的总传热系数为 8.31 Btu/(h·ft^2·℉)。计算换热器的换热面积。

解

$$Q = m_1 \times C_{p1} \times (T_{o1} - T_{o2}) = m_2 \times C_{p2} \times (T_{hx1} - T_{hx2})$$

$$Q = 331\,800 \times 0.293 \times (1\,550 - 1\,047) = 279\,000 \times 0.270 \times (780 - 130)$$

$$Q = 48\,900\,000 \text{ Btu/h}$$

另外，

$$LMTD = \frac{(1\,550 - 780) - (1\,047 - 130)}{\ln[(1\,550 - 780)/(1\,047 - 130)]}$$

$$LMTD = 841\ ℉$$

$$Q = U_o A(LMTD)$$

$$48\,900\,000 \text{ Btu/h} = 8.31 \text{ Btu/(h·ft}^2\text{·℉)} \times A \times 841$$

$$A = 6\,997\ \text{ft}^2$$

8.1.1.2　效率

在实际中，在一个流体中的所有高温热量不能完全传递给另一流体。在有限的换热面积下，传递部分的热量与理论上可以全部传递的热量之间的比值称为换热器的换热效率。对于热氧化预热应用，可定义如下：

$$E = \frac{(T_{co} - T_{ci})}{(T_{hi} - T_{ci})}$$

假设质量流量不变，一旦在一定操作条件下的换热效率被确定，就可以用来预测其他条件下的温度。这是通过保持换热效率不变，改变一个温度从而确定第二个温度的变化来实现的。

例 8.5　废气的初始温度为 146 ℉，被来自热氧化器的燃烧气体通过换热器预热到 900 ℉。热氧化器的操作温度为 1 500 ℉。

1. 计算换热效率。

2. 如果热氧化器的操作温度变为 1 400 ℉，那么预热废气的出口温度变为多少？假设所有的气流的流量均保持不变。

解　1. 换热效率：

$$E = \frac{(900 - 146) \times 100}{(1\,500 - 146)}$$

$$E = 55.7\%$$

2. 出口温度：

$$0.557=\frac{(X-146)}{(1\,400-146)}$$

$$X=844\ ^{\circ}\mathrm{F}$$

在任何设计中都期望得到最高的换热效率。然而，换热效率越高，设备成本也就越高。通常使用的换热式换热器换热效率 60%～70%就足够了。

8.1.1.3　压降

在使用换热器进行热回收时，必须考虑通过该系统的额外压降，包括冷热两侧的压降。穿过冷侧的压降对应废气流量；热侧（燃烧产物）的压降对应于大部分的废气流质量以及添加的任何助燃空气和辅助燃料。根据所用换热器的设计和类型，压降可低至 1 in 水柱或高达 10 in 水柱。有时候较高的压降可以有效地减小换热器的表面积，从而降低投资成本。

考虑到热氧化系统的总体设计，实际压降必须由换热器制造商提供。例如，在没有换热器的情况下，向热氧化器内供应助燃空气需要的压降可能是 10 in 水柱；但如果系统中包括了助燃空气换热器，压降可能会升至 25 in 水柱。同样的情况也适用于废气，无论用什么动力将废气输送到热氧化系统，都必须考虑预热换热器。

8.1.1.4　污垢/结焦

污垢热阻是总传热系数(U_o)计算中的一个术语。废气中的颗粒或低沸点有机物在废气中的冷凝可能会形成污垢。污垢会降低整体传热效果，废气或助燃空气预热温度随时间逐渐降低可能意味着换热器中形成了污垢。

结焦也会形成污垢。传热表面的凝聚有机物质可能会遇到足以使其热解的温度。颗粒形成的污垢容易被去除，结焦导致物质凝聚，像胶一样黏附在传热表面。热解一般随着废液预热温度的升高而增加，根据经验，某些类型的废气的预热温度被限制在一个特定的最高点，以防止在换热器中发生热解。这一类的废气通常含有一些氧气，但浓度较低(<5%)。如果废气主要是受污染的空气流（高氧），则很少会遇到焦化和热解（除非在极端预热温度下）。实际中，在一些有污染气流的应用中，废气已经预热到超过其 VOC 组分的自燃点，但没有发生任何结焦或结垢问题。

如果造成污垢的物质不紧密地附着在表面，就可以在线清洗，吹灰器就是一种处理方法。但是，在设计阶段必须考虑它们的插入空间。有些是永久留在废气中（旋转式），而另一些是可伸缩的，仅在需要时插入。在操作中，高压蒸汽或压缩空气直接扫到换热器管，使任何松散黏附或易碎物质脱出。

8.1.1.5　结构材料

在大多数情况下，换热器的外壳必须要有耐火衬里，就像热氧化器一样。虽然换热管或换热片的外侧有低温流体来散热，但外壳不可以没有耐火衬里。由于局部高速和湍流，通常使用耐久衬里（如浇注耐火材料）作为保温层而非纤维衬里。

换热器中使用的金属是可与热燃烧气体接触的金属，通常为 304、309 或 316 型不锈钢。

309 型不锈钢通常适用于金属温度达 1 600 ℉;304 不锈钢只能用到金属温度 1 400 ℉;316 型通常在耐露点耐蚀的情况下使用。在多程或模组换热器中,低合金钢(如 Corten、P-11、P-22)或碳钢可用于换热器的冷却器阶段,Corten 的最高温度额定值约为 1 000 ℉,而碳钢的使用温度可达 800 ℉左右。同样,如果燃烧产物含有微粒或腐蚀性气体,则余热回收可能不是一种经济的设计选择。

在换热器到 VOC 热氧化的设计和应用中存在许多需要考虑的因素,所以这种设计最好留给设备的供应商来设计。实际上,大多数热氧化器供应商不设计和制造换热器,而是当他们出售一套包括换热器的热氧化设备时直接自专业厂商处采购。且热回收方案必须在经济性与系统预计寿命期间节省的燃料之间进行权衡。

8.1.1.6　系统配置

余热回收的配置有很多种,废气预热就是其中一个,如图 8.4 所示。在这种情况下,废气中含有足够高浓度的氧气来供应燃烧器所需的氧气。在图 8.5 显示的配置中,废气是缺氧的,废气和助燃空气同时被预热,助燃空气和废气预热器的相对位置也可以调换。通常,流量最大或预热要求最高的气流先加热。但是若废气在高温下容易发生裂化,最好先预热助燃空气。通过第一个换热器降低 POC 温度,自然会降低废气的预热温度。

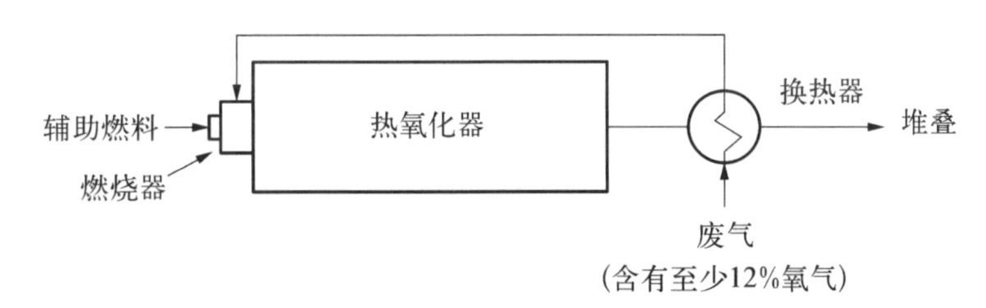

图 8.4　废气预热余热回收

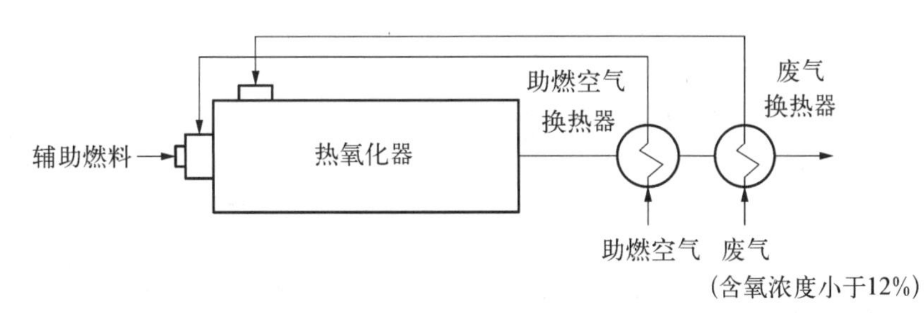

图 8.5　废气和助燃空气预热

例 8.6　初始温度为 91 ℉、流量为 1 804 scfm (12 409 lb/h)的废气中的 VOCs 必须在 1 600 ℉处进行热氧化。废气中含有 214 lb/h 一氧化碳、1.4 lb/h 氢气、12.8 lb/h 甲醇、2.3 lb/h 甲烷和 12 178 lb/h 的二氧化碳。通过将废气预热到 1 000 ℉,并与 800 ℉助燃空气预热相结合来确定节省的辅助燃料。

采用第 5 章所述方法,三种情况下的燃烧产物、平均热容、换热器出口温度和辅助燃料率如下:

方　　案	流量(lb/h)			POC 出口温度(℉)		燃烧率(MM Btu/h)
	废气	燃　烧		废气(换热器)	助燃空气 HX(换热器)	
		空气	燃烧产物			
不预热	12 409	8 654	21 383	N/A	N/A	7.2
预热废气	12 409	4 895	17 439	1 038	N/A	3.0
预热废气和助燃空气	12 409	4 009	16 509	1 004	832	2.1

预热不仅降低了辅助燃料的需求，而且也减少了燃烧所需的空气，因此减少了燃烧产物的质量。助燃空气减少的原因是：(1) 减少了辅助燃料所需的空气；(2) 减少了燃烧产物体积中产生 3%氧所需的空气。燃烧产物的质量(和体积)减少，主要是由于燃烧所需空气的减少(辅助燃料的减少也起到了一定的作用)。预热的另一好处是在特定停留时间内需要的储存空间更小。

8.1.1.7　换热器旁路

在很多 VOC 热氧化器应用中，由于工艺的误差偶尔会引起 VOC 负载突然增加的情况发生。这种突增会导致氧化器温度高于设定点，即使辅助燃料阀关闭到最大的调节比位置。这种情况的解决方案之一是设置换热器旁路，如图 8.6 所示。有时只需要一个旁路风门，就可以控制通过换热器和旁路的流量。然而，这种安排中最不合理的地方是风门会暴露在相对较高的温度下。

通常使用热旁路而非冷旁路。换热器的设计在一定程度上取决于相对冷的废气或助燃空气的换热器板或管的冷却，如果去除这种冷却介质，金属温度可能会超过设计极限并导致其失效，而热旁路移除的是加热介质而不是冷却介质。

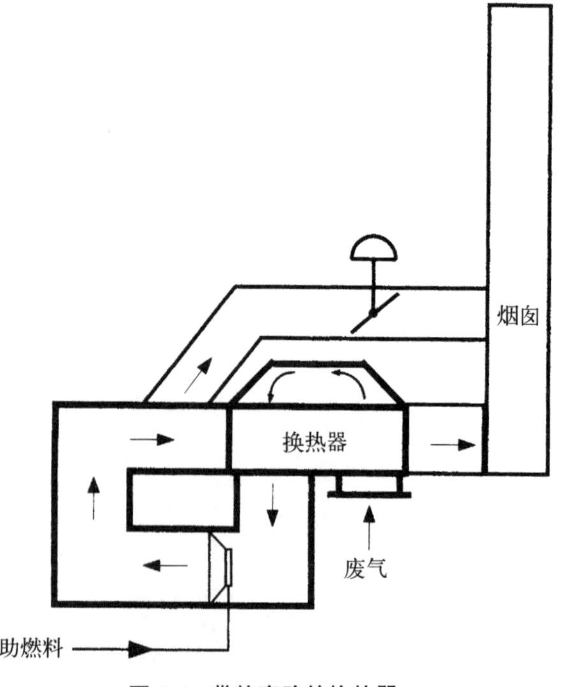

图 8.6　带热旁路的换热器

例 8.7　一个换热式热氧化系统的设计如图 8.6 所示。废气流量为 3 787 scfm，初始温度为 248 ℉，预热后的最终温度为 1 100 ℉。正常操作温度为 1 500 ℉。换热器的最高温度等级为 1 550 ℉。然而，如果不使用热旁路，VOC 负荷的峰值会将温度提高至 1 600 ℉。请问该如何控制系统？

解决方案

VOC 负载的峰值是不可避免的。通过调节旁路风门，将氧化室内的温度控制在 1 550 ℉，以允许燃烧产物的一部分流量绕过换热器。这有效地降低了废气的预热温度，从而减少了系统的输入热量。

8.2　余热锅炉(WHB)

余热锅炉(Waste Heat Boiler)是余热回收使用的另一种形式，锅炉与热氧化器通过管道过渡直接连接，燃烧热产物流经锅炉，从锅炉水中产生蒸汽。在此应用中可使用两种类型的锅炉：火管锅炉和水管锅炉。这两种锅炉本质上都是管壳式换热器。在火管锅炉中，热燃烧产物流过被水环绕的管束；相反地，在水管锅炉中，水流过管道，热燃烧产物在管间流动。与仅以产生蒸汽为目的的燃烧/锅炉系统相比，在热氧化器应用中的余热锅炉没有设计出辐射区。当存在高温火焰或燃烧区时，通常使用辐射锅炉段；在热氧化器中，这样的区域可能存在，但它是在热氧化器恒温室的前端接近燃烧器的区域，当燃烧产物进入锅炉时火焰已经消散。

在热氧化器的放热量低于 22 MM Btu/h，且不需要高压蒸汽的小型装置中可使用火管锅炉。水管锅炉用于需要高压或过热蒸汽的大型装置。在这两种类型锅炉中，典型的排气出口温度为 350～450 ℉，采用何种锅炉这取决于哪一种方式更为经济。位于锅炉蒸发器部分之后的省煤器在进入锅炉蒸发器部分之前预热锅炉给水，从而从燃烧气体中回收更多的热量。省煤器在水管锅炉中的应用相比于火管锅炉更为常见。锅炉压降典型值为 3～8 in 水柱，通常蒸汽压力最低为 100 psig。

8.2.1　火管锅炉

图 8.7 所示是火管锅炉。在这种类型的锅炉设计中，热氧化器的高温燃烧产物流过换热管内部，将热量传递给管道周围的高压水。所产生的蒸汽被排放到同一壳体中的一体式蒸汽包中，或通过立管排放到安装在锅炉管上方的蒸汽包中。与高架汽包相比，单壳设计要便宜得多。然而，如果进气温度高或需要高纯度的蒸汽，则可使用带有外部降液管和立管的高架汽包。分离的汽包使汽包内件能够达到所需的蒸汽纯度。单壳锅炉的蒸汽空间较小，不允许安装蒸汽净化设备。

火管锅炉可以是单回程锅炉，也可以是多回程锅炉。在多回程装置中，通过在第一段上方安装其他汽包/换热管来增加额外的流程。在末端处的充气室将第一次通过的燃烧产物的流动转移到下一回程，当空间受限时，可能需要多回程布置。

在低压和低容量方面，火管锅炉通常比水管锅炉便宜。然而，在相同的负荷下，火管锅炉的压降通常更高。一般情况下，由于管束被浸没在水体中，火管锅炉对于启动和负荷变化的响应速度要慢一些。在相同的压力下，火管锅炉的管壁会更厚，因为它们承受的外压大于内压，管板厚度随着压力的增加而增大。如果气流中含有颗粒或非黏性的物质，那么火管锅炉比水管锅炉更容易清理，只需清理热管即可。在水管锅炉中，必须要清洗锅炉外壳和换热管。但是，如果气流中含有黏性组分，水管锅炉更容易使用吹灰器或振动装置进行清洗。

图 8.7 火管锅炉照片(由 Rentech Boiler Systems 提供)

8.2.2 水管锅炉

图 8.8 所示是水管锅炉。在这种设计中,高温燃烧气体流动在内部含有加压水的换热管外。水管锅炉通常由缠绕或焊接在顶部(有时在底部)汽包的换热管组成。低压外壳包含了换热管和燃烧产物。高压水的循环可以是强制循环或自然循环。在与热氧化器相关的大多数废热锅炉中都使用自然循环。由于蒸汽在换热管内部,所以水管锅炉的管壁厚小于火管锅炉。水管锅炉可设计多种形状和尺寸,有些是在车间组装的,有些则必须在

图 8.8 水管锅炉的图片(由 Rentech Boiler Systems 提供)

现场安装。水管锅炉的外壳通常是由结构构件加强的薄金属板组成的。由于热氧化系统几乎总是在低压下运行，所以不需要高压结构。与热氧化器本身一样，锅炉炉管和锅炉外壳之间需要安装耐火衬里。衬里的选用原则与热氧化器本身选用原则一样，只是温度稍微低一些。

可以在换热管上增加扩展面积如翅片来强化传热。然而，这些只适用于干净的气流。锅炉水中的化学组分对扩展表面的设计来说非常重要。高热量会产生更高的管壁温度，使其更容易受到锅炉水中污染物的污染。由于管外气流速度比管内水流速度对传热系数影响更大，水管锅炉比火管锅炉需要更少的表面积。因此，压降也较火管锅炉更低。

8.2.3　省煤器

省煤器本质上是位于锅炉蒸发段后面的气-液换热器。其目的是通过预热进入汽包之前的锅炉给水从燃烧产物中回收额外的能量。流过省煤器管的水速通常在 2～6 ft/s 之间，管道尺寸范围通常为 $1\frac{1}{2}$～$3\frac{1}{2}$ in。如果燃烧产物含有酸性气体，必须注意省煤器内金属表面温度不要降到酸性气体的露点温度之下。露点的计算已在第 4 章中介绍过。管道的金属温度与锅炉给水的温度很接近，而低于气体温度。避免腐蚀的方法之一是通过蒸汽-水换热器来提高锅炉给水温度。

对于干净气体流，有时会在省煤器管上加入翅片，以提供更大的传热面积，并提高能量回收效率。管内水吸收的热量的速率远大于管外燃烧气体提供热量的速率，翅片管弥补了燃烧气体侧较低的传热能力。带翅片管的省煤器可使省煤器的总尺寸减小$\frac{1}{3}$～$\frac{1}{2}$。由于该系统中燃烧产物具有相对较低的温度，若将管道金属温度保持在任何酸性气体露点以上，就可以使用碳钢管。省煤器的照片如图 8.9 所示。

图 8.9　省煤器锅炉图片(由 Rentech Boiler Systems 提供)

在高气体调节比下,省煤器内可能出现蒸汽。蒸汽是一种蒸汽/水混合物的形式,它阻碍了混合物的流动,并可能导致振动或水锤。如果预期的操作条件可能产生蒸汽,则将省煤器定向向上,以帮助流动和消除气泡。

8.2.4 过热器

饱和蒸汽是在饱和温度下的锅炉水刚刚开始沸腾时产生的,过热蒸汽也是饱和蒸汽,其温度已高于沸腾温度点。显然,过热蒸汽比饱和蒸汽有着更高的热量或焓,所以一些最终用户,尤其是化工厂,更喜欢过热蒸汽而不是饱和蒸汽。

在热氧化余热回收系统中,过热器的位置通常在热氧化器出口处。然而,情况并不总是如此。当过热器在蒸发器的上游时,在热氧化器和过热器之间经常安装凝渣管。通常使用大直径的管,用作锅炉的另一蒸发段,它们能在进入锅炉过热器之前降低燃烧产物的温度,并保护管道不会过热。与蒸发器和省煤器管道内有水流过从而管壁温度相对较低相反,过热器管中含有蒸气(蒸汽),因此它们的管道壁温要高得多。各种过热器、蒸发器、省煤器布置如下所示:

1#蒸发器—过热器—2#蒸发器—省煤器

1#蒸发器—过热器—2#蒸发器

过热器—蒸发器—省煤器

蒸发器—过热器—省煤器

过热器—蒸发器

蒸发器—过热器

蒸发器—省煤器

蒸发器

蒸发器(筛网)—过热器—蒸发器—省煤器流动路径布局如图 8.10 所示。注意,汽包是液体和蒸汽流的中心点。原理图也假设为自然循环锅炉。

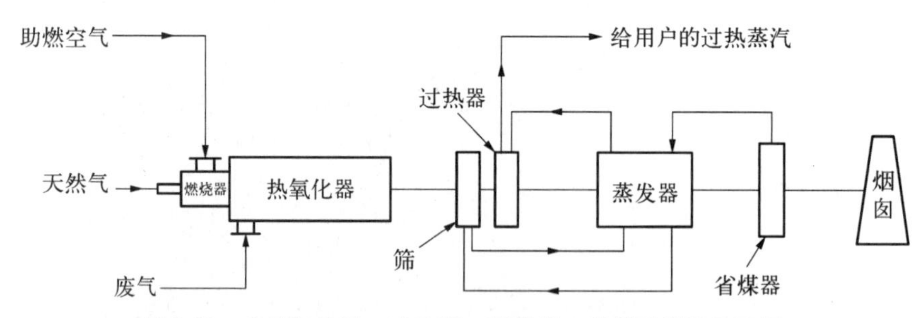

图 8.10 余热锅炉筛—过热器—蒸发器—省煤器段流动路径

8.2.4.1 过热器温度控制

在过热器的应用中,如果不控制,过热温度可以随着操作或者流量的变化而大范围波动。有几种技术可用于控制过热温度,其中两种技术如图 8.11 所示。在第一种技术中,通过在过热器段之间加水(处理)来控制过热;在第二种技术中,不使用处理水,从汽包中冷凝一部分蒸汽,用凝结水来调节过热。

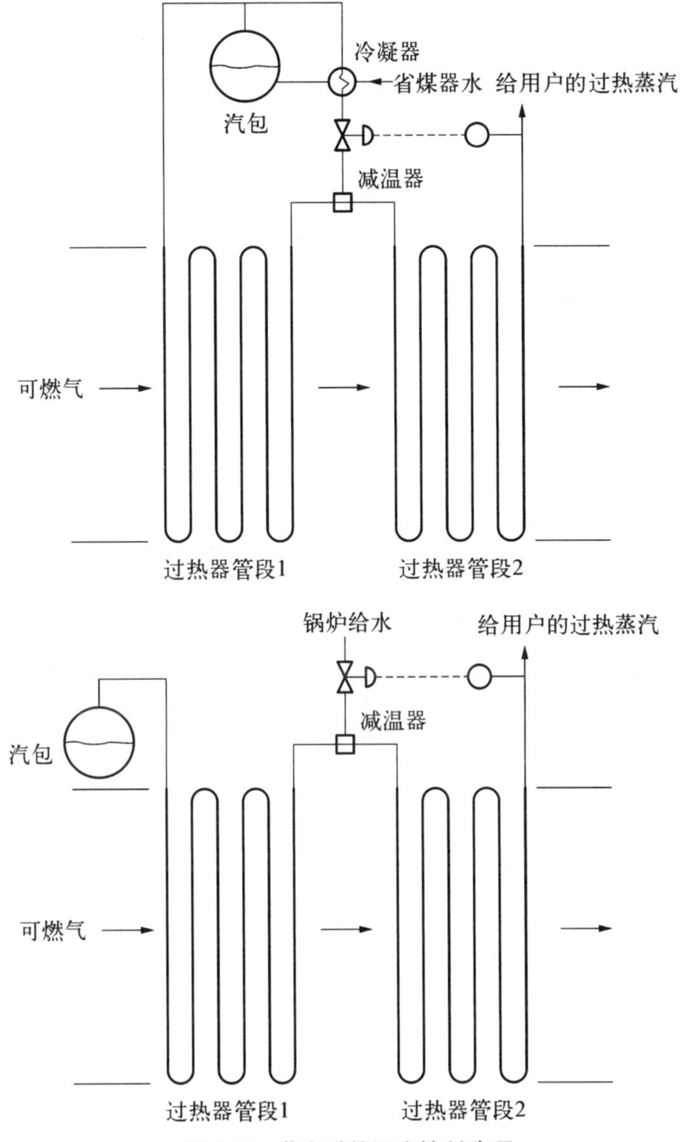

图 8.11 蒸汽过热温度控制选项

8.2.5 扩展表面积

在余热锅炉中，通过增加比表面积，可以促进传热并提高能量回收效率。除了管道本身，很多时候是在换热管上加上翅片以增加有效表面积。这些翅片可以是直线型的，也可以是锯齿状的。常见的蒸发器和省煤器管翅片为每英寸 3～5 个翅片。过热器用的翅片密度较低。当燃烧含有微粒时不使用翅片。

8.2.6 汽包

汽包是水管锅炉内液体和蒸汽流动的中心点。来自省煤器的锅炉给水排放到汽包，来自汽包的水从蒸发器段流入和流出。锅炉给水从汽包中排出，过热器（如果存在的话）排向汽包，然后汽包内气相空间的蒸汽排向蒸汽集流管。图 8.12 显示了汽包的原理图，汽包内的旋风分离器和波纹板分离器组合将水和蒸汽分开后，蒸汽排向蒸汽集流管。

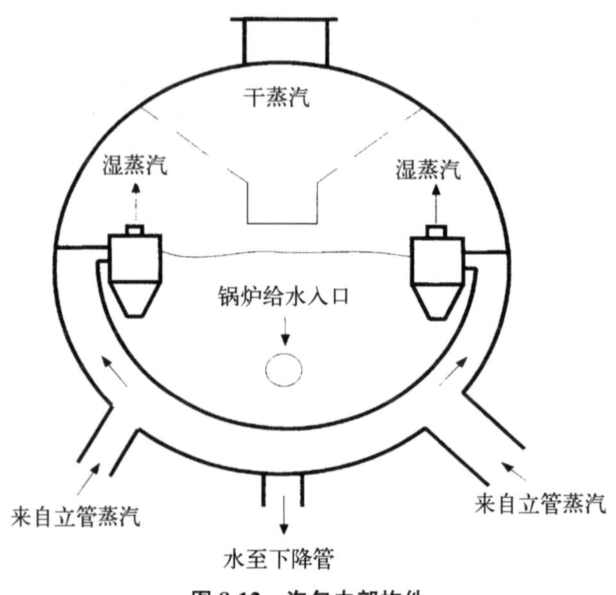

图 8.12　汽包内部构件

汽包的尺寸设计是基于使液体在汽包内有一定的滞留时间，与热氧化器中的停留时间概念类似，它是指在不再加入给水的情况下，排净汽包所需要的时间。目的是确保在锅炉给水泵停止或热源被切断时，能在短时间内产生蒸汽。这样就使得系统在不至于损坏设备的情况下安全关闭。典型的汽包滞留时间为从正常水位到清空的 3～6 min。

8.2.6.1　汽包液位控制

锅炉汽包液位控制是锅炉运行中的一个关键参数。汽包中没有水会使水管暴露在热和应力之下，并最终损坏。目前常用的是三元控制技术，它之所以被称为“三元”，是因为它依赖于汽包液位、蒸汽流量和给水流量。汽包液位控制器根据蒸汽流量测量的前馈信号设定给水流量设定点，给水元件保持给水供水与蒸汽需求量的平衡。汽包液位控制器调整给水流量设定点，以补偿流量测量中的误差和其他可能影响汽包液位的流量扰动，如排污。此控制方案如图 8.13 所示。

8.2.7　自然循环

在自然循环锅炉中，蒸汽/水流过水管（或在火管设计中的管上方）的动力是降水管（锅炉外部）内低温水和提升管内蒸汽/水混合物之间的密度差。这种流量必须足以冷却管道。在强制循环系统中，使用泵来确保蒸汽和水流过管道。自然循环系统不需要使用泵，除了节省操作成本外，泵故障还会导致系统关闭。因此，首选在热氧化系统余热锅炉中应用。

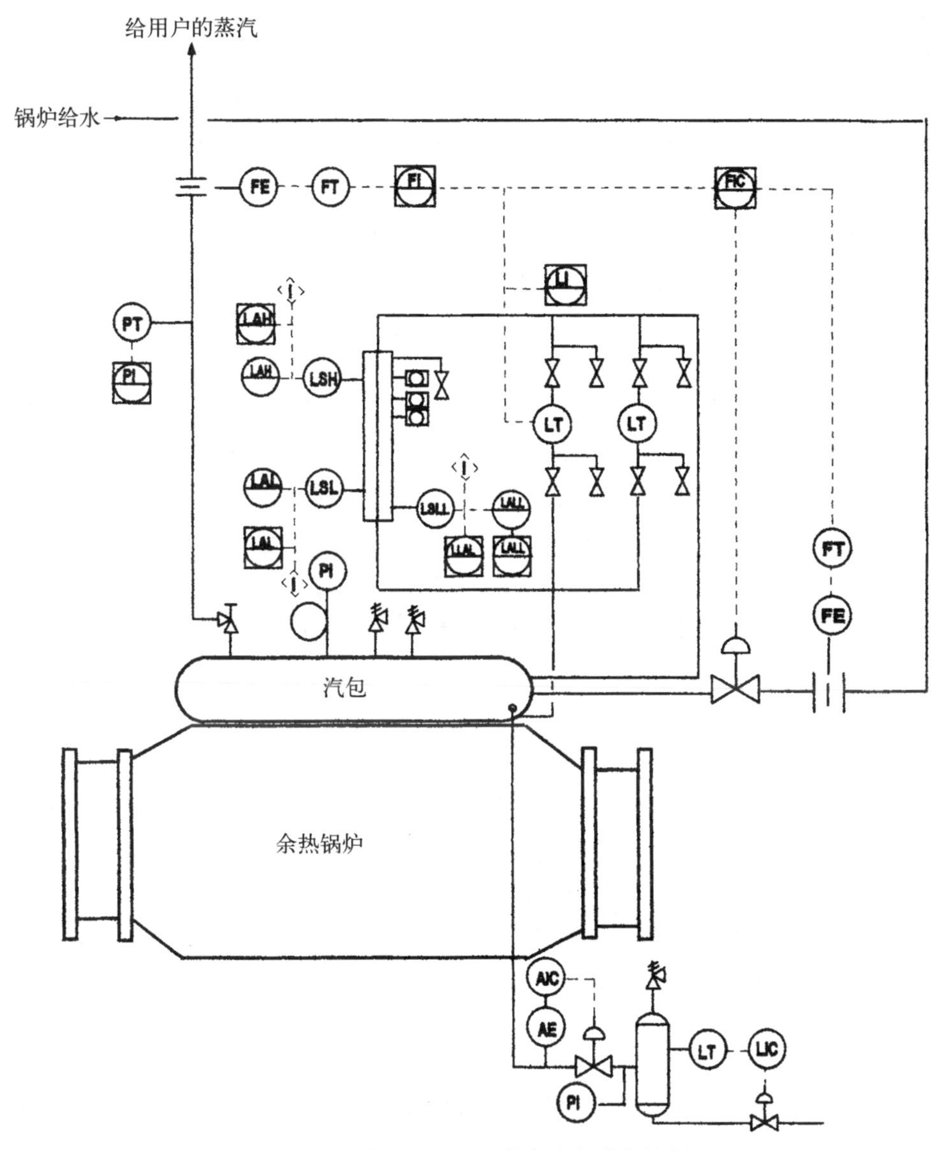

图 8.13 余热锅炉三元蒸汽汽包液位控制

循环比 CR(Recycle Ratio)是指蒸汽/水混合物的质量与蒸汽产率的比值。在余热锅炉的应用中,CR 一般从火管锅炉的 15∶1 到水管锅炉的 20∶1 不等。

8.2.8 锅炉给水

供应给水管锅炉的给水温度通常为 220～250 ℉。这种水在使用之前须经过处理,以控制锅炉管和相关设备中的沉积和腐蚀。给水实际上是回流冷凝水和经过处理的水的混合物,经过处理的水通常被称为"补给水",因为它补偿了注入过程或排气过程中失去的蒸汽。有两种基本类型的补给水:脱盐水和软水。

脱盐水是指几乎所有污染物都已被去除的水。给水中污染物的主要来源是来自回流冷凝水中的可溶性铁和铜;软水是大部分钙和镁离子被钠离子置换的水。给水中将含有少量可溶无机物,以及回流冷凝水中可溶的铁和铜。

作为锅炉给水的化学处理可分为三类:溶解氧控制、锅炉内水处理和冷凝水处理。必须除去溶解氧,以防止给水回路中的腐蚀。大部分氧气是在除氧器中除去的,用蒸汽将氧气和其他溶解气体排出。剩余的氧气是通过添加被称为"除氧剂"的还原剂(如亚硫酸钠)来去除的。根据与溶解氧浓度成比例的需求供给除氧剂。

锅炉内部处理的目的是控制锅炉表面的腐蚀和给水污染物的沉积。在使用软水的系统中,通过添加如烧碱(氢氧化钠)等化学物质来实现的,使 pH 控制在碱性范围内。为了控制沉积,在沉淀、增溶和分散的基础上使用各种化学物质。

脱盐水本身是非常纯净的。在使用脱盐水的锅炉系统中,主要的给水污染物是回流冷凝水中的铁和铜。为了控制沉积,添加了合成聚合物;同时,控制 pH 防止腐蚀。

处理冷凝水的目的是为了将由酸性组分或溶解氧或这两者造成的腐蚀降到最低。有三种处理技术,即成膜胺、中和胺和钝化剂,它们可单独或结合使用。

所选择的处理化学品取决于给水质量和锅炉运行压力。一些用于低压锅炉的化学品不适用于中高压系统。由于给水的质量不同,化学物质的效果也会随之变化。

8.2.9 排污

即使在经过处理的锅炉给水系统中,仍有少量残留污染物残留在水中。当水在汽包中变为蒸汽时,这些污染物就会在汽包中的剩余水中富集。为了去除这些浓缩的溶解杂质,有一小部分这种水被定期或连续地从系统中去除,这种方法被称为"排污"。排污通常被指定为锅炉给水率的百分比。典型值为 2%~5%,但对于异常污染的水,可能需要排出更多。排污将水从处于沸点或接近沸点的系统中移除,锅炉设计者在估算蒸汽产量时必须考虑到这种热量损失。

8.2.10 热端腐蚀

燃烧产物中的金属腐蚀主要有两种:高温腐蚀和低温腐蚀。高温腐蚀可进一步细分为碱腐蚀和酸腐蚀。废气中的熔融盐自身可以是低熔体,也可以与其他碱反应形成低熔点共晶。这些盐或共晶物沉积在管表面,并腐蚀金属。涂层也能使管道与气体隔离,减少传热系数和总体效率。通常,解决这一问题的办法是在燃烧气体进入锅炉之前将其降低到熔融态固体的凝固点之下,可以通过喷水、急冷空气或烟气循环来完成这一过程。然后,安装在锅炉上的吹灰器可以用来清除松散黏附的材料。

在 VOC 热氧化系统的应用中,高温腐蚀通常是由废气中的卤族元素引起的。最常见的是燃烧产物中氯化氢形式的氯。金属温度高于 800 ℉,氯化氢气体对金属具有腐蚀性,这对有过热器的锅炉来说是最常见的。作为近似,金属温度可以假定为内部(蒸汽)和外部气体温度的算术平均值。例如,如果蒸汽过热到 800 ℉,燃烧气体温度为 1 600 ℉,则过热器的管状金属温度可近似为 1 200 ℉,可以使用高镍钢来防止腐蚀。

低温腐蚀通常与省煤器有关，它是锅炉系统中具有最低的气体温度的部位。在这里，露点腐蚀是主要原因，同样是卤化腐蚀，如氯(盐酸)。当存在氯时，锅炉设计压力通常至少为 175 psig，以保持较高的蒸汽压力和管壁温度。为了防止腐蚀，锅炉给水给省煤器的预热也是必要的。提高废气温度的影响不大，因为液体温度对省煤器管壁温度的影响要远大于气体温度对其的影响。

8.2.11　锅炉系统温度分布

燃烧产物的温度通过余热锅炉以或快或慢的速度均匀降低。同时，锅炉给水温度升高(通过省煤器)，水在蒸发器中通过闪蒸至蒸汽，导致温度突然升高，且蒸汽温度在过热器中均匀地升高。余热锅炉的过热器-蒸发器-省煤器测定的温度曲线如图 8.14 所示。从系统的热端开始，燃烧产物的温度在省煤器中逐渐降低，同时饱和蒸汽温度在过热器中逐渐升高。在蒸发器段，燃烧产物的温度持续下降。但管道另一边的水/蒸汽混合物的温度保持不变，因为燃烧气体提供的热量可作为水蒸发时所需的潜热。当燃烧气体离开蒸发器段时，它们与同一点的水温之间的温差称为“窄点”温差。当燃烧气体通过省煤器时，它们的温度被再次降低，同时提高了锅炉给水的温度。饱和蒸汽温度和给水进入蒸发器段之间的温差称为“接近点”温差。

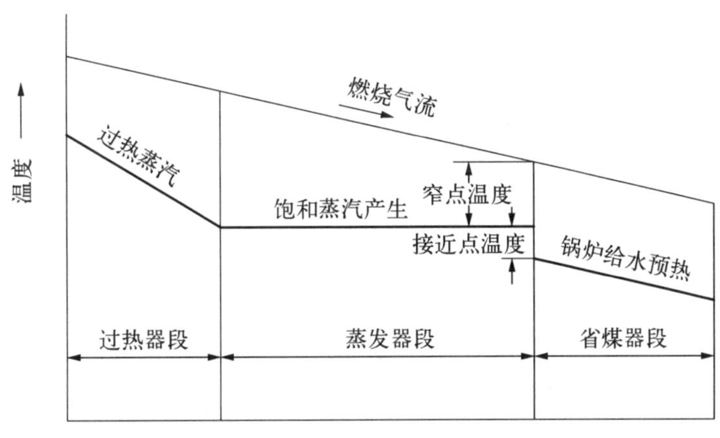

图 8.14　通过锅炉的温度分布

窄点温差和接近点温差越小，所产生的蒸汽量就越多。然而，随着窄点温度的降低，蒸发器所需的表面积将增加。必须在增加蒸汽产量和增加蒸发器投资之间进行权衡。降低窄点温度也会增加设备的尺寸，从而导致更大的系统压降。

在选择接近点温差时也必须小心。如果此温度过低，在某些条件下，省煤器内会发生汽化。汽化会干扰流经省煤器的水流，一般不希望发生。

8.2.12　热回收能量计算

在说明一个 VOCs 热氧化系统的废热锅炉规格时，通常会说明蒸汽温度、压力和燃烧产物的排气温度。知道排气温度可以简化蒸汽产量的计算。从燃烧产物中释放的能量基本上等于产生蒸汽的能量。

$$Q_{poc} = Q_s$$

$$m_{poc} \times Cp_{poc} \times (T_i - T_o) = m_{bfw} \times Cp_{bfw} \times (t_s - t_o) + (m_{bfw} - m_b) \times LH + m_s \times Cp_s \times (t_f - t_s)$$

其中：m——燃烧产物(poc)、锅炉给水(bfw)、排污(b)和蒸汽(s)的质量比；

Cp——燃烧产物的热容(poc)、锅炉给水(bfw)和蒸汽(s)的热容；

T——燃烧产物入口(i)和出口(o)的温度；

t——锅炉给水(o)、饱和蒸汽(s)和过热蒸汽(f)的温度；

LH——水汽化为蒸汽的潜热。

在该方程式中，燃烧产物传递的热量用于：(1) 将锅炉给水加热到饱和温度；(2) 蒸发水产生蒸汽；(3) 过热蒸汽。考虑到排污在被移出系统之前已经被加热到饱和温度(但未被蒸发)，排污量被减去。蒸汽的质量等于锅炉给水流量和排污量之间的差值。如果只产生饱和蒸汽，则忽略方程的最后一项。

方程的右边是锅炉给水和过热蒸汽之间的焓差。如果最初忽略排污(以后再减去)，则它只是给水和蒸汽之间的焓差与锅炉给水速率的乘积。

$$m_{poc} \times Cp_{poc} \times (T_i - T_o) = \Delta H$$

其中，ΔH——锅炉给水和所得蒸汽之间的焓差。

例 8.8 在热氧化器中氧化含 VOCs 的废气，在 1 800 ℉下产生 100 000 lb/h 的燃烧产物，如果省煤器出口温度为 350 ℉，余热锅炉将产生多少过热蒸汽(250 pisa，600 ℉)？锅炉给水温度为 230 ℉，燃烧产物热容为 0.28 Btu/(lb · ℉)。忽略锅炉排污。

解 从燃烧产物中移出的热量：

$$Q_{poc} = 100\ 000\ \text{lb/h} \times 0.28\ \text{Btu/(lb} \cdot {}^\circ\text{F)} \times (1\ 800 - 350)\ {}^\circ\text{F}$$

$$Q_{poc} = 40.6\ \text{MM Btu/h}$$

从蒸汽表上看，锅炉给水焓为 198 Btu/lb，过热蒸汽焓为 1 319 Btu/lb。焓差为 1 319−198=1 122 Btu/lb。过热蒸汽产物热率是热量除以焓差后的商。

$$\text{过热蒸汽(lb/h)} = 40\ 600\ 000\ \text{Btu/h}/(1\ 122\ \text{Btu/lb}) = 36\ 185\ \text{lb/h}$$

热氧化器废热锅炉中常见的蒸汽性质包含在附录 D 中。

8.2.13 蒸汽性质的方程式

热氧化器的质量和能量的平衡计算通常用计算机程序来完成。热回收计算可以使用下面的蒸汽性质公式集成到这些计算中[9]：

$$\text{BFW 焓(Btu/lb)} = 1.162t - 1.009 \times 10^{-3} \times t^2 - 46.35 \times (647.3 - t)^{0.5} -$$

$$1.404\times10^{-6}\times(1.028)^{t}+654.36$$

该公式中的温度为锅炉给水的开尔文式温度(绝对温度)。不要忽略第四项中的温度指数。虽然不太精确,但却简单得多。从锅炉给水温度中减去 32。其结果是以 Btu/lb 为单位的焓值。

指定压力下的蒸汽饱和温度可用 Stoa 开发的一种方法计算如下[10]:

$$饱和温度(℉)=2.718^{(0.221\,187\ \ln P+4.769\,20)}$$

式中,P——压力(psia)。

对于过热蒸汽,计算更复杂,但仍然可以用电子表格程序执行。过热蒸汽焓为[9]:

$$H(\mathrm{Btu/lb})=775.596+0.632\,96t+1.624\,67\times10^{-4}t^{2}+47.363\,5\log t+0.043\,557$$
$$+(C_{7}\times P+0.5\times C_{4}(C_{11}+C_{3}(C_{10}+C_{3}(C_{10}+C_{9}\times C_{4}))))$$

其中:$C_1=80\,870/t$;

$C_2=(10^{C_1})\times(-2\,641.61/t)$;

$C_3=C_2+1.89$;

$C_4=(P^2)/t^2\times C_3$;

$C_5=372\,420/t^2+2$;

$C_6=C_2\times C_5$;

$C_7=C_6+1.89$;

$C_8=0.218\,7\times t-(126\,970/t)$;

$C_9=2\times C_8\times C_7-(C_3/t)\times126\,970$;

$C_{10}=82.546-(162\,460/t)$;

$C_{11}=2\times C_{10}\times C_7-(C_3/t)\times162\,460$;

t—— 过热蒸汽温度(K)

P—— 过热蒸汽压力(大气)

8.2.14 非设计条件下的性能

当在一定的操作条件下余热锅炉的设计确定后,往往需要预测其在另一组条件下的性能,类似于换热器的设计。从燃烧气体中传到水/蒸汽的热量等于进气口与出气口处的温差乘以总锅炉传热系数和锅炉换热面积。公式为:

$$Q=mCp(T_1-T_2)=UA\Delta T$$

其中,ΔT——前面描述的对数平均温差,重新排列公式

$$\ln\frac{(T_1-t_s)}{(T_2-t_s)}=\frac{UA}{mCp}$$

其中:T——进气口(1)和出口(2)温度(℉);

t_s——蒸汽温度(℉)；

U——锅炉总传热系数[Btu/(h · ft^2 · ℉)]；

A——锅炉传热表面积(ft^2)；

m——燃烧气体的质量流(lb/h)；

Cp——燃烧气体热容[Btu/(lb · ℉)]

根据 Ganapathy 的《余热锅炉设计手册》[11]，火管锅炉和水管锅炉的总传热系数随燃烧气体的质量流量而变化，如下：

$$U \propto m^{0.8}, \quad 对于火管锅炉$$

$$U \propto m^{0.6}, \quad 对于水管锅炉$$

组合方程：

$$\ln\frac{(T_1 - t_s)}{(T_2 - t_s)} = K_1 m^{-0.2}, \quad 对于火管锅炉$$

$$\ln\frac{(T_1 - t_s)}{(T_2 - t_s)} = K_2 m^{-0.4}, \quad 对于水管锅炉$$

其中，K_1，K_2 为根据设计条件确定的常数，其在非设计条件下应用。

例 8.9 含废气的 VOC 的热氧化在 1 800 ℉时产生最大流量为 100 000 lb/h 的燃烧产物，这些燃烧产物直接进入余热锅炉，产生饱和蒸汽 250 psig。燃烧气体离开锅炉时的温度为 450 ℉。在相同的入口温度下，如果废气流量的变化将燃烧产物的流量减少到 75 000 lb/h，计算新锅炉的排气温度。

解 根据前述公式或蒸汽性质表，压力为 250 psig 的蒸汽饱和温度为 406 ℉。首先在设计条件下确定 K_2 的值。

$$\ln\frac{(1\,800 - 406)}{(450 - 406)} = K_2(100\,000)^{-0.4}$$

$$K_2 = 345.57$$

在非设计条件下，

$$\ln\frac{(1\,800 - 406)}{(T_2 - 406)} = 345.57(75\,000)^{-0.4}$$

$$T_2 = 435\ ℉$$

通过这种新的出口温度，可以计算出新的蒸汽率。

这种方法一般只适用于没有省煤器的余热锅炉。使用省煤器，出口气体温度通常低于蒸汽温度，将在对数项出现负数，从数学角度看是不合理的。

8.2.15 余热锅炉配置

有多种工艺配置适用于热回收利用余热锅炉的热氧化应用中。因为锅炉可以由几个集成组件(筛/过热器/蒸发器/省煤器),仅用这些部件就可以进行多种布局。此外,换热器可以与余热锅炉集成,以进一步扩大配置可能性。控制 NO_x 的分段热氧化系统为系统配置增加了更多的选择。

在某些工厂操作中,蒸汽可能是一种有价值的商品。带有余热锅炉的热氧化器可以满足部分需求。事实上,与单独处理废气所产生的热量相比,热氧化器可以设计产生更多的热量,从而得到更多的蒸汽。例如,燃烧器可能只需要燃烧 10 MM Btu/h 的辅助燃料就可以产生处理废气所需的温度。然而,同样的系统可以轻易地设计为处理废气的同时加大燃烧器功率以产生更多的热量和蒸汽。燃烧器的容量和助燃空气系统必须与最终蒸汽需求相匹配。

最直接的设计概念是余热锅炉直接安装在热氧化器的排气端,如图 8.15 所示。这种锅炉可能有也可能没有省煤器。同样,大多数火管锅炉没有省煤器。这种理念稍加变化,可以利用所产生的蒸汽对废气和(或)蒸汽/气体换热器中的助燃空气进行预热,如图 8.16 所示。蒸汽/气体换热器预热温度的实际上限约为 500 ℉,可采用饱和蒸汽和过热蒸汽。蒸汽可以凝结在换热器,但冷凝水的显热无法回收。可以在锅炉系统的不同位置安装换热器进行预热。这些选项说明如图 8.17 所示。虽然有些选择会产生更高的蒸汽产量或较低的燃烧器燃料消耗,但在节能和设备成本之间有一定权衡。

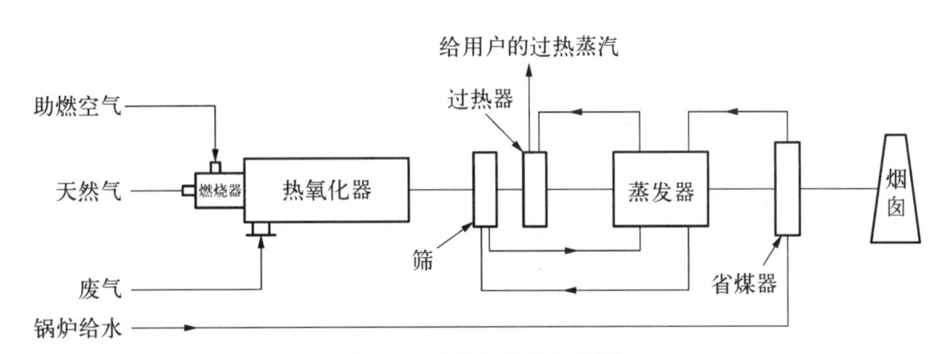

图 8.15　余热锅炉热氧化器

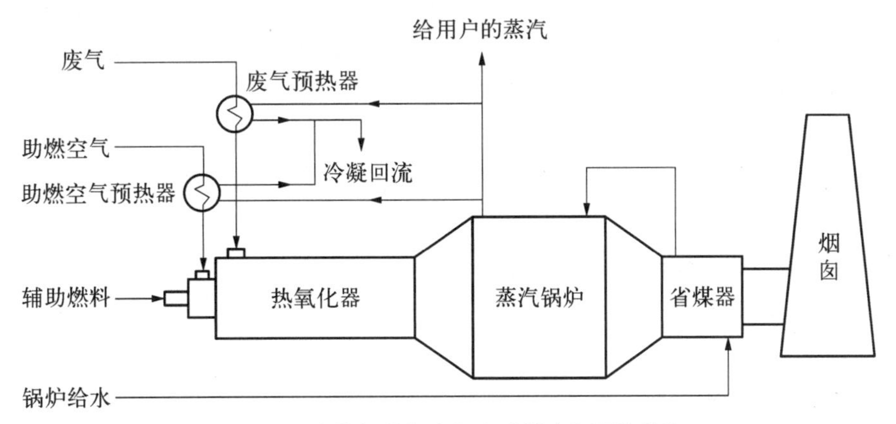

图 8.16　余热锅炉加废气和助燃空气预热蒸汽

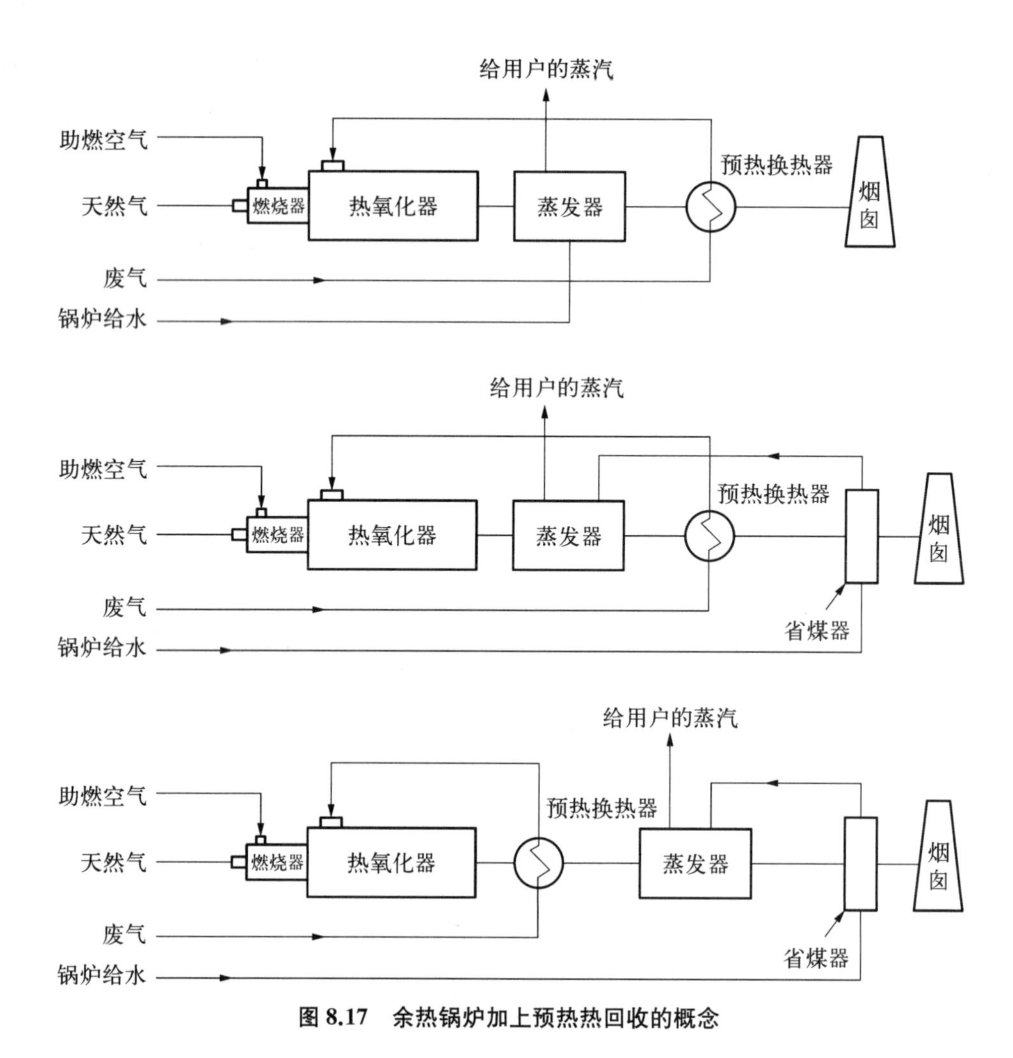

图 8.17　余热锅炉加上预热热回收的概念

例 8.10　处理废气的热氧化器在 1 625 ℉时产生 460 310 lb/h 的燃烧产物，这些燃烧产物流经含有过热器、蒸发器和省煤器的余热锅炉。蒸汽压力 675 psig，温度为 700 ℉(过热)。省煤器出口气体温度为 350 ℉，锅炉给水温度为 240 ℉。产生的过热蒸汽用于预热废气(152 ℉，396 803 lb/h)和助燃空气(77 ℉，62 941 lb/h)，两者都被预热到 500 ℉。确定产生的蒸汽总量以及预热废气和助燃空气所需的蒸汽量。假设燃烧产物、废气和助燃空气的平均热容分别为 0.30、0.28 和 0.25 Btu/(lb · ℉)。同时假定锅炉排污为零。

解　无论是用前文所述的方程式，还是从蒸汽性质表中，蒸汽和锅炉给水的热力学性质都如下：

锅炉给水焓=208 Btu/lb

饱和蒸汽温度=501 ℉

饱和蒸汽焓=1 202 Btu/lb

汽化潜热=712 Btu/lb

过热蒸汽焓=1 346 Btu/lb

从燃烧产物中排出的热量等于用来产生蒸汽的热量。

$$m_{\mathrm{poc}} \times Cp_{\mathrm{poc}} \times (T_1 - T_{\mathrm{O}}) = \Delta H$$

$$460\ 310 \times 0.30 \times (1\ 625 - 350) = 176\ 068\ 575\ \mathrm{Btu/h}$$

给水转化为过热蒸汽的焓值为 1 346 − 208 = 1 138 Btu/lb。因此，产生的蒸汽量是：

$$\text{过热蒸汽} = 176\ 068\ 575\ \mathrm{Btu/h} / 1\ 138\ \mathrm{Btu/lb} = 154\ 718\ \mathrm{lb/h}$$

预热废气需要的热量：

$$Q = m_{\mathrm{wg}} \times Cp_{\mathrm{wg}} \times (T_1 - T_{\mathrm{O}}) = \Delta H$$

$$Q = 396\ 806 \times 0.28 \times (500 - 152) = 38\ 664\ 777\ \mathrm{Btu/h}$$

预热此气体的蒸汽焓变化为(1 346−1 202)+712=856 Btu/lb。因此，预热废气流所需的蒸汽量为：

$$\text{过热蒸汽量(lb/h)} = (38\ 664\ 777\ \mathrm{Btu/h}) / (856\ \mathrm{Btu/lb}) = 45\ 169\ \mathrm{lb/h}$$

采用同样的程序，助燃空气预热需要 7 776 lb/h 的过热蒸汽。工厂可利用的净蒸汽量为 154 718−45 169−7 776=101 773 lb/h。

这种特殊的热回收概念有以下几个优点。如果工厂蒸汽需求量增加，则可减少用于预热废气和助燃空气的蒸汽来增加自热氧化系统产生的净蒸汽。此外，如果换热器出现泄漏，该系统可以继续运行，直到合适的时间来关闭和修复泄漏。实际上，在线换热器的一个缺点是，当泄漏发生或检测到时，系统通常必须立即关闭。同样，烟囱 VOC 浓度的增加可以表示换热器的泄漏。有时，仅将燃烧空气换热器串联放置。这种布局，可以容忍小的泄漏，而不会对流程造成任何损失。

8.3　传热流体

在某些应用中，工厂不需要蒸汽，可以选择其他形式的传热流体。除了流体内部是液态并保持为液态外，操作与内联式换热器类似。有各种各样的传热流体，其中一些在 750 ℉的温度下是稳定的，最常见的是由有机化合物或烷基化或苄基化芳烃、氢化和未氢化的聚苯以及聚甲基硅氧烷组成的混合物。当所需流体温度为 500 ℉或更高时，常使用传热流体。

与蒸汽相比，在给定的温度和热负荷下，传热流体需要更薄的管壁和更小的管径。然而，泄漏是其一个主要的问题。这不仅是因为流体更换的成本高，也因为大多数流体是易燃的。此外，传热流体往往是温度敏感的。换热器设计必须考虑管壁上可能出现的局部热点。通常情况下，对流体进行定期取样并检查其热分解情况。

一些选定的传热流体的特性见表 8.1。图 8.18 显示了一个带热油加热器与废液流预热器相结合的热回收配置。

表 8.1 部分传热流体性质

传热流体类型	最大使用温度(℉)	热容[Btu/(lb·℉)]	密度(lb/ft^3)
联苯和二苯醚混合物	750	0.58	49.3
二芳香醚和三芳香醚混合物	700	0.54	53.9
氢化三联苯	650	0.63	50.3
芳香烃混合物	650	0.59	48.7
烷基芳烃	600	0.72	35.5
聚芳烃	600	0.62	49.1
聚烃	600	0.70	42.7
异构二苄基苯	662	0.61	50.85
异构二甲基二苯醚	626	0.55	49.8
烷基联苯	707	0.63	48.0
烷基苯	590	0.65	43.7
二甲基硅氧烷	750	0.49	42.0
聚二甲基硅氧烷	500	0.54	35.0
50%抑制剂乙烯乙二醇	350	0.93	60.0
50%抑制剂丙烯乙二醇	325	0.98	57.1
石蜡油	600	0.70	44.4
矿物油	600	0.67	42.4

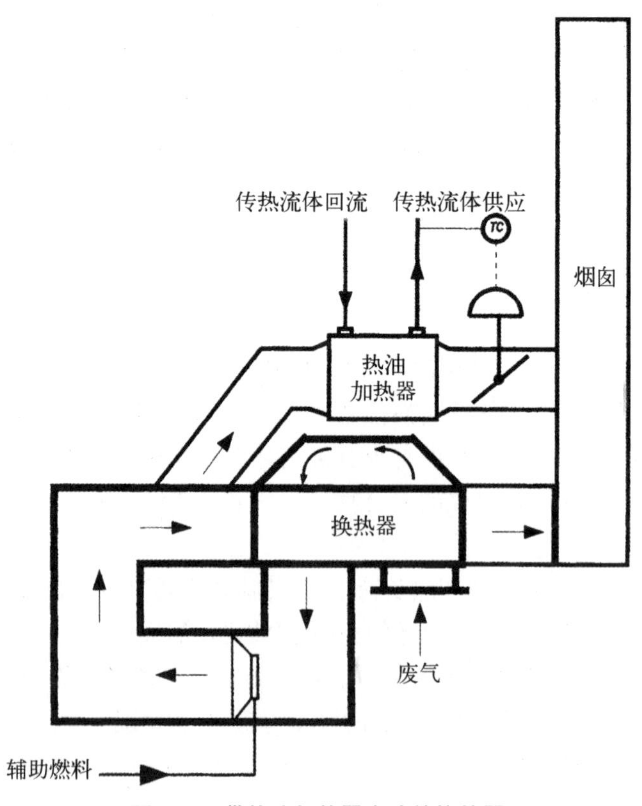

图 8.18 带热油加热器旁路的换热器

8.4　水热

与省煤器的概念类似，可以加热为设施提供热水。然而，在这种情况下，进入水加热器的燃烧产物比省煤器温度高得多。必须小心确保水不会闪蒸为蒸汽，有时在进入水加热之前需先用空气或循环气体对燃烧产物进行急冷。

8.5　烘干

来自热氧化器的燃烧产物中所含的热量也可用于干燥应用，这些应用包括直接接触干燥（包括闪蒸干燥）和间接接触干燥。两者的例子如图 8.19 所示。

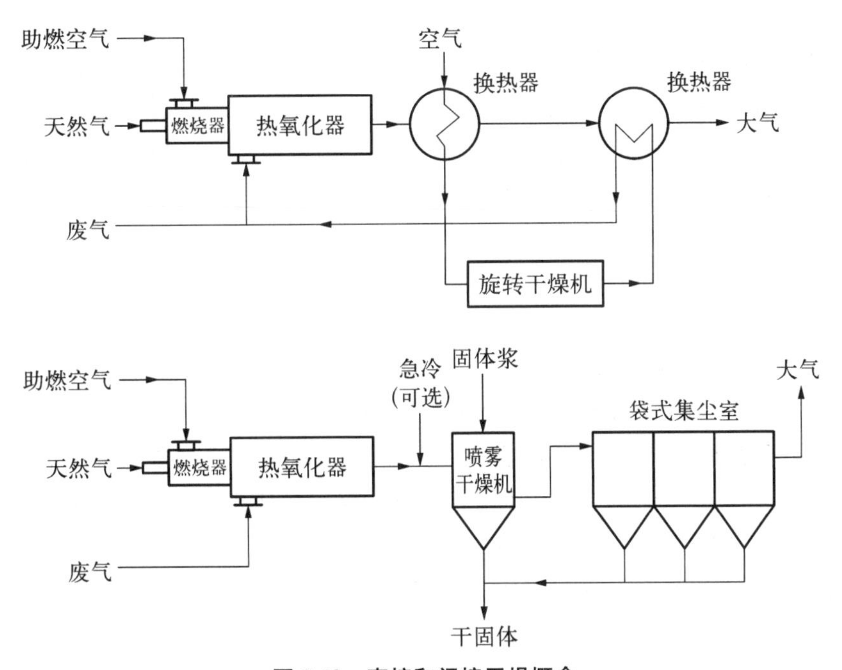

图 8.19　直接和间接干燥概念

8.6　蓄热式热回收

蓄热式热回收是另一种形式的热回收，在本质上是周期性的。在这里，燃烧产物的热量储存在一种介质中，该介质通常是陶瓷材料，以便以后的废气流预热。将在第 10 章讨论蓄热式热氧化系统。

第 9 章 催化氧化

催化剂是一种可以改变化学反应速率但不改变反应产物，并且自身不受化学反应影响的物质，它可以在低于热氧化要求的温度下催化氧化挥发性有机化合物(VOCs)。催化剂材料包括铂、铂合金、铜氧化物、铬、钴、钒和锰氧化物等。将这些材料以薄层形式沉积在惰性载体上，可以为催化剂与 VOCs 废气之间提供最大的反应面积。

9.1 应用领域

自 1975 年以来，催化氧化反应器已经被用于控制汽车尾气排放中的烃类物质。利用催化氧化技术控制 VOCs 始于 20 世纪 40 年代末，当时主要用于消除恶臭。1970 年的《清洁空气法案》修正案和 1973 年的能源危机推动了催化氧化技术的发展，使其应用更加广泛。化工行业是第一个广泛应用催化氧化技术控制气体排放的行业。此外，该技术还用于处理汽车喷涂烤漆产生的流量高达 500 000 scfm 的废气。虽然催化氧化系统已被用于处理大流量的废气，但在其典型应用中，处理的废气流量通常不到 5 000 scfm。催化氧化系统的应用如表 9.1 所示。

表 9.1 催化氧化系统的应用

应用领域	VOCs 成分
合成涂料	甲基异丁基酮、矿物油精、异佛尔酮、乙二醇单丁醚
金属涂覆	丁酮、甲基异丁基酮、甲苯、异丁烷
汽车喷涂烤漆	丁酮、甲苯、二甲苯
手套生产	甲醛、酚醛树脂
苯酐生产	苯酐、顺丁烯二酸酐
柔性包装	醋酸盐、醇类、酮类
医药胶囊涂覆	醇类
乙烯基涂料	酮类、芳烃
苯酚生产	异丙苯、丙酮

（续表）

应用领域	VOCs 成分
薄膜涂覆	酮类、酸
甲醛生产	甲醚、一氧化碳、甲醇、甲醛
无菌包装	醇类、乙酸酯
印刷	油墨
电子器件	丁酮、溶纤剂

资料来源：Catalytic Control of VOC Emissions — A Guidebook, Manufactures of Emission Controls Association (MECA), Washington, D. C., 1992.已许可。

通常，只有废气的 VOCs 浓度低于爆炸下限（LEL）的 25%[废气的总热值约为 10～20 Btu/scf（LHV）]时，才考虑使用催化氧化技术。在第 14 章将进一步阐述 LEL 的概念。

9.2　原理

在固体催化反应中，催化剂表面与气体分子接触，促进反应的进行。对于多孔催化剂，反应发生在气-固界面，既发生在催化剂外表面，也发生在孔隙内部。由于孔隙的内表面积比外表面大得多，大多数反应都发生在颗粒内部。最后反应产物从孔隙中扩散出来，回到主气流中。整个过程按照以下步骤进行：

- 反应物从气相主体相扩散到催化剂外表面；
- 反应物从外表面扩散到活性位点；
- 反应物吸附在活性位点上；
- 活性位点上发生电子转移；
- 反应产物在活性位点脱附；
- 反应产物扩散到催化剂外表面；
- 反应产物向气相主体扩散。

在 VOCs 氧化过程中会释放出热量。如果放热过多，可能会发生烧结，对催化剂造成破坏。同时，烧结也会导致催化剂表面积减小，降低催化剂的使用效率。

氧化催化剂的活性可以用起燃曲线来描述，它是一个转化效率与温度的 S 形曲线。曲线分为三个区域：(1) 受动力学限制区；(2) 起燃区；(3) 受传质限制区。如图 9.1 所示。

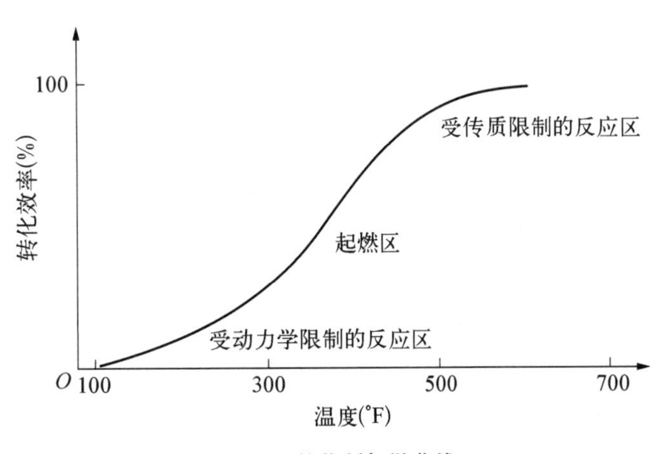

图 9.1　催化剂起燃曲线

在低温下，反应受动力学的限制，所发生的任何氧化或转化都依赖于碳氢化合物和氧分子在催化剂表面的相互作用。随着温度的升高，由于反应热量的增加，反应速率突然增加。这是一个起燃区域。其特点是转化效率会在一个狭窄的温度范围内快速提高。然后，反应继续进行到受传质限制的区域，在这里，反应只受限于反应物到达催化剂活性位点的能力。每种 VOC 都有自己独特的起燃曲线。

两种催化剂的效率可以用转化效率曲线来比较。曲线上有两个点：T50（也称为起燃温度）是 50％的 VOCs 被氧化的温度；T90 是 90％的 VOCs 被氧化的温度。T90 受催化剂表面未氧化 VOCs 含量的影响，温度对几种 VOCs 化合物转化效率的影响如图 9.2 所示。

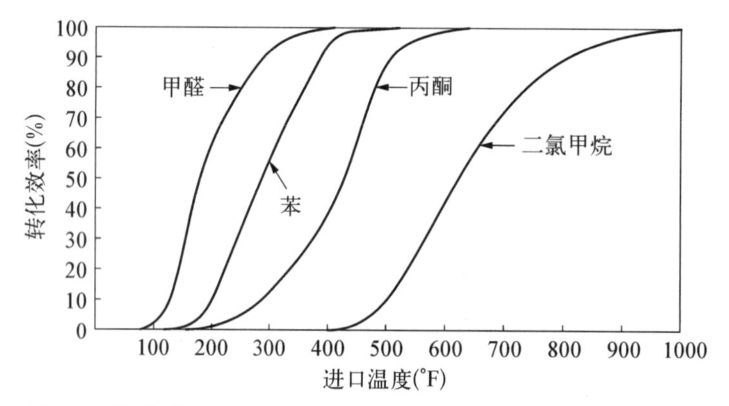

图 9.2 甲醛、苯、丙酮和二氯甲烷的氧化（由 Johnson Matthey 提供）

9.3 基本设备和工作原理

基本 VOCs 催化氧化系统的原理如图 9.3 所示。废气进入混合室，由辅助燃料将燃烧器中的燃烧产物加热到 400～800 ℉。加热后的混合物通过固定床催化剂层，氧气和 VOCs 扩散到催化剂表面，吸附在催化剂孔隙中。反应在这些活性部位进行，反应产物被解吸并扩散回气体中。

其他方案如图 9.4 和图 9.5 所示。在图 9.4 中，催化剂是流化床的一部分。图 9.5 显示了另一种固定床催化剂系统，废气由氧化过程中产生的燃烧产物预热。这是最常用的系统，类似于标准热氧化系统的再循环热回收。

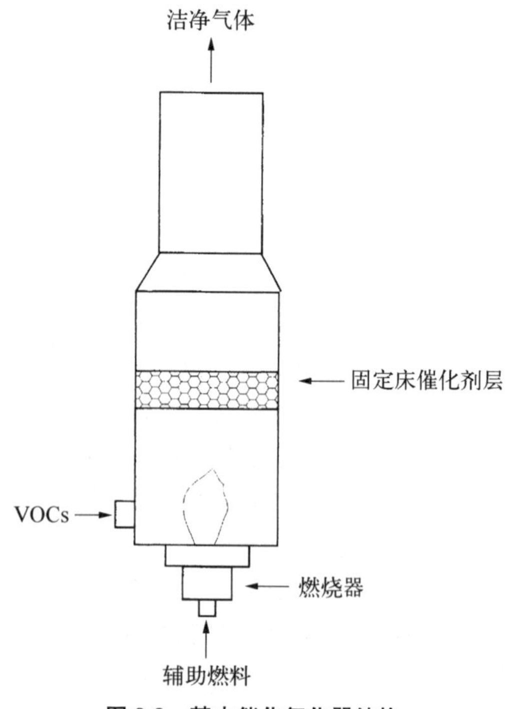

图 9.3 基本催化氧化器结构

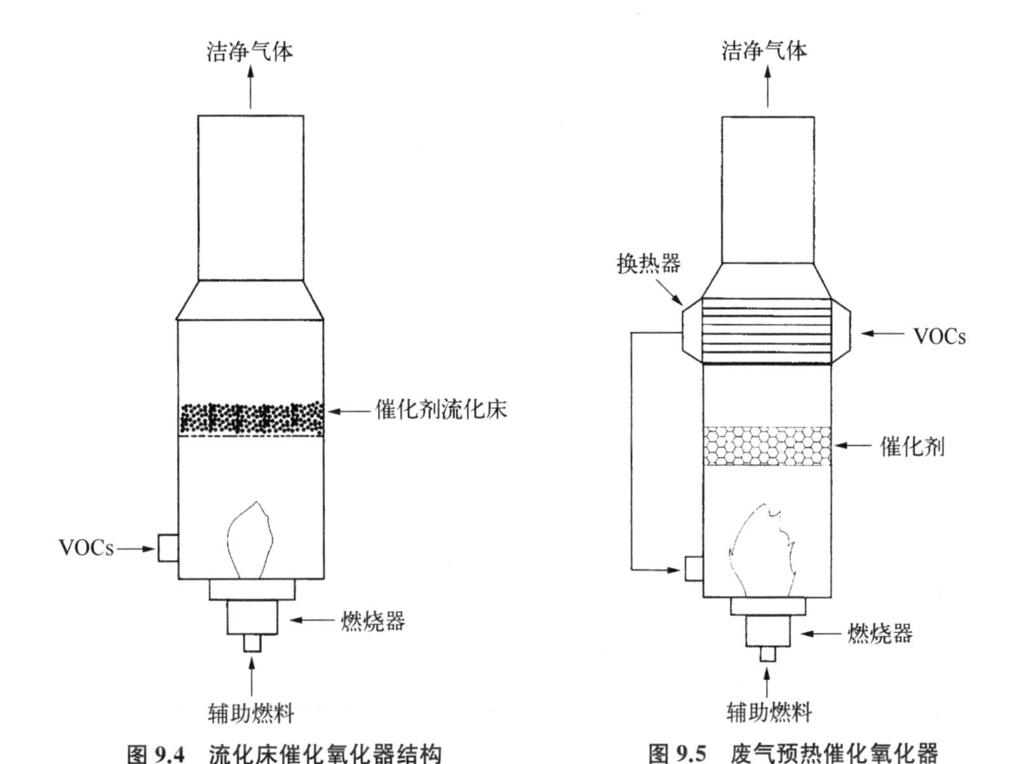

图 9.4　流化床催化氧化器结构　　**图 9.5　废气预热催化氧化器**

9.4　气体体积空速(*GHSV*)

挥发性有机化合物催化氧化过程中所需催化剂的数量取决于每小时气体经过体积或 *GHSV*(Gas Volume Space Velocity)的参数。*GHSV* 定义为:

$$GHSV(\mathrm{h}^{-1}) = \frac{\text{气体体积流量(scfh)}}{\text{催化剂体积}(\mathrm{ft}^3)}$$

GHSV 越高表示催化剂的活性越高,装置处理能力越大。对于给定的装置,*GHSV* 有时是通过进行试验测试来确定的。即使在试验规模和实际规模中流量不同的情况下,如果 *GHSV* 相同,性能也是相同的。

通过合理选择 *GHSV*、底物类型、底物浓度和特定的催化剂配方,可以优化给出特定装置所需的催化剂数量。例如,可通过增加底物浓度以降低 *GHSV*。然而,气体流过催化剂基板的压降会增加,当压降成为主要考虑因素时,在减小催化剂床层深度的同时,可以降低底物浓度或增大催化剂床层的横截面积。

9.5　催化剂

催化剂主要有三种组分:(1) 活性组分;(2) 载体;(3) 助催化剂。

9.5.1 载体

载体是负载催化剂的一种薄型固体材料或者微小颗粒，它既可以是陶瓷，也可以是金属。其本身也可能具有催化活性。

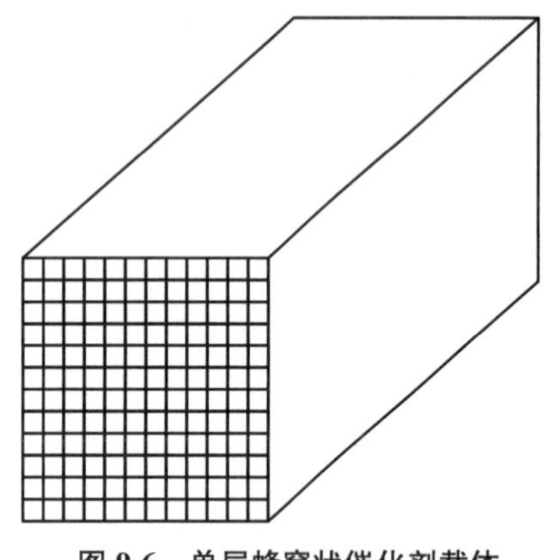

图 9.6 单层蜂窝状催化剂载体

载体的材料和形式有多种类型，VOCs 氧化应用中最常见的是图 9.6 所示的整体蜂窝结构。这种结构提供了最大的比表面积，同时将压降最小化。它采用不锈钢和陶瓷材料，不锈钢基板提供最佳的结构完整性和最低的压降，特别适用于需要频繁热循环的场合。

载体孔密度可因具体的应用而改变，压降和有效比表面积随孔密度的增加而增大。载体孔密度在 4～400 cpsi（每平方英寸孔数），最常用的载体孔密度是 200 cpsi，通过改变载体孔密度可以优化催化剂用量、VOCs 转化效率和压降。

陶瓷颗粒也可作催化剂载体。但与整体式载体相比，它们的比表面积较小。陶瓷颗粒适用于含有已知毒物或堵塞物的应用场景，这些颗粒物起着保护床的作用。随着时间的推移，催化剂表面的磨损会使催化剂露出新的表面，同时灰尘和微粒被清除。催化剂颗粒必须定期添加，以弥补磨损造成的损失。

9.5.2 助催化剂

助催化剂是附着在催化剂载体上的一种材料，可以改变催化剂的表面结构。它一般是含有铝、锆的氧化物、过渡金属、镍、钛、钒、铈或其他金属。

助催化剂的表面积是催化剂整体设计的关键。根据其具备的高比表面积、耐热性、耐毒性和重负荷的情况，选择涂层配方。除了增加催化剂载体的表面积外，还可以通过工程设计来延长催化剂寿命或提高其性能。将促进 VOCs 氧化反应的组分添加到助催化剂中以提高催化剂的整体反应活性，破坏卤代化合物是该助催化剂组合物的一个强大功能。图 9.7 给出了助催化剂和载体的微观水平结构。

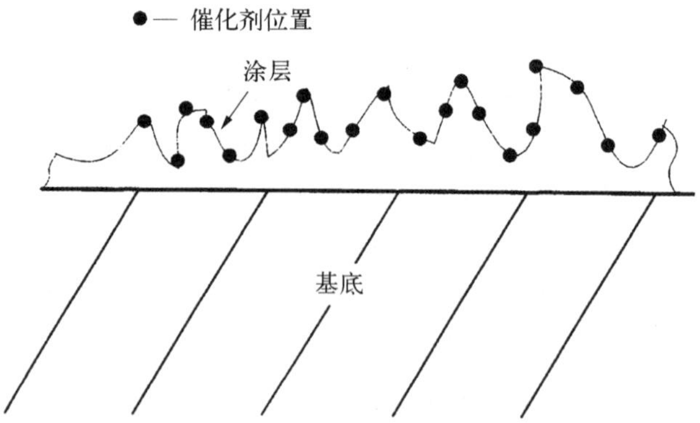

●— 催化剂位置

涂层

基底

图 9.7 催化剂的组分

9.5.3 催化活性材料

多种材料被用来促进 VOCs 的氧化反应，最广泛使用的是铂族金属（元素周期表上的一种特定分组）。铂族金属的活性高（并因此减少了催化剂用量）、工作温度范围广（300～

1 200 ℉)、耐热性、抗中毒失活性。这些贵金属颗粒细小、分散均匀,提供了尽可能多的活性反应位点,以确保高性能和长寿命。

根据应用的不同,催化剂可以仅由铂或钯组成,也可以由铂、钯或铑的组合组成。所选择的金属类型取决于要处理的特定 VOC 或 VOCs 的组合,所选择的催化剂也必须对所需的氧化反应具有选择性。选择性是指催化剂将反应物导向特定的、需要的产物的能力。例如,乙烯和氧在铂催化剂上吸附到特定的位置,在低温下结合生成二氧化碳和水蒸气。然而,如果铜/钯催化剂与这些相同的反应物反应会生成乙醛。

普通金属催化剂(通常是铬和锰的氧化物)也已成功地被用于 VOCs 的氧化。它们通常以颗粒形式提供比整体式催化剂具有更高的压降。随着时间的推移,它们也会受到颗粒磨损的影响,尽管这在含有微粒或粉尘的废气应用中是一种优势。普通金属催化剂的成本仅为铂族金属催化剂的 20%~25%。

铂族金属催化剂对苯、甲苯、二甲苯等芳香族化合物具有较高的催化效率。然而,铂族金属氧化含氧 VOCs(其分子结构中含有一个或多个氧原子)所需的温度比金属氧化物催化剂要高得多。含氧 VOCs 有醇类、乙酸盐类和酮类。这些化合物普遍存在于印刷、涂料和化工行业的废气中。

目前中国 VOCs 催化剂发展取得了很大的进步,以南通斐腾新材料科技有限公司开发的经典 VOCs 催化剂为例,该催化剂是一种在薄壁蜂窝陶瓷表面负载活性物质形成的蜂窝催化剂,一般第一载体选用堇青石材质,第二载体为氧化铝和稀土等助催化剂,在此基础上负载贵金属(Pt、Pd 等)。该工艺和材料上的进步主要体现在系列催化剂的反应温度相对较低、体现其处理能力的体积空速(*GHSV*)较高,同时对于颗粒物、硫和氯等耐受力强。最终,在反应过程中 VOCs 转变成二氧化碳和水,同时放出一定的热量。

9.6　运行

在实际运行中,无论预热还是不预热,含 VOCs 的废气被注入燃烧器的下游,燃烧器将废气升高到预定的点火温度。当 VOCs 流经催化剂时,就会发生氧化,从而提高温度。催化剂床层的压降通常为 1~2 in 水柱。

如果废气中含氧量很低或不含氧,则通过在燃烧器中添加适量的过量空气来补充氧气。与热氧化一样,催化氧化的燃烧产物中必须至少含有 2%的氧气,才能保证反应的完全进行。因此,设置燃烧器过量空气使氧化产物中产生该浓度的氧气。如果 VOCs 在受污染的气流中,则不需要再注入氧气。

由于催化氧化的工作温度比热氧化低,内衬通常是不锈钢(304 或 316 型)等金属,不是耐火材料。在内衬周围设置隔热层,并封装在金属外壳内,如镀铝钢。

9.7　卤族元素

含有卤素化合物的废气可能存在催化氧化的特殊问题。直到 20 世纪 90 年代,催化氧化不能用于含卤素的 VOC,因为卤素会使催化剂中毒。之后开发出的催化剂配方,其不易受卤素中毒的影响。虽然操作温度略高于典型的 VOC,但仍远低于通过热氧化实现更高程度的破坏所需的温度。然而,由于其较低的操作温度,与热氧化相比,由于温度对第 4 章中描述的 Cl_2/HCl 平衡的影响,氯化物会产生更多的 Cl_2。

其他 VOC 的存在会影响卤化 VOC 的起燃温度。例如,乙烯的存在显著降低了三氯乙烯的起燃温度。单独或与其他 VOC 组合破坏卤化物质的催化剂体系的设计需要特别注意,以获得最适合该应用的催化剂。

9.8 催化氧化与热氧化

催化氧化与热氧化相比,其主要优点是操作温度低很多。表 9.2 比较了每种技术对特定 VOC 的操作温度。

表 9.2 达到 99%破坏效率所需温度 (℉)

VOCs	催化氧化	热氧化
苯	440	1 550
四氯化碳	610	1 650
甲基乙基酮	600	1 450
氰化氢	480	1 600

除了较低的操作温度之外,达到 99%的破坏效率,催化系统所需的停留时间约为 0.25 s,而热氧化器所需的停留时间为 0.75~1.0 s。

例 9.1 比较热氧化与催化氧化的辅助燃料成本,用于在 77 ℉的温度下被 100 ppmv 丁酮(Methyl Ethyl Ketone, MEK)污染的 1 000 scfm 空气流。假设辅助燃料值为 3 美元/MM Btu,每年运行 8 400 h,并且任何一个单元都没有废气预热。

解 MEK 的流量(scfm)$=1\,000$ scfm$\times 100\times 10^{-6}=0.10$

MEK 化学式$=C_4H_8O$

MEK 分子量=72.11

MEK 的热值(lb/h)=0.1 scf/min×60 min/h×1 lb · mol/379 scf ×72.11 lb/(lb · mol)=1.14

热值(Btu/lb-LHV)=13 671

释放的热量=13 671 Btu/lb×1.14 lb/h=15 607 Btu/h

由于废气是污染的空气流,因此任何一个系统都不需要额外的空气。这简化了计算。要将整个废气流加热到 600 ℉,需要以下热量:

$$Q=m_{wg}\times Cp_{wg}\times \Delta T$$

$$m_{wg}=1\,000\ \text{scf/min}\times 60\ \text{min/h}\times 1\ \text{lb}\cdot\text{mol}/379\ \text{scf}\times 28.85\ \text{lb}/(\text{lb}\cdot\text{mol}) =4\,567\ \text{lb/h}$$

或

$$m_{wg} = 1\ 000\ \text{scf/min} \times 60\ \text{min/h} \times 0.076\ \text{lb/ft}^3 = 4\ 560\ \text{lb/h}$$

由于这是受污染的空气流，因此 600 ℉(来自表 5.1)的空气平均热容量在 1 450 ℉时为 0.245 和 0.257 Btu/(lb • ℉)。

催化氧化

$Q = 4\ 567\ \text{lb/h} \times 0.245 \times (600\ ℉ - 77\ ℉) = 585\ 193\ \text{Btu/h}$

燃料成本 = 0.59 MM Btu/h × 3 美元 /MM Btu × 8 400 h/a = 14 868 美元 /a

热氧化

$Q = 4\ 567\ \text{lb/h} \times 0.257 \times (1\ 450\ ℉ - 77\ ℉) = 1\ 611\ 516\ \text{Btu/h}$

来自 MEK 燃烧的热量=15 607 Btu/h

所需净热量=1 611 516−15 607=1 595 909 Btu/h=1.6 MM Btu/h

燃料成本=1.6 MM Btu/h×3 美元/MM Btu×8 400 h/a=40 320 美元/a

因此，当仅考虑燃料使用时，催化氧化的燃料每年节省约为 25 500 美元。

注意催化和热氧化之间的一个区别。由 VOC 氧化反应产生的热量有助于最终热氧化的操作温度。为催化氧化规定的操作温度是在催化剂床的入口处。从 VOC 氧化反应释放的热量有助于增加催化剂床出口处燃烧产物的温度。在这种情况下，温度上升：

$$Q = m_{poc} \times Cp_{poc} \times \Delta T$$

$$15\ 607\ \text{Btu/h} = 4\ 567\ \text{lb/h} \times 0.28\ \text{Btu/(lb • ℉)} \times (T_f - 600)$$

$$T_f = 612\ ℉$$

$$\text{温度升高} = 12\ ℉$$

这些计算忽略了由于辅助燃料添加引起的质量增加。在这种情况下，影响非常小。

典型的催化氧化器的工艺配置包括一个回热式换热器，用于在废气进入催化剂床之前预热废气。在许多情况下，这种预热可提供足够的热量以避免任何辅助燃料使用。

例 9.2 在进入催化氧化器的燃烧室之前，将例 9.1 的废气在回热式换热器中预热至 350 ℉(参见图 9.5)。确定所需的辅助燃料量。

解 $Q = 4\ 567\ \text{lb/h} \times 0.245 \times (600\ ℉ - 350\ ℉) = 279\ 728\ \text{Btu/h}$

安装换热器每年节省的燃料是：

$$\begin{aligned}\text{每年节省燃料} &= (0.59 - 0.28)\text{MM Btu/h} \times 3\ \text{美元 /MM Btu} \times 8\ 400\ \text{h/a} \\ &= 7\ 812\ \text{美元 /a}\end{aligned}$$

实际使用中是否需要安装换热器，必须通过其初期投资与年度燃料节省之间的比较来确定。

催化氧化器的另一个优点是 NO_x 排放较低。由于操作温度较低并且所需的辅助燃料量较低，因此，催化氧化剂产生的热 NO_x 的量也将较少。然而，当处理含有化学结合氮的 VOC 化合物时，两种系统都会从 VOC 中产生 NO_x。在这种情况下，热氧化器的优点在于它可以分级以减少 NO_x 的生成。

9.9 废气热值的影响

通常，催化氧化器用于处理 VOC 浓度小于 LEL 的 25%的废气。相当于废气热值约为 10～20 Btu/scf。当 VOC 在催化剂上被氧化时，它释放出热量。因此，氧化反应产物的温度升高。如果该温度升的太高，则可能发生烧结形式的催化剂损坏。为了防止过热，需要监测燃烧产物的温度，并添加回火空气，其示意如图 9.8 所示。最终，这增加了辅助燃料消耗，因为催化剂入口处所需的起燃温度保持不变。需要更多的燃料来将原始废气的温度加上回火空气升温至起燃温度。

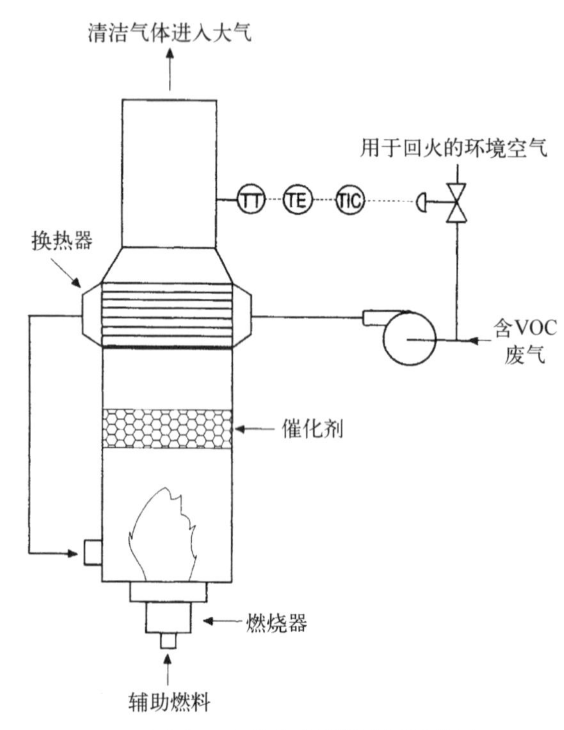

图 9.8 VOC 浓度峰值的温度控制

例 9.3 催化氧化用于在 77 ℉下用甲基乙基酮(MEK)处理 1 000 scfm 空气流。催化氧化在 600 ℉的催化剂入口温度下操作。通常，MEK 浓度为 1 000 ppmv。但是，在过程扰动期间，它可能会达到 7 000 ppmv。(1) 假定在没有添加回火空气的情况下确定浓度向上峰值期间燃烧产物的温度。(2) 如果温度超过 1 200 ℉，将发生催化剂烧结。确定将温度上升限制在此温度所需的回火空气量。

解 第一部分：

MEK 的体积流量＝1 000 scfm×7 000×10^{-6}＝7 scfm

MEK 化学式＝C_4H_8O

MEK 分子量＝72.11

MEK 的质量流量＝7 scf/min×60 min/h×1 lb・mol/379 scf×72.11 lb/(lb・mol)＝80 lb/h

热值(Btu/lb-LHV)＝13 671

释放的热量＝13 671 Btu/lb×80 lb/h＝1 093 680 Btu/h

T_1＝600 ℉(通过来自燃烧器的热量从最初的 77 ℉增加)

m_{wg}＝1 000 scf/min×60 min/h×1 lb・mol/379 scf×28.85 lb/(lb・mol)＝4 567 lb/h

由于最终温度未知，因此使用典型的热容值 0.28 Btu/(lb・℉)。

$$1\,093\,680\ \text{Btu/h} = 4\,567\ \text{lb/h} \times 0.28 \times (T_f - 600\ ℉)$$

$$T_f = 1\,455\ ℉$$

为了保证计算准确，应使用最终温度下燃烧产物的平均热容。因此，必须计算燃烧产物，确定它们在 1 455 ℉时相应的平均热容，使用该热容重新计算最终温度，依此类推，直到最终温度和热容量匹配。

第二部分：

第一部分计算的温度超过安全操作限值 255 ℉。这相当于以下多余的热量：

$$Q = m_{wg} \times Cp_{wg} \times \Delta T = 4\,567 \times 0.28 \times (255)$$

$$Q = 326\,084 \text{ Btu/h}$$

假设初始空气温度为 60 ℉，则所需的回火空气为

$$Q = m_{air} \times Cp_{air} \times \Delta T$$

$$326\,084 \text{ Btu/h} = m_{air} \times 0.255 \text{ Btu/(lb} \cdot \text{°F)} \times (1\,200 - 60) \qquad \text{（使用空气的 } Cp\text{）}$$

$$m_{air} = 1\,122 \text{ lb/h} = 246 \text{ scfm}$$

9.10　催化剂失活

与热氧化相比，使用催化氧化是一个较好的选择。然而，热氧化器不会遇到催化氧化器的一些问题。因此，在决定哪种类型的氧化剂最适合特定应用之前，必须考虑所有因素。

所需考虑影响因素之一是催化剂失活。这可能是由于化学中毒、掩蔽或热烧结造成的。这些过程缓慢发生，通常被称为“老化”。其中有些过程是可逆的，有些则不是。所有催化剂随时间经历一些失活。有时，工作温度的升高可以补偿这种失活。然而，催化剂会老化到一定程度，超过这一点，它们的有效性会降低，此时必须更换它们。

9.10.1　中毒

中毒是由于工艺流程中的材料与催化剂的化学干扰导致的失活。当污染物与催化剂反应形成新化合物时，导致该位点失活。例如，硫与氧化铝修补基面涂层反应生成硫酸铝（Al_2SO_4）。中毒可能是可逆的，也可能是不可逆的。催化剂毒物包括重金属和贱金属（如铅、镍、锑、锡、砷、铜、汞、铬和锌）、硅、磷、硫、粉尘、颗粒物和一些高分子量有机物质。

9.10.2　堵塞

在发生堵塞的情况下，通过在催化剂表面上逐渐积累未燃烧或无机固体材料来减少催化剂活性，防止气流渗透到催化剂位点。该问题通常由灰尘和污垢、过程中形成的金属氧化物、管道系统的腐蚀产物，或因温度太低而未完全氧化所生成的有机焦炭等物质引起的。当催化剂床处于冷态时，在系统启动时也可发生掩蔽。VOC 可以凝结并堵

塞催化剂的孔隙。当已知存在堵塞物时,应选择可再生催化剂。另一种方法是使用流化床催化剂。这样,催化剂的堵塞物被磨损和烧掉,催化剂活性位点自动再生。

9.10.3 烧结

烧结是含有活性催化剂位点的载体材料的附聚或致密化。当催化剂暴露于超过设计极限的温度时,就会导致这种情况。大多数催化剂不能在长时间内承受1 200 ℉以上的温度而不被损坏。

烧结减少了暴露在过程气体中的总催化剂表面积。当温度超过建议的最高工作温度时,催化剂颗粒将开始凝聚。在更高的温度下,修补基面涂层的烧结将导致载体材料坍塌,导致表面积和催化剂活性的损失,如图 9.9 所示。

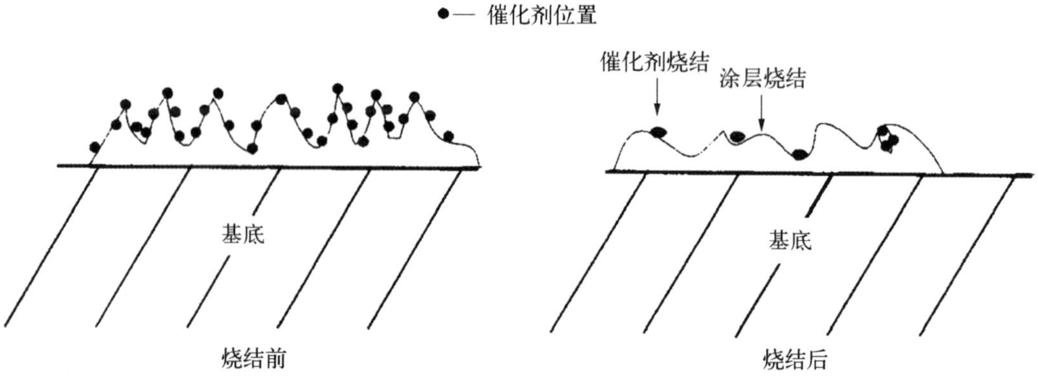

图 9.9 烧结前后的催化剂和修补基面涂层

9.11 失活指标

催化剂温度升高和系统压降是催化剂性能的指标。通常,催化剂供应商将为特定工艺条件提供预期的温升和压降值。与这些预期操作条件的偏差是催化剂失活的指标。例如,催化剂预期升高温度的降低可能表明催化剂活性的损失。在某些情况下,可以通过提高工作温度来恢复。

催化剂床上的压降增加可表明沉积物堵塞催化剂。空气吹灰有时即可去除沉积物。其他时候,必须采用化学洗涤技术。通常,将过滤器安装在催化氧化器的上游,以防止中毒和堵塞物进入系统。温度升高和催化剂床压降不仅是催化剂失活的指标,同时它们也可以用作催化剂活性不变的指标。

9.12 再生

在许多情况下,催化剂可以使用以下三种技术进行再生:(1) 热再生;(2) 物理清洁;(3) 化学处理。

热再生技术

当催化剂被有机化合物或焦炭掩盖时，使用热清洁。为了除去这些堵塞物，将催化剂床温升高到足以蒸发或氧化这些堵塞物的时间。该温度通常比正常工作温度高100～200 ℉。通过以更高的燃烧速率操作系统燃烧器来获得所需升高的温度。

物理清洁

物理清洁是使用机械方法去除灰尘和大颗粒。通过催化剂吸入或吹送压缩空气或水来去除存在的任何材料。可以在不除去催化剂的情况下完成这种类型的清洁。

化学处理

该方法包括从单元中取出催化剂模块并在酸性或碱性清洁溶液中或两者的组合中进行清洁。这是最常见的催化剂清洁程序。化学清洗不会影响催化剂的组成，只是从催化剂表面除去堵塞物，其可以由用户在现场完成。

有时取出催化剂样品进行分析。进行活性测试以比较催化剂的性能与标准。如果测试显示失活，则采取适当的步骤来确定化学清洁是否有效以及所需的清洁溶液类型。图9.10显示了确定正确再生技术后的正常顺序。

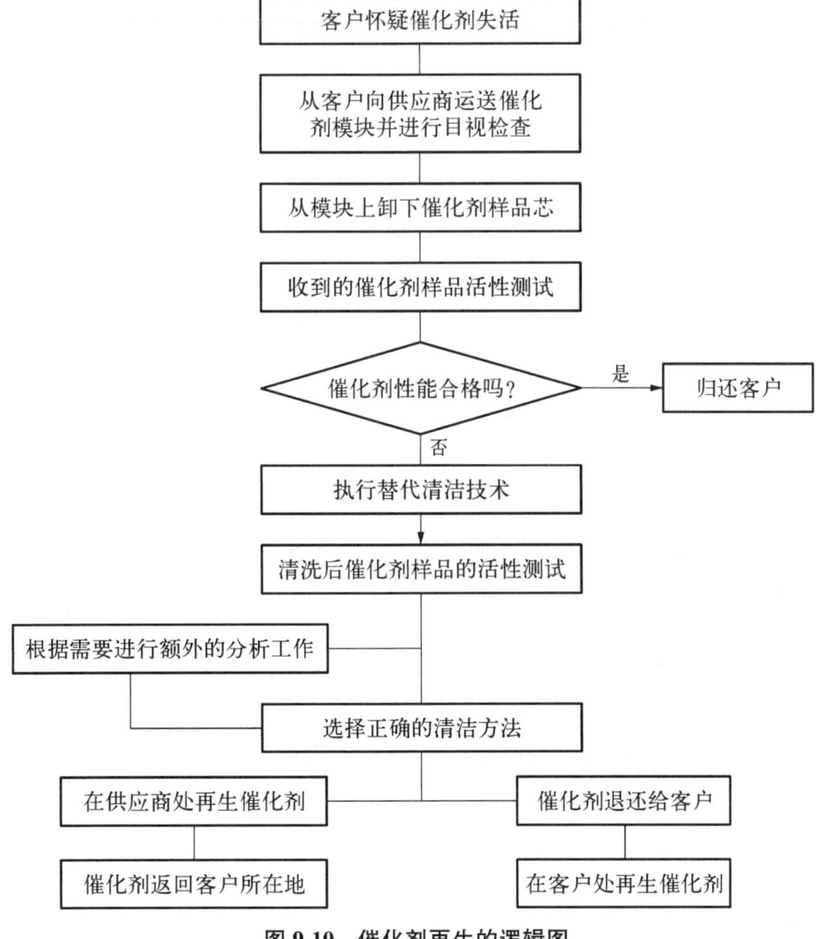

图9.10　催化剂再生的逻辑图

9.13　性能比较

即使在再活化后，催化剂性能也可能无法恢复到原来的水平。图 9.11 的起燃曲线比较了新鲜催化剂、污染催化剂和再生催化剂的性能。对于再生催化剂，可能需要在较高温度下操作以抵消催化剂活性的降低。

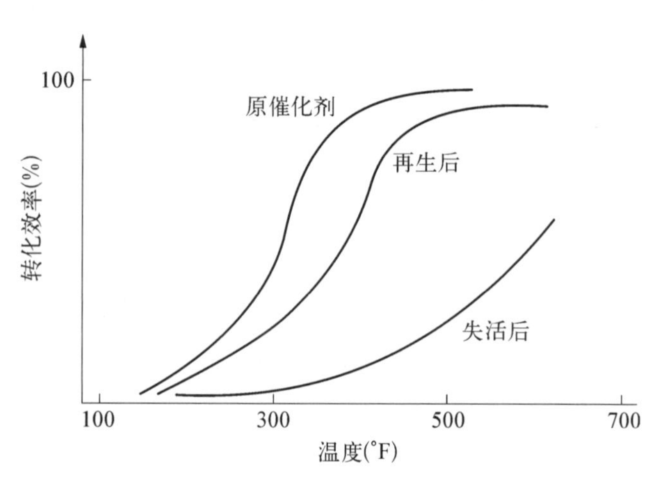

图 9.11　重新激活前后的起燃曲线

9.14　中试测试

如果废气中的特定 VOC 或组合 VOC 无法获得实际运行性能数据，或者废气中含有失活剂，则应保证进行中试测试。现场试验测试为确定特定应用的合适催化剂提供了实用、经济的解决方案。此外，这些测试最终证明了该应用的催化剂的有效性和耐久性。使用便携式装置进行中试，以测试需要处理的废气气流。

9.15　总结

与热氧化相比，催化氧化对稀释废气流具有较低的辅助燃料成本。但是，在催化氧化器和热氧化器之间的选择中还必须考虑其他因素。这些因素包括：

- 系统配置(带或不带回热回收)
- 总体资本成本比较
- 催化剂寿命和更换或重新激活成本
- 催化剂 VOC 的破坏效率随时间的变化
- 过程的可变性 VOC 浓度(突然出现峰值)
- 在废气流中可能存在催化剂抑制剂
- 废物流温度及其变化

通常，热氧化器对工艺异常和废气流量、成分、温度的改变具有更强的适应性。相反，如果 VOC 浓度较低，并且废气中不含颗粒和无机物质，气流相对平稳，催化氧化器所带来的潜在燃料节省为其使用提供了强大的动力。目前，许多热氧化器和催化氧化器已投入使用，客户对两种类型的氧化器的需求是显而易见的。商业催化氧化装置的照片显示在图 9.12 和图 9.13 中。

20 世纪 90 年代后期出现了蓄热式热氧化器(Regenerative Thermal Oxidizer, RTO)和催化氧化器的组合。蓄热式催化氧化器(Regenerative Catalytic Oxidizers, RCO)将在第 10 章中进行描述。

图9.12　商业催化氧化器装置(由CSM Environmental Inc.提供)

图9.13　商业催化氧化器装置(由CSM Engineering Inc.提供)

第 10 章 蓄热式系统

1990 年《清洁空气法案修正案》指示美国环境保护署针对有害大气污染物（HAPs）主要来源制定了最大可行控制标准（Maximum Achievable Control Standards，MACT）。主要排放源是指 HAPs 组合混合物排放量超过 25 t/a 或单一 HAP 超过 10 t/a 的排放源。被列为 HAPs 的污染物种类在之前第 2 章中已讨论过。在 MACT 标准之前，并未对低浓度 VOCs 的废气流进行管控。然而，如果废气流量很大，那么根据这些新规定，污染物浓度较低的废气流就会受到管控。例如，仅含有 10 ppmv 甲苯的 25 000 scfm 废气流也应遵守 MACT 标准。

蓄热式热氧化器（RTO）特别适用于 VOCs 浓度低，但流量高的情况。这是由于其热回收率高，通常高达 97％。这意味着大流量废气中的 VOCs 可以被热氧化而不需要消耗大量的辅助燃料，因此降低了运营成本。实际上在很多情况下，废气流中存在的有机化合物氧化释放的热量足以维持所需的操作温度而不需要任何辅助燃料。

与没有热回收相比，RTO 节省了燃料成本，甚至与使用换热器回收热量相比也是如此。如表 10.1 所示。在该例中，RTO 的燃料成本比没有热回收的热氧化系统的燃料成本低 10％，大约是使用换热器（预热废气）进行热回收的热氧化系统成本的 1/4。

表 10.1 各种热氧化热回收模式的燃料成本比较

	年燃料成本（美元）
没有热回收的热氧化器	1 046 000
具有热回收的热氧化器(70％回收率)	345 000
具有 95％热回收率的热氧化器	95 000

假设：25 000 scfm 废气流量
废气流是受污染的空气（不添加额外的空气）
挥发性有机化合物没有热量贡献
氧化剂温度 1 400 ℉
辅助燃料成本 3 美元/MM Btu
8 400 h/a 运行

10.1 RTO的演变

REECO(Research-Cottrell)在20世纪70年代初首次将蓄热式热氧化器引入市场。尽管前期投资成本远高于传统的热氧化器,但由于燃料成本的降低还是使它在市场中有了一定的应用。早期的RTO热回收效率为80%~85%(通常称为“热能回收”——TER)。RTO的基本流程是热气流以一个方向通过蓄热材料(通常是陶瓷介质),热气流将热量传递至蓄热材料,在下一循环下,使冷气流通过相同的蓄热材料来回收该热量。这项技术起源于玻璃工业,玻璃工业早在19世纪80年代早期便在玻璃窑炉中应用了类似的原理。在玻璃工业中,耐火砖被用作蓄热材料。最早的RTO使用陶瓷鞍环作为蓄热材料。鞍环最初是为化工和石化领域开发的作为吸收和解吸塔中质量传递填料的。鞍环与耐火砖相比具有较大的表面积(每单位质量)和较低的质量,而且陶瓷鞍环不易受到蓄热床内高温气体的氧化。

随着RTO的发展,陶瓷鞍环的填充高度也随之增加。这使热能回收率提高到大约95%。根据行业内经验,要达到95%的TER需要一个8~9 ft(竖直)高,尺寸为1 in的陶瓷鞍环。然而,这同时也增加了系统的压降。为了克服更高的压降,所需风机功率的选择变得非常重要。这些陶瓷蓄热材料的供应商尝试采用新的设计降低压降。一种称为Typak的鞍环其改进版如图10.1所示。

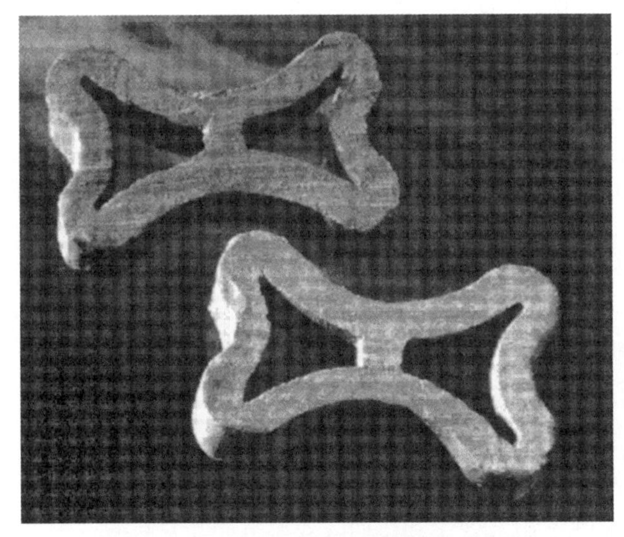

图10.1 Typak HSM RTO散堆填料(由Norton Chemical Process Products提供)

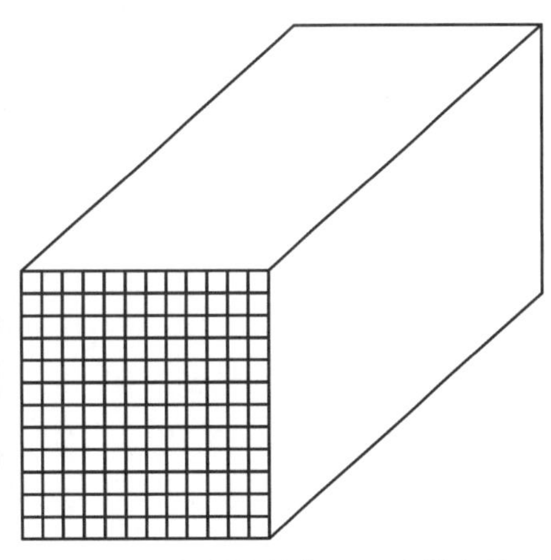

图10.2 规整填料在RTO中的应用

蓄热填料的不断发展出现了规整填料。鞍环和Typak都被称为散堆填料,因为它们都是被倒入RTO中,形成不规则堆积。通过蓄热床的气流为湍流状态。相比之下,规整填料是手工安装在单件中并形成规则的层流状态。规整填料的示意图如图10.2所示。它与图9.5中所示催化剂基质的相似性并不是巧合。RTO设备供应商发现,这种传统的催化剂载体可用作RTO中的蓄热填料。规整填料不仅降低了通过系统的压降,而且大大减少了达到给定 TER 所需的蓄热体体积。另一方面，规整填料的每立方英寸成本比散堆填料成本高得多。因此，在某些应用中，散堆填料可能仍具有成本优势。

蓄热填料仍在不断发展，其他内容将在本章后续章节中讨论。

10.2 基本概念

早期的 RTO 系统使用三个或更多的陶瓷传热材料床层来循环地回收高温燃烧产物的热量。图 10.3 给出了一个传统的三床式结构。床层有时被称为蓄热床。正常操作时，这些陶瓷床层储存了前一操作循环中的热量。废气穿过三个床中的其中一个时(例如，1#床)，热量从陶瓷介质转移到废气。废气离开床层进入燃烧室的温度已接近最终燃烧室的操作温度。使用标准的燃气燃烧器来将预热过的废气温度升高到最终操作温度。

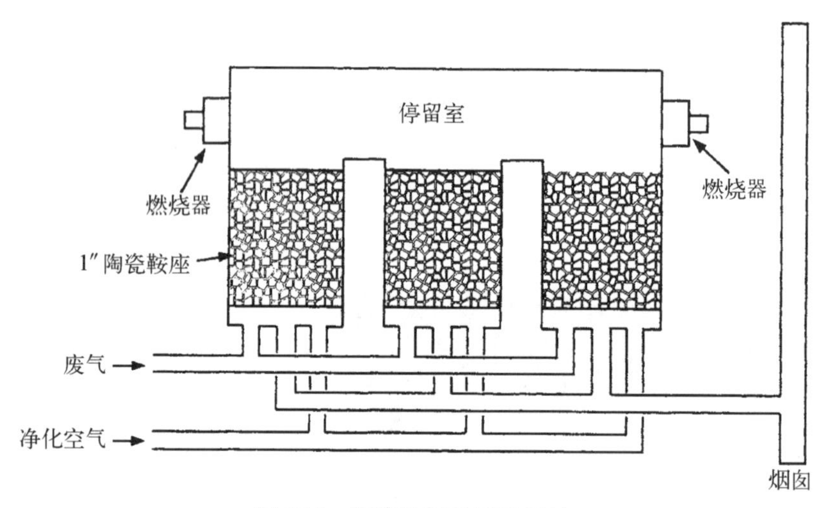

图 10.3 传统的多床 RTO 设计

之后，高温燃烧废气通过剩余的一个陶瓷床(例如，3#床)离开 RTO，将大部分热量传递到陶瓷传热介质，用于下一循环预热废气。在下一循环期间，废气从第三床(3#床)进气并通过 2#床排气离开 RTO。在上一个循环中，2#床被吹扫清洗。同时，使用洁净空气将残留在 1#床中的残余气体吹扫到停留室中以破坏其 VOCs。然后重复循环交替着冷却一个床，加热另一个，并吹扫第三个。

这个标准的操作方法在实现很高 VOCs 破坏效率和热回收效率方面非常有效。但使用多床 RTO 较为昂贵，且需要较大的占地面积，设备重量也很大。在 20 世纪 90 年代早期，仅使用两个蓄热床的设计。商业两床 RTO 的照片如图 10.4 所示。

综上，两床 RTO 与多床(三个或更多)RTO 原理是类似的，只是没有吹扫循环。如此一来，有一部分循环尾期的废气是未处理的。在循环翻转之前有一部分 VOCs 废气停留在蓄热床内而未进入恒温室。

当循环反转时，未经处理的气体被排放到烟囱。在循环的大部分期间，VOCs 的破坏效率超过 99%。然而，当循环反转时，烟囱中的 VOCs 出现峰值，从而降低整体 VOCs 的

图 10.4 双室商用 RTO 安装(由 Trinity Air Tech nologies, Inc.提供)

破坏效率。使用两床系统,VOC 破坏效率一般不超过 98%。实际值取决于蓄热床的体积和废气中的 VOCs 浓度。

20 世纪 90 年代末出现了一种新型的 RTO,其使用单室蓄热材料。一个旋转气流变换阀在循环期间顺序地将废气引导进出腔室的特定区域。通过在一端旋转表面施加密封装置,旋转部分被分成两个部分——入口和出口,载有 VOCs 和清洁的废气流通过这两个部分进出 RTO 室。几家制造商正在推广这种 RTO 设计。该系统的示意图如图 10.5 所示。替代方案如图 10.6 所示。在该系统中,蓄热体本身旋转可以将废气流转移到不同的分区。

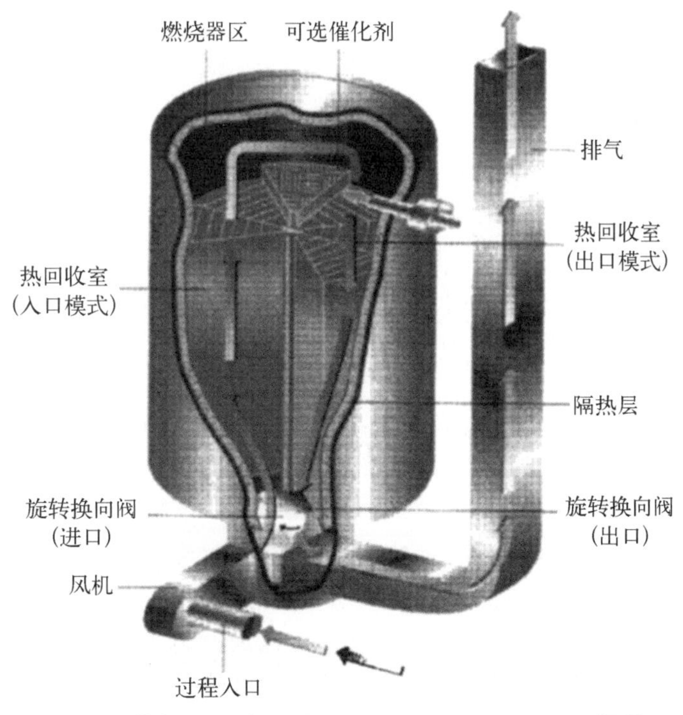

图 10.5 单室 RTO(由 REECO —A Research-Cottrel Co.提供)

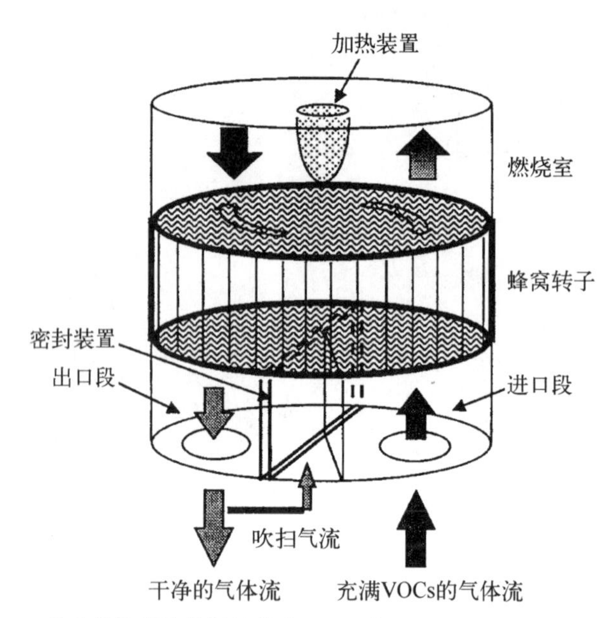

图 10.6 带有旋转蓄热填料的单室 RTO(由 Engelhard Corporation 提供)

10.3 热效率

评估 RTO 性能的最重要参数之一是它的 TER。通常 RTO 的 TER 定义如下：

$$\mathrm{TER}(\%)=\frac{T_{\mathrm{rc}}-T_{\mathrm{savg}}}{T_{\mathrm{rc}}-T_{\mathrm{wg}}}\times 100$$

式中，T_{rc}——燃烧室温度(℉)；

T_{savg}——一个循环中烟囱气体的平均温度(℉)；

T_{wg}——废气进入 RTO 的温度(℉)。

当流入单元的质量流量等于质量流出时，即在通过燃烧器进入停留室的燃料或空气对排出流的质量流量没有显著贡献的情况下，该等式是适用的。如果进入的废气流量与输出烟囱流量之间存在显著差异，则 TER 必须按如下方式计算：

$$热效率(\%)=\frac{m_{\mathrm{o}}(T_{\mathrm{rc}}-T_{\mathrm{savg}})}{m_{\mathrm{i}}(T_{\mathrm{rc}}-T_{\mathrm{wg}})}\times 100$$

式中，m_{o}——排气质量流量(lb/h)；

m_{i}——进气质量流量(lb/h)。

上面是 RTO 行业中使用的 TER 的标准定义。在这些等式中，必须使用“平均”烟囱温度。在 RTO 中，该温度在循环的持续时间内变化。最初，烟囱排放温度比较低，但在周期的持续时间内上升。这是因为蓄热床的排放端相对较冷，因为在前一循环中进入相对冷的气体(废气流)。然而，当燃烧产物通过床排出时，它们开始将热量传递给蓄热材料，从而升高其温度。因此，整个蓄热床在循环期间的不同时间段处于不同的温度。图 10.7 对此进行了说明，该图比较了典型循环开始和结束时的床温曲线。

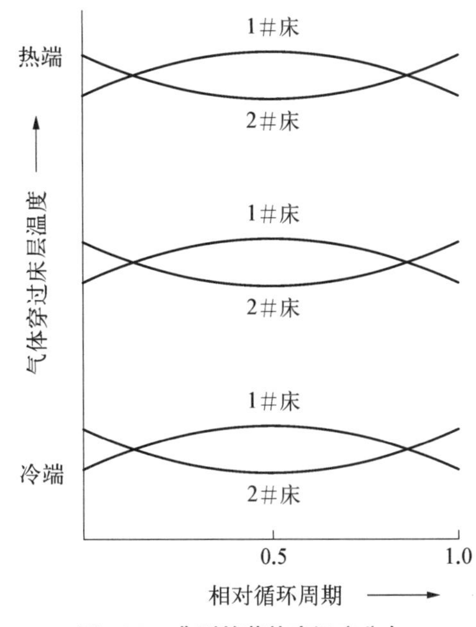

图 10.7　典型的蓄热床温度分布

例 10.1　RTO 在循环持续时间内以 1 500 ℉的停留室温度和 200 ℉的平均堆温度运行。进入 RTO 时废气的温度为 100 ℉。废气流中的 VOC 在氧化期间释放足够的热量以维持所需的操作温度而无须添加辅助燃料。因此，没有额外的质量添加到废气中。它的 TER 效率是多少？

$$TER=\frac{815.6-93}{815.6-37.8}=92.9\%$$

10.4　蓄热床的数量

早期的 RTO 设计使用了三个或更多的蓄热床。第一个用于在废气进入 RTO 时预热废气，第二个用于在排气循环中将热量传递到蓄热床，第三个床吹扫了前一循环未经处理的气体，因此，当该床再次用作下一循环中的排气床时，可防止未处理的气体排放到烟囱中。虽然这种布置仍在使用中，但已经开发了几种技术来捕获和回收因循环改变而导致 VOCs 浓度短暂升高所产生的废气，而不需要第三个蓄热床。此外，许多制造商仅使用两个床并且接受较低的 VOCs 破坏效率。通常，如果不包括吹扫系统，则 VOCs 破坏效率限制在最大 98%。在许多情况下，这是可以接受的。所需床数的减少显著降低了系统的成本和控制系统的复杂性。

10.5　吹扫系统

通过两种处理方式可以实现超过 98%的 VOCs 破坏效率：(1) 相对长的循环操作(同时降低了 TER)；(2) 使用吹扫系统。当循环反转时，吹扫系统利用某种特殊装置使残留在前一循环入口床中的未处理的 VOCs 返回到停留室中。而以往这个过程则是利用三个蓄热床处理的。吹扫空气通过上一循环中被用作入口床的基底，再使用空腔或扩大的管道在短时间内收集这些未处理的气体(通常 1～2 s)，并在下一个循环期间将这些气体再循环到停留室。吹扫系统是许多 RTO 专利的主题。虽然它们可以提高整体 VOCs 的破坏效率，但它们也仅使 TER 产生小幅减少，由于冷气体流量增加，所以吹扫系统需要更复杂的阀门布置。

10.6 蓄热床取向

大多数 RTO 使用垂直蓄热床,但水平蓄热床也同时存在并具有明显的效果。相同材料和深度(长度)的床,它们的传热效率基本相同,但水平床需要更大的占地面积。它们不需要任何散热材料作支撑结构。对于大型系统,蓄热填料重量可能是巨大的,必须支撑该重量,并允许气体在垂直床系统下方流动。在两个系统中,将进入的废气流分布在蓄热填料的整个表面是至关重要的。如果流量分布不相等,则部分废气流可以绕过蓄热床的一部分,并降低了 TER。防止气流分布不均的方法包括增加入口长度、安装导流板、安装丝网增加压降强迫气流均布、在竖直向系统规整填料下端安装薄层的鞍环填料等。

10.7 热效率和循环周期

在没有相应循环时间的情况下确定 RTO 的热效率是不准确的。热效率是系统设计、操作变量和蓄热填料类型的函数。对于确定的设计和填料类型,热效率随着循环时间的增加而降低,如图 10.8 所示。因此,如果没有相应的时间周期,TER 值毫无意义。

通过较短的循环时间可以实现超过 95%的高热效率。循环时间短主要有两缺点:(1) 阀门和其他设备在每个循环中启动时的磨损;(2) 对于没有吹扫系统的设备,总 VOCs 破坏效率降低。这是因为当循环逆转时 VOCs 排放的短暂爆发相对于整个循环时间变得更加频繁,操作人员和维护人员喜欢较长的周期,因为周期长可以减少磨损和维护。

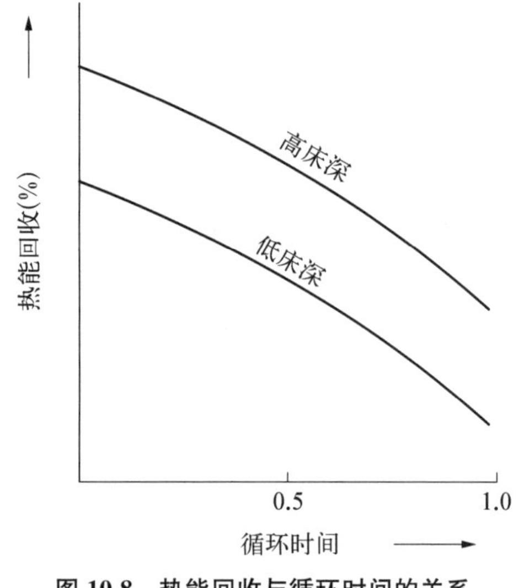

图 10.8 热能回收与循环时间的关系

10.8 蓄热材料

10.8.1 散堆填料

RTO 应用中使用的所有蓄热填料都是某种类型的陶瓷,通常主要由二氧化硅(SiO_2)和氧化铝(Al_2O_3)组成。由于金属散热性较差,且蓄热床的热面需要暴露在非常高的燃烧室温度下,因此它们不适用于这种应用。在该应用中使用的第一种类型的蓄热填料是传统上化工和石化工业中用于传质应用的塔填料的陶瓷鞍环。由于鞍环是材料倾倒床室后散堆形成的方向和样式,所以鞍环被称为“散堆”填料。如上所述,业内早期的经验是确保在 2 min 的循环时间内实现 95%的热能回收效率需用长为 8~9 ft、

(竖直)高为 1 in 的陶瓷鞍环。虽然鞍环具有耐用性,但通过系统产生相对较高的压降,它们的边缘易于碎裂,在填料空隙内产生小块陶瓷。因此,开发了替代的蓄热介质。

另一种专门为 RTO 应用开发的散堆填料如图 10.1 所示。被称为 Typak-HSM,它的压降比相同材料体积和尺寸的鞍环压降低 20%～25%。热能回收效率基本相同。鞍环和 Typak-HSM 的使用标准都是 1 in,两者也都可以使用 3/4 in 和 3/2 in 长度。3/4 in 长度适用于需要更高热效率和更短床深度的应用。3/2 in 长度适用于需要加大处理量的改造项目或新应用。对于给定体积的材料,较小的尺寸增加了热能回收效率,但压降也随之升高。相反,尺寸越大,压降就越小,TER 效率也越低。

10.8.2　规整填料

20 世纪 90 年代初期开发了规整填料应用于 RTO。这些材料的特点是由一系列矩形单元(有时称为“蜂窝”)形成一个比散堆填料更大的块,如图 10.2 所示。这些块状尺寸为 6 in×6 in,流动横截面深度 12 in,也可以使用更长的块,这些块通常被称为“整料”。因为孔壁的连续性,气流通过每个单独的孔时,不会与周边孔内气体发生混合。因此,与通过散堆填料的湍流相比,在 RTO 的正常操作条件下,流过规整填料的流动一般是层流状态。

气体压降随通过导管时的速度的变化而变化。在湍流状态下,压降是速度平方的函数。也就是说,如果速度增加 1 倍,则压降将会是原来的 4 倍。然而,在层流中,压降是速度的线性函数。也就是说,如果速度增加 1 倍,则压降也增加 1 倍。流过散堆介质的流动是湍流,而流过规整介质的流动是层流。因此,通过规整介质的压降通常要低得多。

不同孔密度的规整填料可以应用于 RTO。单元尺寸为 6 in×6 in 的流动横截面。密度从 16×16 孔到 50×50 孔不等。它们通常以每平方英寸的孔数(cpsi)为表征。每平方英寸的孔数越多,每单位体积的表面积越大。与散堆填料一样,单位体积的表面积越大,传热效率越高。因此,对于给定体积的材料,50×50 孔的整料产生最大的热能回收。将各种整料的物理特性与表 10.2 中的 Typak-HSM 填料进行比较。

表 10.2　散堆与规整填料物理特性的比较

	Typak-HSM 散装填料			规整填料	
属性	3/4 in	1 in	3/2 in	19×19 孔	40×40 孔
体积密度(lb/ft^3)	46～51	43～48	39～43	60	65
比表面积(ft^2/ft^3)	76	58	48	13	250
孔隙率(%)	70	72	74	61	65

另一种类型的规整填料于 1997 年被引入市场,称为多层介质 MLM(Multi-Layer Media)。它由多层互相堆叠的互连通道的薄格板组成。在这种填料中,气体可以纵向和横向流动。每层填料厚度为 1.5 mm,层叠成 12 in×12 in×4 in 的模块。这类填料的照片

图 10.9 MLM RTO 蓄热填料(由 Lantec Products, Inc.提供)

如图 10.9 所示。这种填料与 1 in 鞍环、1 in Typark 填料和 40×40 孔规整填料的物理性质比较如表 10.3 所示。实现特定热能回收所需的这种填料的体积小于整体填料的体积。然而在给定的流速下,这种填料的压降比整体填料高约 50%,但仍远低于鞍环。但 MLM 填料的成本低于整体式,因此,必须在给定的应用中进行投资和运营成本之间的权衡。在一个商业化的 RTO 改造中,用 MLM 填料替换 1 in 鞍环填料,装置处理能力提高了 30%。尽管只使用了原来一半体积的填料,热能回收或循环时间并没有下降。

以图 10.9 蓝太克环保科技(上海)有限公司的 MLM 系列蓄热填料为例,该公司开发的 MLM®板片式蜂窝陶瓷,其材料和设计结构决定了其优越的性能。

表 10.3 填料材料物理特性的比较

	1 in Typak 填料	1 in 鞍环	40×40 孔整体式	多层介质 MLM
体积密度 (lb/ft^3)	46	42	65	72
比表面积 (ft^2/ft^3)	58	65	245	210
孔隙率 (%)	72	69	65	60

1. 独特的物理结构

MLM®板片式蜂窝陶瓷结构性创新:平行开槽设计,形成片状气流通道,可以使气流在板片间横向流动。

2. 优秀的抗热震性能:$\Delta T>400$ ℃,不易破碎

MLM®板片式蜂窝陶瓷模块边壁胶泥特殊配方,受热冲击打开,释放热应力,单片抗热应力能力强,$\Delta T>400$ ℃,不易破损,板片厚实,机械强度高,不易破碎。

3. 较强的抗堵性能,延长使用寿命

MLM®板片式蜂窝陶瓷是片状的气流通道,孔隙率高,废气中的颗粒杂质容易通过。片状气流通达,并非直上直下的小方孔,即使堵塞,气流也会从旁边绕开,降低对 TER 和压力降的影响。

4. 压力降低,降低运行成本

MLM®板片式蜂窝陶瓷孔隙率大,气流通畅,压力降低,降低设备运行成本。

5. 安装简易方便,形成湍流,提高热回收效率和去除效率

MLM®板片式蜂窝陶瓷上下邻近层 90°交叉安装,改变气流方向,增加湍流度,矫正

气流分布不均、安装不当的小缺陷。

该设计结构具有湍流度高,气流分布均匀,提高热效率高,并有助于提高 VOCs 去除效率。

总体上,规整填料相比于散堆填料的优势是其单位体积的高表面积。该性质值越高,热能回收率越高。但是,还需要大量的填料来维持合理的循环时间。一般来说,使用规整填料的系统循环时间更短,因为使用规整填料的系统其体积要比使用散堆填料的系统的体积更少。使用的蓄热材料质量越大,循环时间越短。不同的蓄热材料有不同的热能回收效率和填料床压降。RTO 设计的目的是最优化操作成本和设备投资。

例 10.2　RTO 设计同时考虑使用规整和散堆填料。散堆填料产生的整体系统压降为 22 in(w.c.),而规整填料的压降仅为 10 in(w.c.)。该系统的容量为 20 000 scfm。如果 RTO 上的风扇效率为 65%(机械和电机组合)并且电能成本为每千瓦时 0.07 美元,那么每年电能成本的差异是多少?

解　风扇马力(HP)=流速(scfm)×压降(in w.c.)×1.573×10^{-4}/效率

$$1\ \text{kW}=0.745\ \text{HP}$$

介质类型	风扇马力(HP)	每年电费(美元)
散堆填料	107	46 741
规整填料	48	21 246

规整填料不仅可以节省运营成本,而且还只需要更小、成本更低的风机。

10.9　气流导向阀

现在市场上有超过 30 家销售 RTO 的制造商,存在很多不同的系统配置。一个变化比较大的组件就是气流导向阀。它们包括两通、三通提升阀、蝶阀配置、旋转阀以及其他专有阀门设计。有时阀门与共同的执行器相连,而其他时候阀门独立运行。所有这些阀门的关键特征是:(1) 快速驱动,(2) 低泄漏,(3) 运行数百万次循环的能力。

RTO 上的导向阀同时将气流引至蓄热床并将废气引入烟囱。一个阀位是进口,相邻的阀位是出口。如果阀门动作太慢,会有少量的进口废气直通到排气。当这种情况发生时,未处理的 VOCs 被排入烟囱,总体的 VOCs 破坏效率就降低了。

同样的原理适用于泄漏。如果阀门在关闭时没有完全密封,少量进入的废气可以直接泄漏到废气中。同样,整体破坏效率会降低。这凸显了规整填料的另一个优点——由于分流阀上的压降较低,减少了阀门泄漏。

通常,RTO 阀在每 30～120 s 启动一次(每个完整循环运行两次)。在全年每天 24 小时的操作中,阀门将经历数百万次循环。因此,在这种应用条件下必须使用非常耐用和维护费用低的阀门。

10.10 单室设计

多年来，大多数 RTO 设备供应商提供的设计至少有两个独立的蓄热床。然而，在 20 世纪 90 年代后期，一些供应商开发了单室设计。在该概念中，使用单个圆柱形蓄热填料室，废气流是垂直的，腔室分为扇形形状。单个旋转分流阀控制流向特定区段的入口和排气的流量，第一个区段用于预热废气，第二个区段用于将热量传递到蓄热体。旋转阀在运动中转到特定位置，顺序地引导气流进入和离开适当的蓄热填料床。这种类型的单向阀可实现快速旋转和蓄热体最佳利用。一种单室设计如图 10.5 所示。这种概念的其他版本中，转动整个蓄热床的如图 10.6 所示。据报道，这些设计还可以减少双/多床中循环设备循环翻转时出现的压力波动的幅度。

10.11 添加辅助燃料

通常，RTO 停留室上会安装一个或多个燃烧器。它们主要有两个用途：(1) 使系统正常启动升温；(2) 在稳态运行期间提供余热以将从蓄热床排放出来的气体升温至指定的停留室操作温度。在一些设计中，辅助燃料与进入的废气流混合以提供达到最终温度所需的热量，具有两个优点：(1) 当环境空气用作燃烧器的助燃空气时可能产生的额外质量不会添加到系统中；(2) 由于无焰氧化，氮氧化物(NO_x)排放非常低。当燃烧器用于此应用时，废气流有时可用作助燃空气源。虽然这减轻了额外热负荷的影响，但这部分废气流尚未通过散热床预热，因此，与床内辅助燃料喷射相比，仍然增加了系统热负荷。

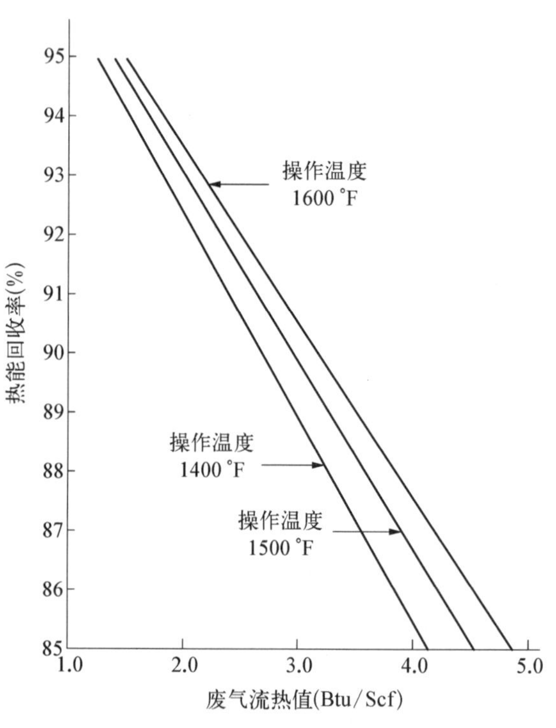

图 10.10 自维持氧化所需的废气流热值

在某些系统中，VOC 本身释放的热量足以维持规定的操作温度。图 10.10 显示了在各种操作温度和热能回收效率下，自维持氧化所需的废气流热量含量。

10.12 污染物排放

虽然 VOCs 破坏效率是 RTO 设计和操作的函数，但是与基本的（无热回收的）和换热式热氧化器设计相比，NO_x 和一氧化碳(CO)的排放通常较低。由于其高热回收效率，

RTO 几乎不需要辅助燃料。热 NO_x 主要在燃烧器火焰中产生。燃烧器燃烧率低（或者燃烧器没有与床内辅助燃料添加发生燃烧），同时总 NO_x 排放也低，通常小于 10 ppmv。

若当废气含有含氮组分时，无论添加辅助燃料的方法如何，这些组分中的大部分将转化为 NO_x（化学结合的 NO_x）。NO_x 排放将在第 11 章中详细讨论。

10.13　废气成分对设计和操作的影响

在设计和操作 RTO 时，需要特别考虑几种 VOCs 的工业废气流的常见成分。下面将讨论这些成分与其设计特性以调节适应它们。

10.13.1　无机颗粒

通常，RTO 用于处理无颗粒废气流。因为随着时间的推移，颗粒会堵塞蓄热床。有时颗粒是不可避免的，因为它在燃烧过程中由废气的成分（如有机硅酸盐）形成。规整填料的一个优点是其对颗粒的耐受性更强。由于具有直线形且处于层流状态的矩形孔道，与散堆填料相比不太容易被颗粒物堵塞。然而，有些堵塞还是会发生在蓄热体块的边缘。最好在 RTO 的上游就将颗粒物除去。用于执行此功能的系统有织物过滤器、干式静电除尘器（ESP）和湿式静电除尘器（ESP）。

10.13.2　有机颗粒和烘烤循环

有时，RTO 中形成的颗粒本质上是有机的（可燃的）。它们来自废气中的有机气溶胶或来自蓄热床冷端冷凝的废气流的有机成分。这些通常使用“烘烤”循环来加以控制。在烘烤循环中，通过气流持续一个方向流动而不翻转循环或通过加大燃烧器功率来提高进入蓄热床气体的温度，进而提高排气温度。系统保持这种操作模式，直到排气温度达到大约 900 ℉。废气排放路径上的阀门必须能够耐受烘烤温度或能用其他方法降温。通过系统的压降升高可能意味着需要进行烘烤操作。

10.13.3　含卤素或含硫的有机物

如果废气含有卤代化合物或含硫化合物，在氧化反应过程中则会产生酸性气体。RTO 操作的瞬态特性加剧了酸腐蚀的问题。为了解决这个问题，需要坚硬耐腐蚀的耐火材料来代替通常用的陶瓷纤维耐火材料。有时，耐火材料后面的金属衬里被涂覆以防止酸侵蚀，或施加膜衬里。介质支撑需要高合金、耐腐蚀金属，以及排放阀和 RTO 的任何冷端金属部件。和其他类型的热氧化系统一样，高温有利于 HCl 和 SO_2 的形成。

10.13.4　碱金属腐蚀

某些废气，特别是在木制品工业中产生的那些废气，含有碱金属（如钠、钾）。已经发现这些成分会化学侵蚀并降解一些陶瓷蓄热介质。而较高氧化铝含量的介质对这种类型的侵蚀具有最强的抵抗力。例如，传统的陶瓷鞍具有约 25%的氧化铝含量。实际现场经验表明，氧化铝含量为70%的介质耐碱腐蚀性能尤其优越。

10.13.5 氧气浓度

RTO通常应用于受VOCs污染的空气。同时，它们也成功地被应用来处理氧含量低的废气。但是，氧气体积浓度至少达到4%～7%才能实现高VOCs破坏效率。或者，可将空气与氧含量低的废气混合一起注入RTO装置中。

10.13.6 VOCs负荷

蓄热式热氧化器一般用于处理废气中VOCs浓度低于15%爆炸下限(LEL)的废气。由于这些系统的热回收效率高，浓度高于该水平可能导致温度升高并使系统过热。一个典型的情景就是当工艺波动时，废气中VOCs浓度突然增高。这部分增加的VOCs氧化反应放出的热量提高了停留室的温度，使烟囱排气温度也随之上升。在这种情形下，系统部件的温度上限可能会被突破。

一种控制VOCs浓度波动的方法是在RTO设计中加入热旁路，如图10.11所示。旁路直接将燃烧产物转移到烟囱，绕过蓄热床。这个旁路必须谨慎设计。旁路管道的建造材料必须是耐高温的，或者是耐火衬里。热旁路风门必须包括在内，烟囱的设计也必须考虑能否承受高温。

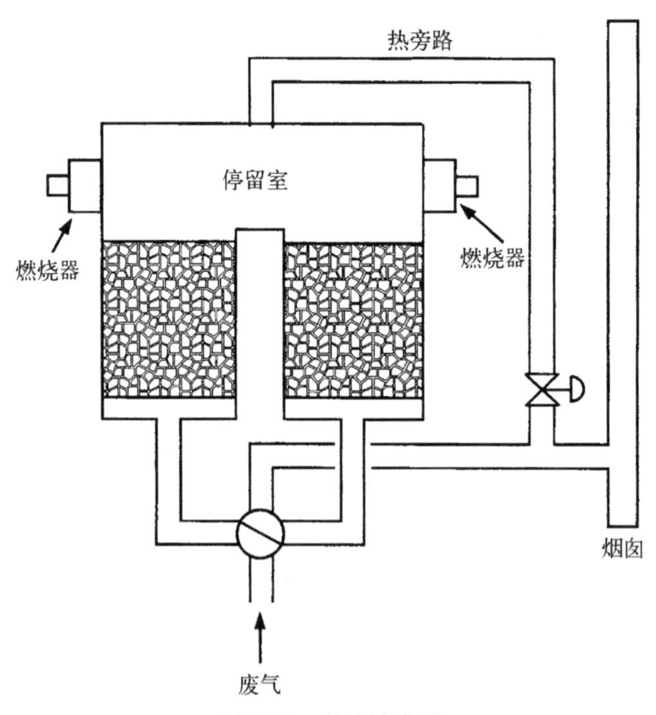

图10.11 热旁路布置

第二种旁路结构如图10.12所示。这里使用了冷旁路。部分或全部的废气被分流到蓄热床周围。因此，没有预热，废气流的最终温度可以更容易地被控制。

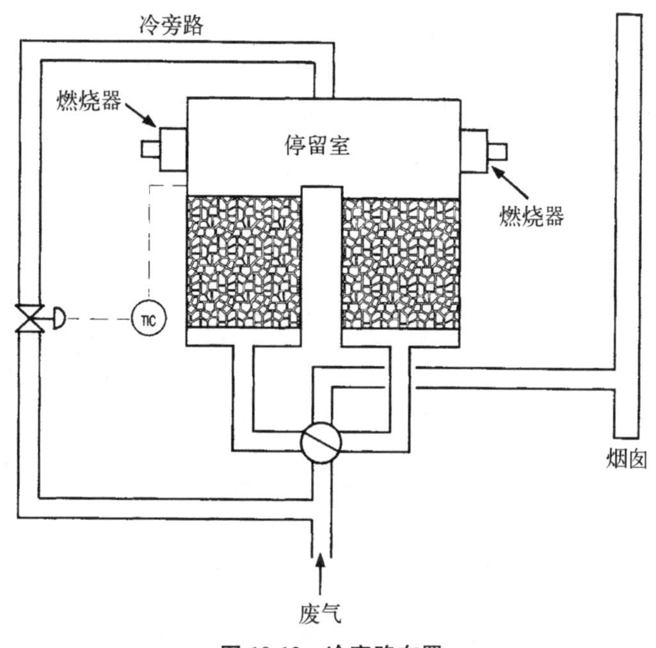

图 10.12　冷旁路布置

10.14　排气温度控制

进入烟囱的燃烧产物的温度在循环周期内不断变化。热回收效率是循环持续时间的直接函数。通常循环翻转是由时序控制的。或者可以监测出口温度，当这个温度达到预设值时循环就翻转。

10.15　废气驱动力

通常，使废气从生产过程中排出的压力不足以克服 RTO 系统的压降。位于 RTO 的上游(强制通风)或下游(引风)的风扇用于提供废气流过该单元的动力。在不同的流量条件下，风扇压力可通过风门或变频器(Variable Frequency Drive，VFD)控制。VFD 的应用尤其适用于废气来自几个不同排放源的情况。通过改变风机转速，调节到最匹配工艺需要的功率，电能消耗也可以达到最小。使用 VFD 增加的成本必须要与电能节省成本相权衡。

10.16　蓄热式催化氧化器

在 20 世纪 90 年代中后期，蓄热式催化氧化器(RCO)出现并被用来处理 VOCs 废气。正如催化氧化器是基本的或换热式热氧化器的替代品一样，蓄热式催化氧化器是蓄热式热氧化器(RTO)的替代品。除了在每个蓄热床的顶部添加一层催化剂之外，它们是相似的。RCO 概念如图 10.13 所示。有时在催化剂上方添加薄层陶瓷介质以保护其免受来自停留室的辐射热。同样，与没有催化剂的操作相比，达到给定程度的 VOCs 破坏效率所需的操作温度要低得多。RCO 通常在 600～800 ℉的温度下运行，而 RTO 的运行温度为 1 400～1 500 ℉。

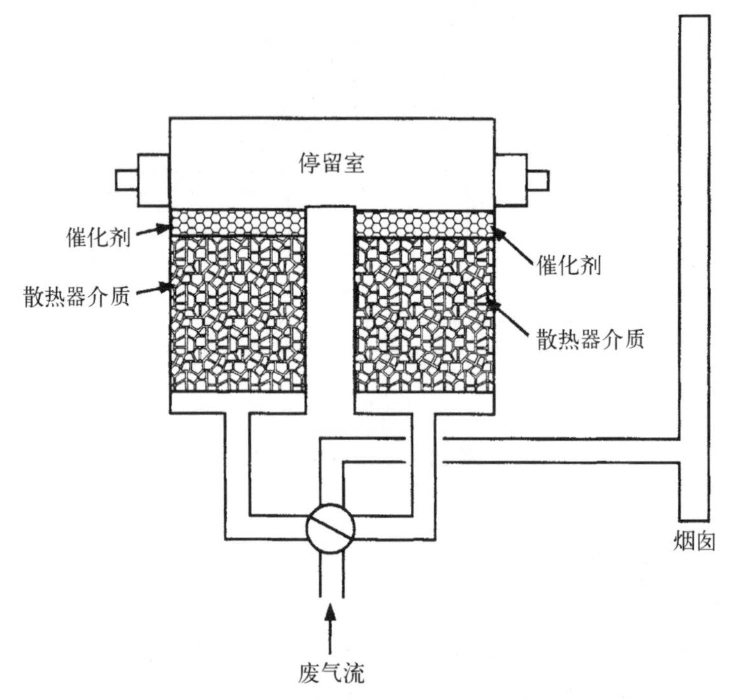

图 10.13　蓄热式催化氧化器(RCO)

在 RTO 中，VOCs 破坏基本上在燃烧产物通过出口蓄热床排出之前完成。而对于 RCO 来说，VOCs 氧化反应在进口蓄热床和出口蓄热床顶端发生。在两床之间对燃烧产物取样分析会发现 VOCs 破坏效率不足。然而，这说明了 RCO 的另一个优点，氧化反应发生在催化剂床中，而不是在停留室中。因此，停留室仅用作将气体从一个床引导到另一个床的通道，并且其尺寸可以大大减小。

RCO 不仅降低了辅助燃料成本，还降低了系统压降。由于所需的操作温度降低了，所以在废气进入催化剂之前预热废气流需要较少的蓄热填料。即使添加催化剂，RCO 的整体系统压降也小于 RTO。

例 10.3　比较在 100 ℉下处理 20 000 scfm 废气流的应用中 RCO 与 RTO 的燃料和电能节省。废气流含有 40 lb/h 的 VOCs，其热值为 17 500 Btu/lb(LHV)。为了达到所需的 VOCs 破坏效率，RTO 在 1 400 ℉下运行，RCO 在 700 ℉下运行。通过 RTO 系统的压降为 12 in 水柱，通过 RCO 系统的仅为 8 in 水柱。通过 RTO 具有 95%的热能回收率，而 RCO 具有 92%的热回收率。假设运行 8 400 h/a，辅助燃料价格为 3.5 美元/MM Btu，风扇总效率为 65%，电力成本为 0.07 美元/(kW・h)。

解　使用前面描述的方法，有

	辅助燃料（MM Btu/h）	年度燃料成本（美元）	风机需要马力（HP）	全年电能成本（美元）
RTO	0.81	23 814	58	25 407
RCO	0.39	11 466	39	17 084

10.16.1　催化剂类型

在第 9 章中已经描述了用于换热式催化氧化器所用的催化剂。在 RCO 中使用相同类型的催化剂，通常，贵金属催化剂更常见。将催化剂涂覆在散堆和规整填料基材上，普通金属催化剂可以产生不完全燃烧的产物，如醛和一氧化碳。

虽然 RCO 在节省辅助燃料和电力消耗方面具有优势，但它们也具有在第 9 章中所描述的那些缺点。例如，催化剂成本，催化剂更换、老化、掩蔽和中毒等。因此，RCO 与 RTO 的经济性比较必须包括使用寿命周期成本。

10.16.2　废气成分

通常 RCO 处理的废气中氧气含量可以低至 2%～3%。另外，如第 9 章所述，若废气中有含卤素或含硫化合物时需要特别注意催化剂的选择。实际上，这是较低工作温度的一个缺点。当存在含硫化合物时，RCO 低得多的操作温度有利于形成氯气（Cl_2）而不是 HCl、SO_3而不是 SO_2。这些酸性气体需要特殊的设计考虑和材料选择，以防止腐蚀。如果下游需要洗涤系统，就更加要注意这些组分带来的问题。

VOCs 浓度的波动也给 RCO 带来了特殊问题。RCO 中可以使用旁路，其旁路绕过了一层用作 VOCs 氧化的催化床。因此，如果必须使用旁路，则必须相应地调整催化剂床的尺寸。

10.17　RTO 改造

RCO 的使用在 RTO 使用之后，一些 RTO 安装可用 RCO 改造。这种改造可以通过在现有蓄热床（如果存在空间）的顶部上对催化剂进行热处理或者用催化剂替换部分蓄热填料来实现。催化剂本身也是一种良好的蓄热材料。如果放置在现有蓄热材料的顶部，则可以增强系统的热回收效率。

10.18　RTO 行业经典应用案例

10.18.1　化工行业

化工行业是 VOCs 废气排放管控的重要行业。中国大连兆和环境科技股份有限公司拥有国内顺酐生产装置丁烷氧化尾气治理单台处理量最大的 RTO 设备（图 10.14），废气风量16.5 万 Nm^3/h，项目总投资 1 700 万元，该项目采用五塔 RTO 设计，阀门采用气密封结构，进一步增强密封性，提高排放等级。

前端废气首先被引入气液分离器，将前段吸收工艺夹带的液滴进行有效的气液分离后，经过阻火器进入RTO系统进行氧化焚烧。

图10.14　五塔RTO设备

五塔RTO在运行过程中始终保持“两进两出，一吹扫”状态。废气首先通过两个进气阀门进入蓄热室床层进行换热，换热后废气达到氧化反应温度，在氧化室进行焚烧。由于VOCs浓度较高，在燃烧过程中释放的大量热量在保持自热的同时还可以提供给余热锅炉生产蒸汽。净化后的高温气体一部分进入余热锅炉，另一部分穿过蓄热室床层经两个排气阀门引出至烟囱排放。为提高RTO的净化效率，在进排气阀门处特别增设了气体密封装置，通过在阀门硬接触面处设置高压气帘，有效降低了VOCs物质的泄漏率，大大提高了系统的净化效率。

(1) 前端气液分离器填料部分采用菱形蜂窝陶瓷装填，夹带液滴的气体在通过填料区域的过程中被强制进行多次快速的流向转变，由于惯性，液滴将与陶瓷壁体发生多次动能碰撞，液滴附着在陶瓷壁体表面后通过液滴间的聚结效应形成液膜。附着在陶瓷壁体表面的液膜在自身重力、液体表面张力和气体动能的联合作用下在夹层中汇流成股后，在自身重力作用下流入分离器底部，并最终通过排液口流入废液储罐。

(2) 经气液分离器处理后的废气穿过阻火器进入RTO进行焚烧处理，阻火器采用波纹板结构设计，具有安装方便、阻力小等优点。

10.18.2　橡胶制品行业

橡胶制品生产行业废气排放非常具有特色，主要问题是有机硫气体难以处理。

中国上海安居乐环保科技股份有限公司发明了环保的安全型蓄热式焚烧炉(Guarantee Regenerative Thermal Oxidizer, GRTO)，并用于东海软管(大连)有限公司废气治理项目。该项目处理工艺按工况情况分两种技术组合，分别是 GRTO 技术＋吸附工艺。其中二次硫化炉和消音器罐产生的废气流量为 4 000 m^3/h，理论最大浓度为 162.67 mg/m^3，采用洗涤＋过滤＋GRTO 工艺。硫化罐和 TSC 产出的硫化废气流量为 14 340 m^3/h，理论浓度为 18.41 mg/m^3，采用过滤＋活性炭吸附工艺。工艺设备主要包括主体设备安全型蓄热式氧化炉 1 套(以下简称 GRTO)、活性炭吸附箱 1 套、风机 5 台(中继风机、应急风机、GRTO 风机、吹扫风机、助燃风机)、粉尘过滤箱 2 套、洗涤塔 1 套(图 10.15)。

硫化炉及消音器罐产生的废气通过管线收集，经过洗涤塔水洗去除油和酸性气体后，再由过滤系统消除粉尘和气溶胶，后续由系统风机带动进入 GRTO 炉进行氧化处理后于烟囱排出。硫化罐和 TSC 产生的废气直接由过滤系统处理后经活性炭吸附箱进行吸附净化后于烟囱排出，使用一段时间后的活性炭可由水蒸气进行脱附再生。

蓄热床中装有陶瓷填料，并衬有一个绝热层，用于隔绝反应时产生的高温。燃烧室位于蓄热填料的上方，将蓄热填料床相互联通，燃烧室内衬有纤维保温材料。燃烧器系统带有单独的燃烧空气接头，设于 GRTO 装置的一侧，使操作人员易于接近并进行各种必要的操作。

图 10.15　GRTO 设备

废气通过热回收室(蓄热槽)进入燃烧氧化炉腔，在这个过程中，高温蓄热陶瓷会先预热入口废气，预热后的废气被导入氧化炉腔。当废气经过蓄热槽时，温度会急剧升高。在燃烧氧化槽中，废气经高温氧化反应后，变为高温干净气体，然后通过并加热另一侧的蓄热槽。为了保持蓄热槽的最佳热回收效率，系统通过 PLC(Programmable Logic Controller)控制双切风门作定期切换。这样周期性地切换使整个氧化炉体内部的温度分布变得更加均匀。

10.18.3　印刷行业

印刷行业是 VOCs 排放的的重点行业，但是能达到减风增浓、高效治理的工艺要求的很少。以中国无锡爱德旺斯科技有限公司承接的许昌永昌印务有限公司的烟草包装印刷废气治理为例，该项目设计安装了RTO主体设备、可脱附活性炭设备和光氧催化设备、循环风净化装置等设备，通过对凹印机组实施LEL减风增浓、增加地排风系统和区域封闭改造，实现了对凹印机高浓度VOCs废气治理；通过对胶印、丝印、单凹等排风系统进行改造，对包含仓库、调墨间等低浓度VOCs废气治理；通过对烫模和检品车间安装空气循环净化处理系统实现工作环境的优化。

RTO设计风量为40 000 Nm^3/h，选用两室加捕集室设计，VOCs去除率达99.5%以上，可有效满足目前生产线废气处理后的排放要求。另外，热效率可达95%，在废气浓度大约为2 g/Nm^3 的工况下，RTO正常运行时不需要消耗天然气。

图 10.16　RTO设备

该项目收集方式非常有特色，对凹印设备实施整体隔离，在凹印机周围作隔断进行全密闭收集；墨槽安装有盖板，采用小开口墨桶，并对墨桶和送、回墨管与墨桶的接驳处密封减少裸露；每组烘箱密闭，保持负压；印刷机整体排风收集，收集的VOCs废气排至RTO焚烧后达标排放，涉及UV单元的异味气体和低浓度VOCs废气，输入到光氧离子催化净化和活性炭吸附装置，并对活性炭脱附，脱附后的VOCs废气进入RTO焚烧治理后达标排放。凹印风箱密闭，保持负压，风箱内部安装有风向调节挡板，避免送风无规则吹出时吹向墨槽，防止溶剂加速挥发。

第 11 章 燃烧产物 NO_x 控制

热氧化系统应用燃烧原理将有机化合物转化为无害的副产物。所有的燃烧过程都会产生少量的氮氧化物（NO_x）。根据《清洁空气法案》国家环境空气质量标准（NAAQS），氮氧化物被列为六种指标污染物之一。氮氧化物减排也是 1990《洁净空气法修正案》第一部分的主要目标之一。

NO_x 在阳光照射下与大气中存在的挥发性有机化合物（VOCs）结合形成臭氧。研究发现臭氧浓度在低至 0.1 ppmv 时仍然对人类健康有害。1992 年，美国环境保护署对美国实现 NAAQS 标准的地区进行了重新分类。有 185 个地区被列为臭氧"未达标"地区。通过 1990 年的《清洁空气法案修正案（CAAA）》，联邦政府和各州都严格监管燃烧源的氮氧化物排放。各州必须继续收紧氮氧化物限量，直至达到臭氧的国家环境空气质量标准。

通常有两种方法可用于减少燃烧系统的 NO_x 排放：燃烧控制和燃烧后控制。燃烧控制的目的是防止在燃烧过程中形成 NO_x。燃烧后控制是处理已经产生的 NO_x。两种方法可以同时实施，以实现最低的总体 NO_x 排放。本章将讨论减少 NO_x 的燃烧控制方法。燃烧后控制 NO_x 排放将在第 12 章中讨论。

11.1 表征/修正 NO_x 排放水平

氮氧化物实际上是两种化合物的总称：一氧化氮（NO）和二氧化氮（NO_2）。在正常燃烧温度下，一氧化氮通常占超过总量的 95%。然而，当燃烧气体通过烟囱排放到大气中时，一氧化氮在大气中与氧气反应形成二氧化氮。因此，在计算 NO_x 排放时通常假设 NO_x 是二氧化氮形式存在的（NO_2，分子量为 46）。

NO_x 排放是以百万分之一体积（ppmv）为单位进行计量的。然而，环境监管机构设定的 NO_x 排放限值也可以用磅/时（lb/h）或吨/年（t/a）和磅/百万英热单位（lb/MM Btu）表示。这些不同单位之间的转换如下：

$$NO_x\,(\text{lb/MM Btu}) = \frac{NO_x\,(\text{ppm，干燥}) \times \text{dscf(POC)/MM Btu(HHV)} \times 46}{1\,000\,000 \times 379}$$

式中：dscf——干燥燃烧产物(POC)体积；

MM Btu(HHV)——MM Btu/h 热释放(较高的热值)；

46＝二氧化氮分子量(NO_2)；

379＝燃烧产物的磅摩尔体积[scf/(lb · mol)]。

$$NO_x(\text{ppmv})=\frac{NO_x(\text{lb/h})\times 1\,000\,000}{\text{POC}(\text{lb}\cdot\text{mol/h})}=\frac{NO_x(\text{lb/h})\times 1\,000\,000}{\text{POC}(\text{scfm})\times 60/379} \quad ①$$

$$NO_x(\text{ppmv,干燥})=\frac{NO_x(\text{ppmv,测量值})\times 100}{(100-\text{POC 中 }\%H_2O)}$$

通常，用于测量 NO_x 排放的仪器在进行测量之前会去除水蒸气。因此，这些结果是对应干燥的 NO_x。在计算排放时必须考虑到这一点。通常，排放限值是在燃烧产物中的一定氧浓度下指定的。使用以下等式将测量值转换为校正值：

$$NO_x(\text{ppmv,干燥,修正 }O_2)=\frac{NO_x(\text{ppmv,干燥,}O_2\text{ 测量值})\times(21-X)}{(21-\text{POC 中实际 }\%O_2)}$$

式中：X——被修正后的$\%O_2$(POC 中)。

例 11.1 燃烧器以 10 MM Btu/h(HHV)的速率和 25%过量空气燃烧天然气(1 013 Btu/scf)。在 75 ppmv(干燥)的浓度下测量 NO_x 排放。计算燃烧器的 NO_x 生成率(以lb/MM Btu为单位)。测量的 NO_x 值校正为 3%(干燥)。

解 通过第 5 章中描述的方法，燃烧产物包括以下内容：

燃烧产物	lb · mol/h	scfh	vol%
CO_2	26.05	9 900	7.75
水蒸气	52.10	19 740	15.50
N_2	244.97	92 820	72.88
O_2	13.03	4 938	3.88
		127 380	

$$\text{dscf}=9\,900+92\,820+4\,938=107\,658$$

(如上所示，但不包括水蒸气)

干氧浓度为：

$$\%O_2(\text{干燥})=\frac{4\,938}{107\,658}\times 100=4.59$$

$$NO_x(\text{lb/MM Btu})=\frac{75\text{ ppmv}\times 107\,658\text{ dscf(POC)}/10\text{ MM Btu(HHV)}\times 46}{1\,000\,000\times 379}$$

$$NO_x(\text{lb/MM Btu})=0.098$$

$$NO_x(\text{ppmv,干燥,}3\%O_2)=\frac{75(\text{ppmv,干燥,}4.59\%O_2)\times(21-3)}{(21-4.59)}=82$$

11.2　氮氧化物形成机理

NO_x 由燃烧过程中的三种机制之一形成：热 NO_x、燃料或化学结合的 NO_x 和快速型 NO_x。燃烧过程中的大多数 NO_x 排放是由燃烧空气中氮的热固定产生的。通常热 NO_x 形成机理由下面所示的泽尔多维奇(Zeldovich)平衡反应描述。

$$(1)\ N_2 + O^* \longleftrightarrow NO + N^*$$

$$(2)\ O_2 + N^* \longleftrightarrow NO + O^*$$

N^* 和 O^* 是在高温下 N_2 和 O_2 热解离产生的自由基。降低燃烧器火焰温度的峰值是降低 NO_x 生成速率的常用方法。热 NO_x 的产生也受高温区停留时间的影响。停留时间越长，产生的 NO_x 量越多。

燃料或化学结合的 NO_x 由废气中或燃料本身中存在的氮化合物形成的。通常，诸如天然气或丙烷等气体燃料不含氮化合物。然而，液体燃料如燃料油含有多达 1 wt%的氮，它可以产生大量燃料结合的 NO_x。根据《清洁空气法案修正案》第三部分列为有害大气污染物(HAPs)的 188 种化合物中，有 42 种化合物在它们的分子结构中含有氮原子。

燃料或废氮化合物仅部分转化为等量 NO_x。在大多数情况下，转化效率远低于 100%。转化效率是化学计量、温度和特定的氮氧化合物的复杂函数。一般条件下，大多数化合物的转化效率在 20%～70%的范围内。通常，化学结合型含氮化合物的浓度越低，转化为 NO_x 的百分比越高；反之亦然。表 11.1 显示了典型范围。然而，真实的转化效率是特定的含氮 VOC 化合物和它所暴露的确切燃烧环境的函数。

表 11.1　化学结合的氮转化为 NO_x

燃料氮占总有机化合物的百分比(%)	氮转化效率(%)	燃料氮占总有机化合物的百分比(%)	氮转化效率(%)
1.0	30～35	0.4	42～47
0.8	23～36	0.3	46～51
0.7	34～38	0.2	51～57
0.6	36～40	0.1	58～65
0.5	39～44	0.05	68～72

一种较为少见的 NO_x 形成类型被称为“快速型 NO_x”。由燃料碎裂形成的烃基(CH、CH_2 等)与燃烧空气中的氮反应形成氰化氢(HCN)中间体。然后 HCN 与燃烧空气中的氧气和氮气反应形成氮氧化物，如下所示。

$$CH^* + N_2 \longleftrightarrow HCN + N^*$$

$$HCN + OH^* \longleftrightarrow CN^* + H_2O$$

$$CN^* + O_2 \longleftrightarrow NO + CO$$

快速型 NO_x 的形成与燃料中存在的碳原子数成正比，并且具有弱的温度依赖性和短的寿命。快速型 NO_x 仅在本身产生低 NO_x 水平的富燃料的火焰中显著。因此，快速型

NO_x通常是总体 NO_x 排放的次要贡献者。

11.3 热 NO_x 平衡/动力学

化学平衡决定了最终的反应产物，给予足够的时间使这些反应达到平衡。在这种情况下，化学平衡预测热 NO_x 生成速率将随温度呈指数增加。反应和速率方程是：

$$N_2 + O_2 \longleftrightarrow 2NO$$

$$K_{eq} = \frac{(NO)^2}{(N_2)\times(O_2)}$$

式中：(NO)，(N_2)，(O_2)——一氧化氮、氮和氧的摩尔比例，

K_{eq}—— 平衡常数。

平衡常数是温度的函数，如下：

$$K_{eq} = 21.9 \times e^{-43\,400/RT}$$

式中：R——通用气体常数[1.988 cal/(g · mol · K)]；

T—— 绝对温度(K)。

根据气体浓度，将温度从 2 000 ℉增加到 2 600 ℉可以使平衡时 NO_x 排放增加 50 倍。平衡方程包含分母中的氧浓度，尽管不像温度的影响那样明显，但燃烧产物中较高的氧浓度也有利于增加热 NO_x 的产生。通常，热 NO_x 是温度的指数函数，并随氧浓度的平方根而变化。

虽然化学平衡预测与实际燃烧系统中观察到的趋势相统一，但预测的值通常会高于观察到的 NO_x 排放。因为 NO_x 排放是反应动力学而不是化学平衡的函数。反应停留时间是反应动力学的主要因素。此外，火焰是不同温度下不同气体组合的非均匀混合物。因此，单一温度不能代表火焰中的真实温度。此外，周围的环境也会影响氮氧化物的排放。例如，燃烧器燃烧产物直接进入锅炉的 NO_x 浓度常常较低，因为锅炉的炉管吸收了辐射热，温度降低。同样的燃烧热，燃烧产物进入热氧化器产生的 NO_x 浓度就较高。

表 11.2 天然气燃烧系统的 NO_x 排放因子

系统工具/大型工业锅炉	NO_x (lb/10^6 ft^3天然气)	系统工具/大型工业锅炉	NO_x (lb/10^6 ft^3天然气)
不受控制的	550	受控——烟气再循环	30
受控——低 NO_x 燃烧器	81	商用锅炉	
受控——烟气再循环	53	不受控制的	100
小型工业锅炉		受控——低 NO_x 燃烧器	17
不受控制的	140	受控——烟气再循环	36
受控——低 NO_x 燃烧器	81		

资料来源：Compilation of Air Pollutant Emission Factors, AP-42, 5 ed., Environmental Protection Agency, January 1995.

通常，NO_x 排放是在不同操作条件下由测试燃烧器和燃烧系统确定的。NO_x 排放估算可从美国环境保护署制定的《空气污染物排放因子汇编》中获取。而众所周知的 AP－42 是一种将大气中的污染物与释放形式相联系的重要因素。

11.4　参数效应

NO_x 排放是通过许多参数控制的，但这些数据必须由它们的操作条件和设备来确定。这些因素对 NO_x 排放影响较大，而控制这些因素可以减少 NO_x 的排放。这些主要因素由以下几个方面组成。

11.4.1　温度

在燃烧反应完成后，NO_x 排放受火焰温度和主体气体温度的影响。温度越高，NO_x 排放量越大。如图 11.1 所示，将热氧化器温度从 1 600 F°增加到 2 400 F°使 NO_x 产生加倍。这些值是近似值，因为它们非常依赖于设备，并且取决于将废气注入燃烧室的方法，低 NO_x 燃烧器对温度的影响不明显。较多的废气会增加热氧化器的温度。NO_x 排放是限制温度上升的另一个原因。

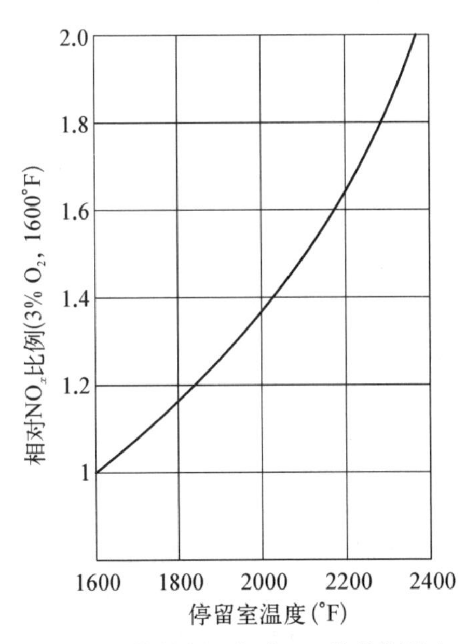

图 11.1　停留室温度对 NO_x 排放的影响

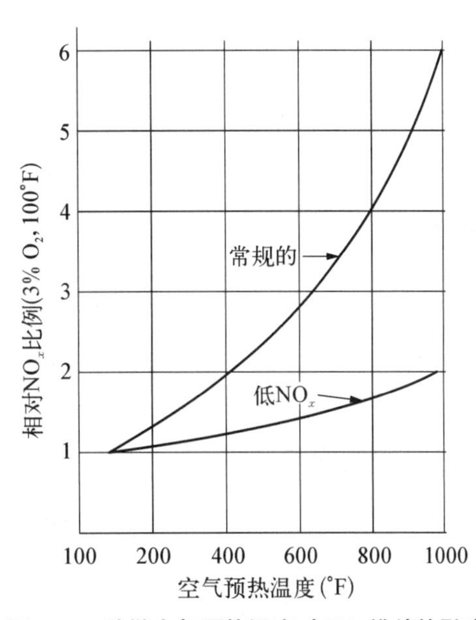

图 11.2　助燃空气预热温度对 NO_x 排放的影响

11.4.2　助燃空气预热

如第 8 章所述，助燃空气可以预热，以减少热氧化系统所需的辅助燃料。然而，这样会存在一个缺点，会增加 NO_x 排放。如图 11.2 所示。同样，如果使用低 NO_x 燃烧器，则效果不太明显。

这种效应有两个例外：分级燃烧系统和再生热氧化器(RTO)。在分级燃烧系统中，有两个独立区域，一个区域空气不足，另一个区域空气过量，预热燃烧空气不会显著影响 NO_x 排放。在燃烧器是没有遇到峰值温度的情况下运行的 RTO 中，废气通过散热床时预热废气不会增加 NO_x 排放。实际上，低 NO_x 排放是 RTO 系统的特征。

11.4.3 过量空气

NO_x 平衡方程表明 NO_x 也是燃烧产物的氧浓度的函数。因此，在低过量空气水平(燃烧产物中较低的氧浓度)下操作可以减少热 NO_x 的产生。大多数热氧化器使用的标准氧含量是燃烧产物的 3%。虽然若将该浓度降低至 2%，VOC 破坏量和 CO 排放量几乎没有差异，但进一步降低该浓度可导致 VOC 破坏效率降低。此外，在 2%氧浓度下，一氧化碳排放量开始增加。当氧浓度下降到 1%时，一氧化碳排放量会非常高。

相反，如果过量空气水平非常高，则 NO_x 排放将减少。这是由于这种过量(未反应)空气流的显热负荷的冷却效应。同样，热 NO_x 是温度的强函数。降低燃烧器的火焰温度是减少 NO_x 排放的一种方法。然而，同很低的过量空气水平一样，对大多数燃烧器而言，非常高的过量空气水平也会增加一氧化碳的排放量。

图 11.3 显示了过量空气和 NO_x 水平之间的关系。该曲线显示了过量空气对 NO_x 排放的影响。在该曲线中出现峰值为精确氧气浓度取决于特定燃烧器和燃烧它的系统。因此，对于不同的系统，峰值将以不同的浓度出现。

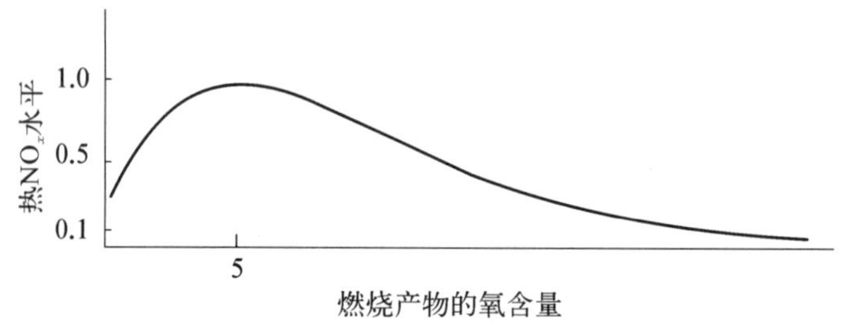

图 11.3　热 NO_x 与过量空气的关系

11.4.4 助燃空气氧含量

通常，环境空气或被污染的空气都可以用作热氧化器燃烧的氧源。但是，只要氧气含量足以维持稳定的火焰，就可以使用氧含量较低的气体，如图 6.4 所示。氧含量越低，NO_x 排放越低。这与烟气再循环(Flue Gas Recirculation，FGR)具有相同的效果(后者将在后面章节中描述)，外焰的氧浓度降低。如前所述，热 NO_x 排放与氧浓度的平方根成正比，若将燃烧空气的氧含量从 21%降低至 16%，将使 NO_x 排放减少大约一半。

11.5 燃料类型的影响

在热氧化系统中用作辅助燃料的燃料也可以影响 NO_x 排放。这种影响是由于气体燃料绝热火焰温度的不同和液体燃料中不同的氮含量造成的。

绝热火焰温度越高，NO_x 排放也越高。各种气体产生不同的绝热火焰温度。例如，如图 11.4 所示，氢气绝热火焰温度特别高，会增加 NO_x 排放。表 11.3 列出了一些纯气态燃料和普通工业燃料混合物的绝热火焰温度。

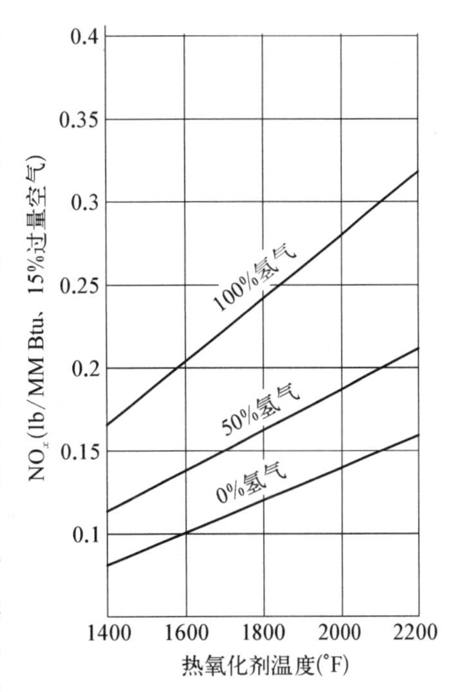

图 11.4 燃料氢含量对热 NO_x 生成的影响

燃料油是热氧化系统中作为辅助燃料使用的最常用的液体燃料。根据其性质，燃料油按编号从 1 号到 6 号进行分类。数字越低，油的密度越小。低序号燃料油还含有较少的杂质，如硫和灰分。2 号和 6 号燃料油是热氧化器应用中最常用的燃料油，2 号相对较纯，硫含量通常在 0.4%～0.7%之间，氮含量在 0%～0.1%之间。与气体燃料相比，虽然 2 号燃料油将产生稍高的 NO_x 排放，但差异通常在 20%～25%的量级。相比之下，6 号燃料油含有高含量的硫(高达 3%)和氮(高达 0.3%)。这种油不仅在燃烧过程中将硫转化为二氧化硫，而且还可以产生非常高的 NO_x 排放，具体含量取决于油中氮的精确浓度。大约 45%的燃料油中的氮将转化为 NO_x。

11.6 氮氧化物预测

在一定的设备设计和操作条件下，NO_x 的排放趋势是明确的。但是，对 NO_x 排放的精确计算的广义预测是困难的，因为这取决于很多因素，包括热氧化器设计、燃烧器设计、废气注入方法、混合程度和 VOCs 与辅助燃料氧化放热的比例。

表 11.3 常见燃料和燃料混合物的绝热火焰温度(化学计量比空气)

汽油/燃料混合物	绝热火焰温度(°F)
一氧化碳	4 311
氢	4 145
天然气(甲烷)	3 773
丙烷	3 905
乙炔	4 250
氨	3 395
丁烷	3 780
丙烯	3 830
甲醇	3 610
氰化氢	4 250

（续表）

汽油/燃料混合物	绝热火焰温度（℉）
炼油气（591 Btu/scf-LHV）	3 832
低 Btu 煤气（148 Btu/scf-LHV）	3 137
高炉煤气（LHV=92 Btu/scf） （25.6%CO，12.6%CO_2，59.8%N_2，1.3%H_2，0.7%CH_4）	2 582
垃圾填埋气（LHV=447 Btu/scf） （41%CO_2，6.6%N_2，1.6%H_2O，1.8%O_2，49%CH_4）	3 420
焦炉煤气（LHV=471 Btu/scf） （7.4%CO，2.0%CO_2，5.6%N_2，54%H_2，0.4%O_2，28%CH_4，2.6%C_2H_6）	3 929

若废气为富污染物型（高 Btu 值）且被引入燃烧器中，那么这会比在燃烧器下游将贫废气（低 Btu 值）引入热氧化器产生更多的 NO_x。这也说明了对低 NO_x 燃烧器的一种误解。如果辅助燃料燃烧速率比废气热释放率较低，并且废气不通过燃烧器注入，那么低 NO_x 燃烧器对总 NO_x 排放水平几乎没有影响。也就是说，除非燃烧器向系统供应大部分热量，否则低 NO_x 燃烧器可能不适合 NO_x 排放控制。在许多情况下，具有相对低热值（25～50 Btu/scf）的废气流可以提供达到最终操作温度时所需的大部分热能。在这些情况下，低 NO_x 燃烧器对减少 NO_x 排放几乎没有帮助。

11.7 热 NO_x 还原

应用燃烧控制技术可以减少热 NO_x 排放。对燃烧系统设计者来说有很多可用的技术，但它们都是基于三条基本原理：(1) 低温；(2) 低氧气浓度；(3) 减少高温区的停留时间。下面介绍用于降低热 NO_x 形成的具体方法。

11.8 低 NO_x 燃烧器

如果热氧化系统中释放的大部分热量是通过燃烧器释放的，那么低 NO_x 燃烧器可用于减少 NO_x 排放。低 NO_x 燃烧器的特点主要是：(1) 将相对冷的燃烧产物再循环回到外焰中来减少 NO_x；(2) 在高过量空气比下操作以降低峰值火焰温度；(3) 分级引入助燃空气；(4) 分级引入辅助燃料。

相对于燃烧器的燃烧火焰，燃烧产物的温度较低。低 NO_x 燃烧器中的一种就是以将相对低温的燃烧产物循环回到外焰为特征。通常通过钝体、涡旋、折流机构、高速度或环圈来实现。燃烧器的几何形状设计用于控制这种再循环，以在火焰的特定区域提供最佳条件。实现的效率越高，NO_x 排放就越低。

另一类型低 NO_x 燃烧器，是使用高过量空气比（60%～100%）来降低峰值火焰温度。辅助燃料和助燃空气通常在燃烧器上游的增压室中或在燃烧器端口中预混合。空气和燃料必须在点燃之前密切混合。这种类型的低 NO_x 燃烧器有时被称为“无焰”，因为在高过量空气比下几乎没有明显的可见火焰。没有清晰明亮的火焰是低温燃烧的一个标志。

第三种类型的低 NO_x 燃烧器是将助燃空气分开以在燃烧器内形成两个区域。理论上所需空气的约 60%～70%被注入第一区，其中所有燃料都部分燃烧。因为没有足够的氧气可供反应使用，这种富燃料的燃烧减少了 NO_x 生成。将第一阶段中产生的残余一氧化碳和氢气氧化所需的空气注入燃烧器的第二区域。在这两个阶段都避免了峰值火焰温度，再次限制了 NO_x 排放。这些燃烧器在减少高含氮辅助燃料如燃料油中的 NO_x 方面也非常有效。

最后一类低 NO_x 燃烧器设计技术被称为"燃料分级"。在该设计中，一部分燃料被引入助燃空气，在非常稀薄的燃烧区域反应(高过量空气)。由于火焰温度低，NO_x 生成率低。剩余的燃料在主要区域的下游被引入。来自该二次燃烧区的 NO_x 排放被来自主燃烧区的惰性产物抑制。这些惰性物质可降低峰值火焰温度并降低氧气浓度。

总体上，与传统燃烧器相比，空气分级低 NO_x 燃烧器可以将 NO_x 排放减少大约 30%～50%。燃料分级燃烧器可以将 NO_x 排放降低到传统燃烧器产生的 NO_x 排放量的 1/3。一些高过量空气燃烧器可以实现更好的效果。然而，某些情况下不需要外界助燃空气，大量的过量空气可能会有一定的局限，因为这部分空气会需要额外的辅助燃料。此外，空气和燃料分级低 NO_x 燃烧器的火焰比标准燃烧器更长和更窄，这可能会影响热氧化器的尺寸。

11.9　稀薄空气

稀薄空气是指氧气含量较低的空气。燃烧系统使用稀薄空气作为助燃空气也可以降低 NO_x 排放。实际上，这种气体可以是氧气含量较低的废气，也可以通过将废气与环境空气混合来得到，如图 11.5 所示。当将废气与助燃空气混合时，必须检查混合物的有机浓度以确保其不在爆炸极限内或必须包括设计中的其他特征(在第 14 章中讨论)以防止回火。

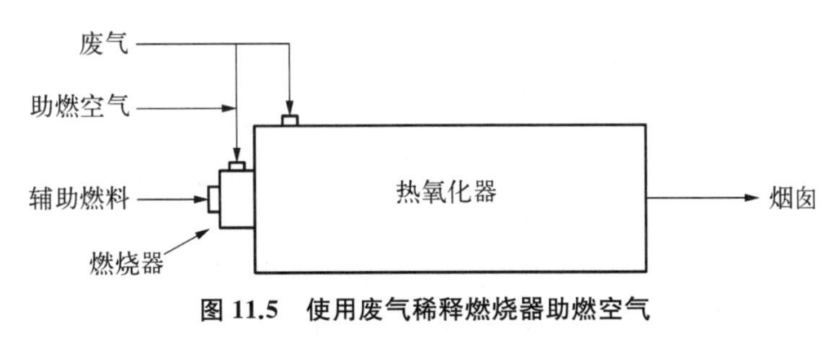

图 11.5　使用废气稀释燃烧器助燃空气

11.10　烟气再循环(FGR)

用于减少燃烧系统中的热 NO_x 产生的另一种常用方法称为烟气再循环(FGR)。利用这种技术，一部分燃烧产物被再循环并与助燃空气混合。通常使用换热式热回收后的温度较低的燃烧产物，一般使用风机来循环燃烧产物。如果不是使用热回收设备先将烟气冷却，则对风机来说气体的温度就过高。该技术如图 11.6 所示。它在概念上与先前所述的空气污染非常相似。

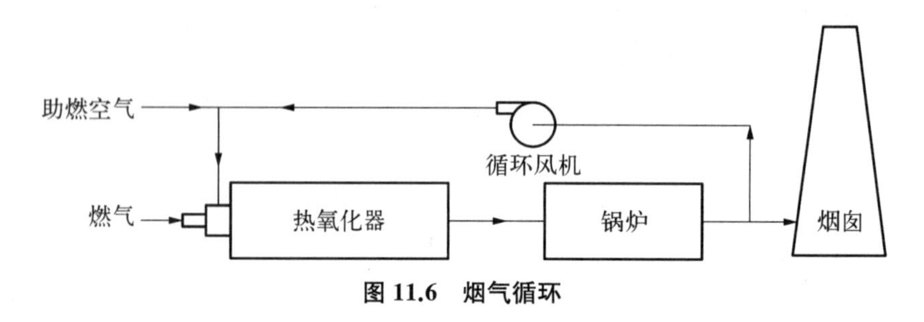

图 11.6　烟气循环

FGR 通过两种机制抑制 NO_x 的形成。第一，火焰峰值温度由于大量气体被加热而降低（显热负荷）；第二，火焰外焰中的氧气浓度较低。火焰峰值温度的降低对降低 NO_x 排放起主导作用。

循环烟气量可以占到总混合气量的 25%～30%。再循环的烟气量仅受较低氧含量下燃烧器稳定性的限制。在高再循环率下，NO_x 排放可降低至 60%～80%。

11.11　燃料混合循环(FIR)

燃料混合循环（Fuel-Induced Recirculation，FIR）与烟气循环类似，不同点在于烟气与燃烧器上游的燃料混合而非助燃空气。通过在燃烧之前稀释燃料，混合物的挥发性降低了，进而降低了会生成快速型 NO_x 的烃自由基的浓度。FIR 还通过与 FGR 相同的方式增加显热负荷来减少热 NO_x。因此，FIR 同时影响热 NO_x 和快速型 NO_x 形成。

11.12　水/蒸汽注入

通常可以通过液体枪将水注入燃烧器火焰中以减少 NO_x 排放。据报道，使用这种技术可以减少高达 70%的氮氧化物。但是，它也具有一些缺点。第一，可能影响对燃烧器稳定性以及在降温火焰中可能形成醛和一氧化碳。第二，如果在热氧化器的下游使用热回收，则水蒸发的潜热不能恢复，导致能量回收减少。

蒸汽注入对燃烧器稳定性的影响较小。蒸汽可与辅助燃料或助燃空气混合。向燃料中加入蒸汽更能减少 NO_x 排放，但这并不是改造现有设备都适用的选择。与注水相比，蒸汽的一部分显热可以在下游回热式热回收设备中回收。在低蒸汽注入速率下，NO_x 减少与注入的蒸汽量成正比。然而，存在一个临界点，超过这个界限后 NO_x 的减量效应减弱，更多的蒸汽注入量会导致火焰的不稳定。蒸汽注入的最大 NO_x 减少量通常在 20%～30%的范围内。

11.13　空气/燃料分级加入

在前面已经介绍过空气和燃料的分级加入在低 NO_x 燃烧器设计中的应用。空气分级加入应用于热氧化器设计时，通常用于含有化学结合氮有机物的废气。这一技术将在本章后面详细讨论。

燃料分级可以有多种应用方式。首先，可以分级加入辅助燃料，该燃料与高流量空气或废气混合，以防止在加入点处形成火焰，产生高 NO_x 排放。一种辅助燃料分级加入概念如图 11.7 所示。

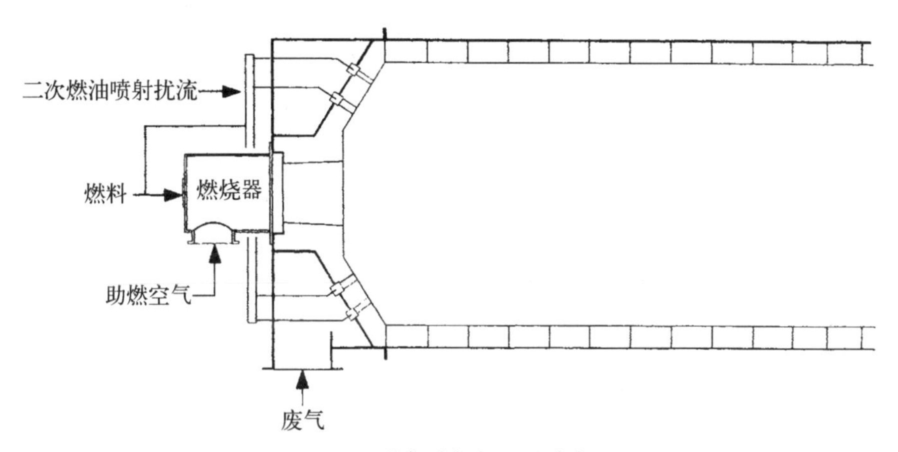

图 11.7　天然气分级加入以减少 NO_x

其次，废气本身也可以被认为是燃料，因为在很多情况下，它提供将气体升高到热氧化器操作温度所需的大部分热量。从这个意义上讲，在燃烧器下游注入废气的方案是属于分级加入燃料的范畴，尽管它们通常不被认为是这样的。与辅助燃料分级加入相比，废气通常不需要稀释剂。由于它们通常具有低的热值，在注入点处形成火焰的可能性是极小的。燃烧器以相对高的过量比操作，以提供氧化注入废气引入的 VOCs 所需的氧气。这具有降低燃烧器本身的 NO_x 排放的额外益处。以这种方式进行燃料分级加入的一个例子，如图 11.8 所示。

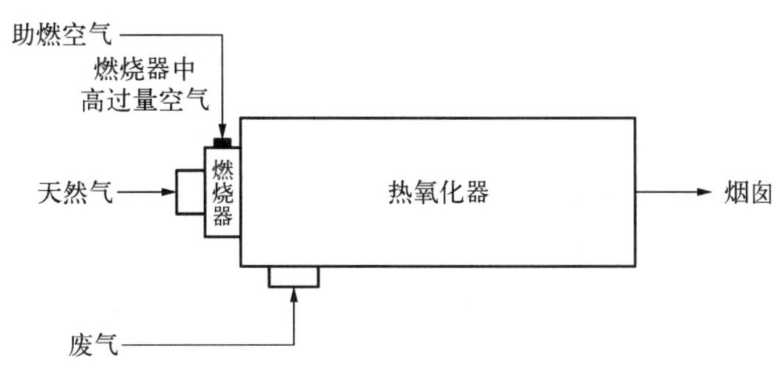

图 11.8　燃料与富污染物废气分级加入

第三种形式的燃料分级加入，通过向其添加辅助燃料来增强废气的热值。此时的废气为系统提供更高比例的热量，并且辅助燃料燃烧器的燃烧速率降低。添加到废气中的辅助燃料被氧化而不是燃烧。这里的区别在于氧化在没有火焰的情况下发生，而燃烧产生高温（和高 NO_x 产出）火焰。

另一种形式的燃料分级加入在概念上类似于“再燃烧”，一种用于公共设施锅炉以减少 NO_x 排放的设计方法。这里，辅助燃料在主燃烧区的下游引入，数量足以消耗所有的氧气，造成欠氧（还原）环境以降低 NO_x 排放。然后在下游加入二次空气以消耗还原气体并提供过量的氧气。应用于热氧化的“再燃”概念如图 11.9 所示，其中废气充当燃料，用于消耗燃烧器中过量的氧气。

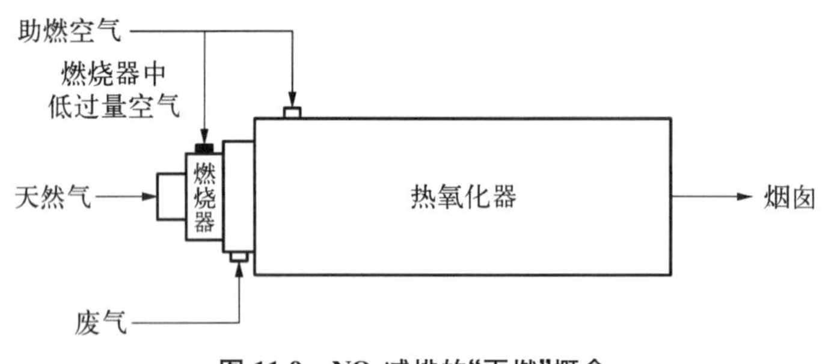

图 11.9　NO_x 减排的“再燃”概念

11.14　分级空气氧化化学结合氮

前面介绍的燃烧系统热 NO_x 减排技术不适用于含化学结合氮（也称为燃料氮）化合物的废气。这类化合物包括二甲胺（C_2H_7N）、丙烯腈（C_3H_3N）、乙腈（C_2H_3N）、吡啶（C_5H_5N）和苯胺（C_6H_7N）。许多工业废气含有这些和其他化学结合的氮物质。当在单级热氧化器中氧化时，可以产生非常高水平的 NO_x，这取决于它们在废气流中的浓度。表 11.1 显示了该氮转化为 NO_x 的估计。

为使化学结合氮转化为 NO_x 的比例最小，可以应用空气分级热氧化器。空气分级热氧化器在概念上类似于空气分级燃烧器，只是在恒温室隔开了空气注入点。如图 11.10 所示。第二级空气引入之前有没有还原区气体冷却都可以应用这种方法。

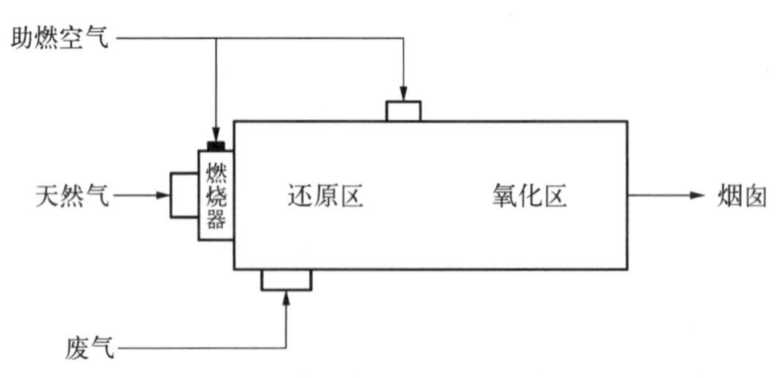

图 11.10　空气分级热氧化器处理含有化学结合氮的废气

级间冷却的目的是在添加二次空气时防止热 NO_x 形成。还原气体可以处于高温(>2 000 ℉)并含有可燃物质(CO 和 H_2)。当添加二次空气时可能会形成高温火焰前锋,从而产生热 NO_x。级间冷却可最大限度地减少这种可能性。然而,如果还原区气体处于较低温度,级间冷却可以防止空气加入时被氧化,因为它们(CO 和 H_2)可能低于其自燃温度。级间冷却利用锅炉炉管、换热器、烟气回流或喷水等已在实际中得到应用。

利用这种分级空气概念,注入还原区的空气量小于理论上所需的量(化学计量)。在这个缺氧区,含氮化学物质中的大部分氮转化为氮气分子(N_2)而不是 NO_x。精确的转化效率是化学结合氮化合物的浓度、还原区化学计量比、还原区温度和还原区停留时间的函数。

使 NO_x 形成最小化所需的最佳条件随废气条件而变化。还原区化学计量的影响如图 11.11 所示。最佳化学计量通常在 0.5~0.8 的范围内。该值代表所需的化学计量空气的分数,并且在许多工业中被称为 λ。有些人更喜欢使用当量比(φ),它是 λ 的倒数。

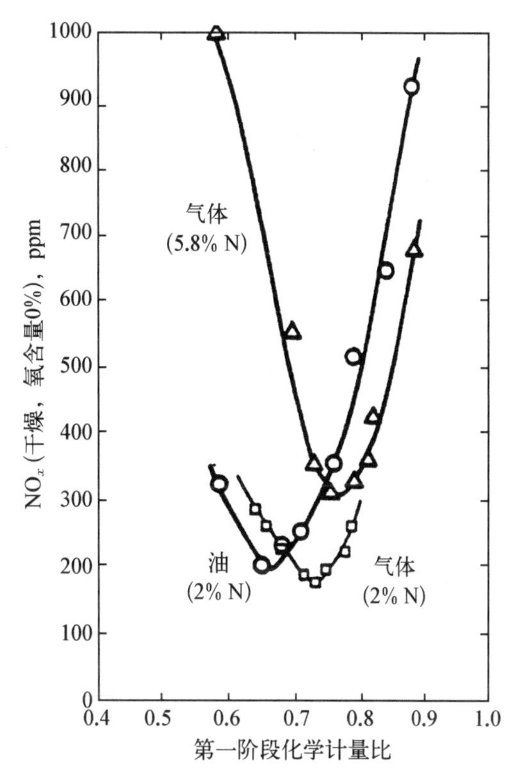

图 11.11　还原区化学计量对 NO_x 排放的影响

测试结果来自燃烧 2.0%和 5.8%氮气燃料和 2%氮馏分燃料油/吡啶混合物。

来源:A Low NO_x Stragegy for Combusting High Nitrogen Content Fuels,EPA-600/7-90-002,1990 年 1月

还原区中的温度越高,由化学结合氮化合物产生的 NO_x 越少。然而,温度与还原区化学计量(λ)之间存在直接关系。在还原区中消耗的可燃组分比例越大,温度越高。然而,这也增加了还原区化学计量。在实践中,通过改变空气注入速率来改变还原区化学计量以优化 NO_x 排放。在空气分级热氧化器设计期间,使用化学平衡计算机程序预测各种化学计量的还原区的温度。该区域的最低温度应至少为 1 600 ℉,以确保在一定程度上减少氮氧化物。实际上,低于 1 500 ℉的温度通常是不可持续的,因为它们太接近于存在的气体的自燃温度,并且不会发生所需的部分燃烧。这些类型的系统中使用的最大还原区温度仅受限于使用的耐火隔热材料。商业设施的运行温度接近 3 000 ℉。

许多工业废气自身已经含有 NO_x。空气分级热氧化在减少已经存在的 NO_x 方面也是有效的。在高温还原区域中已经实现了大于 90%水平的外来 NO_x 的减少。

分级氧化系统中的 NO_x 排放也是还原条件下的气体停留时间的函数。还原区停留时间通常在 0.5~1.0 s 之间。NO_x 减少的最大比例发生在前 0.5 s。第二个 0.5 s 是否需要取决于最终的 NO_x 排放目标。

利用换热器预热助燃空气进行热回收也可以应用于分级热氧化系统。然而,与单级

系统不同，这种预热不会使 NO_x 排放明显提高。

空气分级概念仅适用于其组成中含有少量氧气或不含氧气的废气。该技术的原理在于缺氧(还原)条件下废气的有机组分的部分燃烧。如果废气中存在高浓度的氧气，除非添加过量的辅助燃料以消耗氧气，否则不可能产生还原环境。通常，如果 NO_x 排放超过环境限制，则燃烧后 NO_x 控制必须与这些废气一起使用。

11.15 硫的影响

辅助燃料或废气(如硫醇)中的硫物质可影响形成的 NO_x 的量。在富燃料系统(过量空气)中，这些硫化合物倾向于降低 NO_x 排放。在富燃(还原)条件下，当化学计量在该范围的较高端(约 0.8)时，影响很小。但是在较低的化学计量(如 $\lambda=0.5$)下，这些硫化合物倾向于增加 NO_x 排放。因此，用于控制化学结合氮的分级热氧化系统会受硫化物的影响。

第12章 氮氧化物二次燃烧控制

燃烧控制技术是控制燃烧系统中 NO_x 排放最具成本效益的技术。但是随着氮氧化物排放标准的提高，即使采用这些技术也可能达不到环境法规的标准。在某些情况下，燃烧控制技术可能并不适用于实际情况。对于含有含氮化合物的废气，空气分级技术是不适用的，因为废气中的氧气含量使还原条件难以实现。在这种情况下，NO_x 的二次燃烧控制可能是唯一的选择。

NO_x 的二次燃烧控制有两种类型：选择性非催化还原(Selective Noncatalytic Reduction，SNCR)和选择性催化还原(Selective Catalytic Reduction，SCR)。在 SNCR 中，一种试剂，通常是氨或尿素，被注入热氧化器燃烧产物中。该试剂与氮氧化物(主要是 NO 形式存在)反应，并将其转化为氮气。该过程不需要催化剂，它是由热氧化系统中的高温驱动的。SCR 与 SNCR 相似，不同之处在于试剂是在催化剂床的上游注入并且在较低温度情况下。这两种技术都依靠试剂与燃烧产物中的氮氧化物完全混合以获得最大的效率。这两种技术都被称为“选择性”。在这种背景下，“选择性”是指所注入的试剂优先与燃烧产物中的 NO_x 反应，而不是与氧反应。

氮氧化物也可以通过气体洗涤系统从燃烧产物中清除，其概念与用于从燃烧产物中清除酸性气体的系统相似(详见第13章)。它们由多个填料塔组成，在特定的 pH 下使用强氧化剂，如二氧化氯，将 NO_x 中的一氧化氮氧化为二氧化氮。后面的吸收塔利用还原剂，如硫氢化钠，将二氧化氮除去，反应生成硫代硫酸钠和氮气。这些系统的缺陷在于它们会产生废水，需要在排放之前做进一步处理。在热氧化系统中这种方法并不常用，因此本书不再详细讨论。

12.1 选择性非催化还原(SNCR)

在这种应用中可以使用几种试剂。第一种也是最常用的试剂是氨，其化学式是 NH_3。将其用于氮氧化物燃烧控制的技术最早由埃克森美孚公司获得专利，被称为热脱硝工艺，目前该专利已经过期。此外，氢气可以提高该过程的效力和有效温度范围。氢可以通过电解将初级氨流的侧流分解成氢和氮来产生。然后，该气流与初级氨流结合，同时被注入燃烧废气中。尽管此增强技术已被证明有效，但大多数情况下氨仍然是被单独使用的。它既可以作为无水蒸气被注入，也可以作为水溶液被注入。

尿素是SNCR应用中另一种常用的物质，其化学式为$CO(NH_2)_2$。在高温下，它会分解成与氨相同的中间活性物质。在SNCR应用中，尿素的使用技术在市场上占主要份额的是NO_XOUT方法，该法是由FuelTech公司开发并由它和它的技术受让方在市场上推广。与氨不同，尿素只能以水溶液的形式注入。

三聚氰酸[$(HNCO)_3$，又称氰尿酸]也在氮氧化物二次燃烧控制的商业应用中得到了证明，但不像氨和尿素那么常用，主要是应用在柴油发动机废气中的NO_x控制。与氨和尿素相比，三聚氰酸在低温下使用更为有效。

其他已被证实能够降低燃烧废气中NO_x的化学物质有氰化氢、碳酸铵、硫酸铵和碳酸二甲酯。由于各种原因，尤其是经济因素，这些物质都没有实现商业化，只有在少数特殊情况下才有应用。因此，本书将不再进一步讨论这些物质。

12.2 化学反应

NO_x与氨的还原反应过程如下：

$$4NO + 4NH_3 + O_2 \longrightarrow 4N_2 + 6H_2O$$

该化学方程式表明，在精确的化学计量比下，1 lb · mol(或1 scf)的氨需要1 lb · mol(或1 scf)的NO。换句话说，1 lb NO需要0.57 lb NH_3。

与尿素的反应方程为：

$$CO(NH_2)_2 + 2NO + \frac{1}{2}O_2 \longrightarrow 2N_2 + CO_2 + 2H_2O$$

在这种情况下，根据确切的化学计量比，1 lb · mol(或1 scf)NO参与反应只需要0.5 lb · mol(或0.5 scf)NH_3。然而，由于它的分子量比氨高，所以每磅NO需要更多的(1.0 lb)NH_3。

三聚氰酸化学反应比较复杂，但可以用下面的化学方程式近似：

$$(HNCO)_3 + \frac{7}{2}NO_x \longrightarrow \frac{13}{4}N_2 + 2CO_2 + \frac{3}{2}H_2O + CO$$

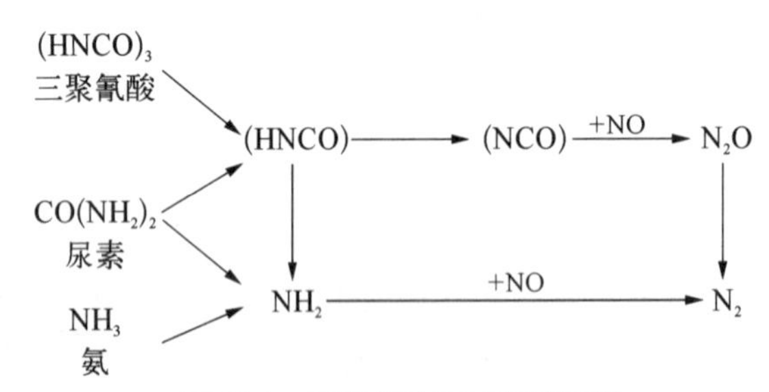

图12.1 氮氧化物还原反应路径

这个方程表明，1 lb · mol(或scf)的NO需要与0.29 lb · mol(或scf)$(HNCO)_3$参与反应。然而，由于其相对较高的分子量，每磅NO需要1.23 lb $(HNCO)_3$。

这三种氮氧化物还原剂的还原化学反应之间的相似性如图12.1所示。

12.3　温度的影响

NO_x 还原剂的有效性取决于它们被注入的燃烧产物的温度。氨的温度窗口如图 12.2 所示。当温度超过 1 900 ℉时，氨实际上会与氧反应生成氮氧化物，而不是参与 NO_x 的还原过程。在低温下，氨的反应活性不足。没有反应的氨，称之为“逃逸”，会成为烟囱排放的污染物。氨还原 NO_x 的最佳温度约为 1 750 ℉。

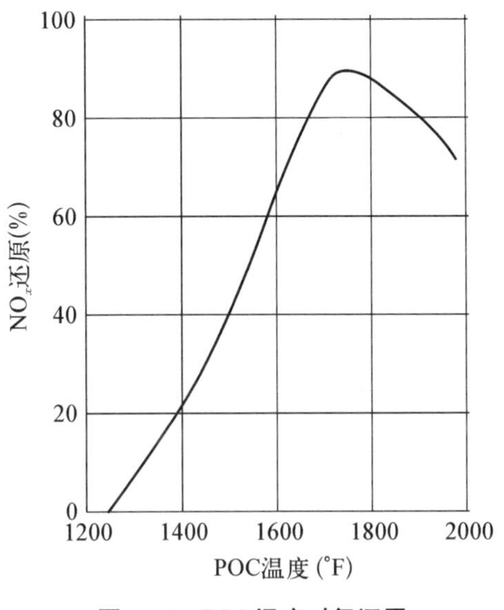

图 12.2　POC 温度对氨还原 NO_x 效率的影响

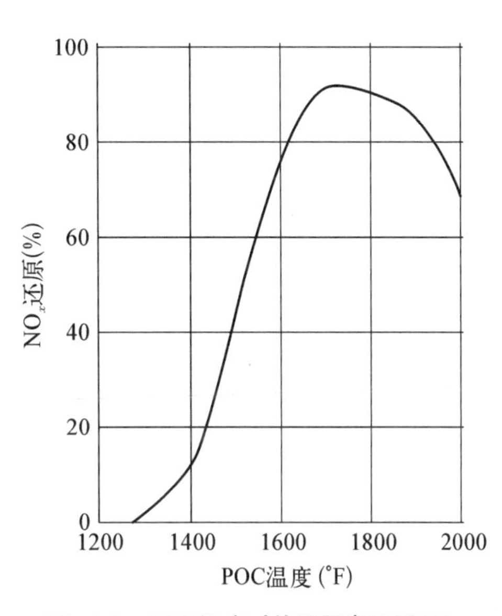

图 12.3　POC 温度对使用尿素还原 NO_x 效率的影响(无增强剂)

尿素的温度曲线如图 12.3 所示，它比氨的曲线要宽一些。同样，过高的温度实际上会导致更多的氮氧化物生成，而不是减少。对于 NO_x OUT 工艺，如加入某些专利添加剂，温度窗口可以更宽一些。使用这些添加剂，尿素系统可以在低至 1 400 ℉的温度下大幅度还原氮氧化物。

虽然使氨和尿素保持有效性的温度区间大致相似，但氰尿酸在较低的温度下是最有效的，在 1 350～1 450 ℉范围内。然而，大量的氮氧化物还原反应发生在高达 1 700 ℉的温度下。

12.4　归一化化学计量比

氮氧化物还原试剂的注入量通常用归一化化学计量比(Normalized Stoichiometric Ratio，NSR)来表示。当 NSR 为 1.0 时表示满足该反应需要的准确试剂量。例如，1 scf 的 NH_3加入 1 scf 的 NO 相当于一个 NSR 1.0。在实践中，需要大于 1.0 的 NSR 才能实现高 NO_x 还原效率。NSR 的范围通常为 1～3。然而，把 NSR 提高到 2∶1 以上产生其他问题。烟囱出口氨逃逸浓度通常随NSR比的增大而增大。

12.5 氮氧化物入口浓度

随着NO_x进口浓度的降低，NO_x的还原效率也随之降低。当初始NO_x浓度为200 ppmv或更高时，可能会达到70%～80%的NO_x还原效率。而当入口浓度少于50 ppmv时很难达到同样的还原效率。尽管如此，即使初始还原效率较低，但也可能达到排放要求。例如，200 ppmv初始浓度下70%的NO_x还原效率，烟囱排放值是60 ppmv；50 ppmv初始浓度下40%的NO_x还原效率，烟囱排放值是30 ppmv。由于燃烧尾气中添加的试剂量相对较少，所以总尾气体积增加值并不明显，因而可以直接计算出减量的百分比。

12.6 停留时间的影响

与所有化学反应一样，NO_x还原反应同样需要反应时间。虽然化学反应本身是迅速的，但试剂与燃烧废气的紧密混合对于获得较高的NO_x还原效率是至关重要的。事实上，NO_x还原的过程是简单和直接的。试剂与燃烧气体的混合是这一过程中最具技术挑战性的方面。通常混合和反应动力学允许的停留时间为0.25～0.5 s。

12.7 燃烧产物中一氧化碳浓度的影响

所有燃烧尾气都含有一定程度的一氧化碳。加入尿素，一氧化碳拓宽了有效温度窗口，将温度窗口整体移至较低的状态，削弱了峰值去除效率，减少了氨的逃逸。对氨而言，一氧化碳将有效温度带转移到较低的温度区域，对温度带宽度或NO_x还原效率峰值影响不大，并降低了氨逃逸。

在大多数设计和运行良好的热氧化系统中，一氧化碳浓度低于100 ppmv。在这个浓度范围内，CO对SNCR系统的影响并不显著。

12.8 实际还原效率

大多数SNCR NO_x还原技术的商业应用都在电力系统。NO_x的还原效率大约在30%～40%之间。这些相对较低的还原效率可以归因于这些SNCR系统是后期被加装到锅炉系统当中的。由于锅炉系统最初的设计并没有考虑SNCR，但是不得不“硬塞”SNCR系统。这导致了温度剖面不能达到最佳、停留时间缺乏及混合不均匀等问题。应用设施的尺寸也增加了达到均匀混合的难度。

这些缺点在热氧化系统中是可以避免的。锅炉的温度分布由于热量被锅炉炉管吸收而不停变化，与之不同的是，热氧化系统等温度分布是相对均匀的，至少在其出口附近是如此。总的来说，与电站锅炉相比，热氧化系统的尺寸要小得多。因此，大大减少了试剂的混合和均匀分布问题。然而，试剂的混合仍然是至关重要的。一般情况下，装置越小，越容易实现均匀混合，NO_x 还原效率越高。对内径在 10 ft 以下的装置，使用氨和尿素可以获得 70%～80%的 NO_x 还原效率。当然，这也是前面说到的设计和操作参数的函数。据报道使用三聚氰酸可以达到 90%以上的还原效率。

12.9　注入方法

在 SNCR 应用中使用的三种主要试剂都采用了不同的注入技术。下面几节将描述每种系统的存储、进料和喷射系统。

12.9.1　氨

与尿素和三聚氰酸不同，氨可以作为无水蒸气或水溶液喷入。无水喷射时，纯氨液体在高压下储存，使用电加热器将液体气化。当氨蒸气输送到喷头时，载气（通常是空气或氮气）与氨蒸气混合，以提供额外的质量。载气与氨蒸气的比例可高达 20∶1。这部分质量提供混合气渗透燃烧尾气流过的整个截面所需的动量。混合气体在喷嘴上游的压力通常为 50～60 psig。喷嘴位于容器的圆周或周边上。所需喷嘴的数量取决于燃烧室的大小。有时候使用交错排列的喷嘴来增强混合效果。典型的无水氨注入系统如图 12.4 所示。

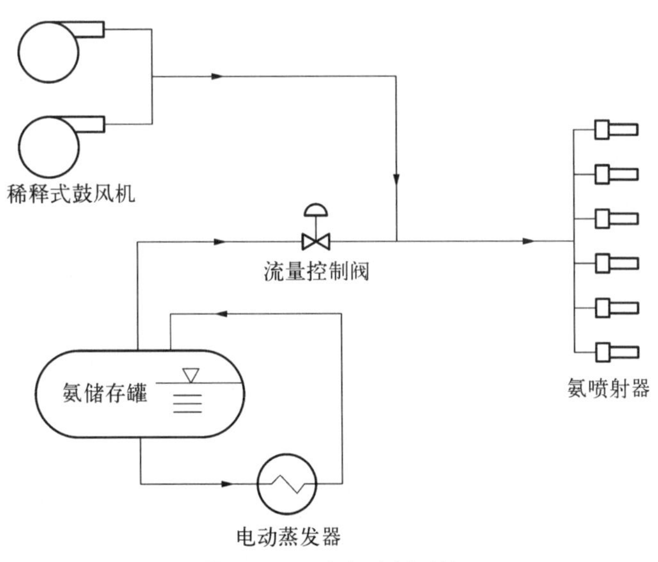

图 12.4　无水氨喷射系统

无水氨储存可能是很多公司都希望避免的一个安全问题。解决方式之一就是使用氨水喷射。这类系统的示意图如图 12.5 所示。氨水溶液的质量浓度一般为 25%～30%，可以从专业供应商处买到，在现场储存。喷射方案是用泵送到喷嘴。流量通过流量控制阀或计量泵调节。单独供应的生产业用水与氨溶液混合以提供足以穿透燃烧废气中心的喷射动量。氨水和分散水各自独立控制。

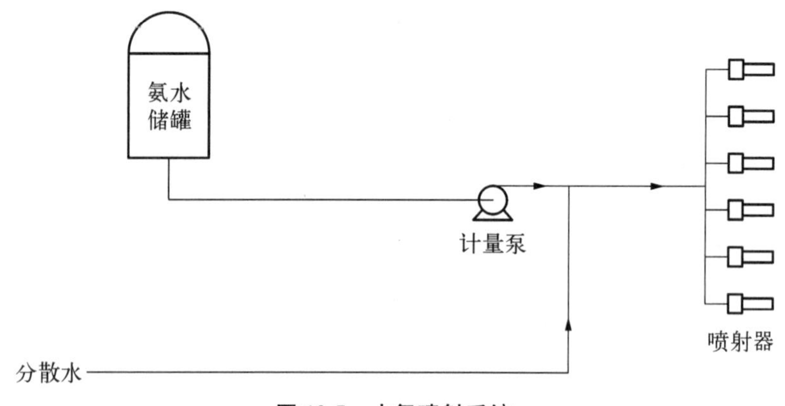

图 12.5　水氨喷射系统

12.9.2　尿素

一个典型的尿素喷射系统如图 12.6 所示。它与水氨喷射系统非常相似。不同的是，为防止尿素在储罐中结晶和保持均匀的浓度，尿素喷射系统中包含了一个循环回路和到电加热器的旁路。特别设计的两个流体喷嘴用来覆盖整个截面，同时保持适当的液滴大小。通常，储罐中的尿素浓度约为 50 wt%。随着稀释水的加入，当其注入燃烧气体时，浓度降低到 2 wt%～20wt%。

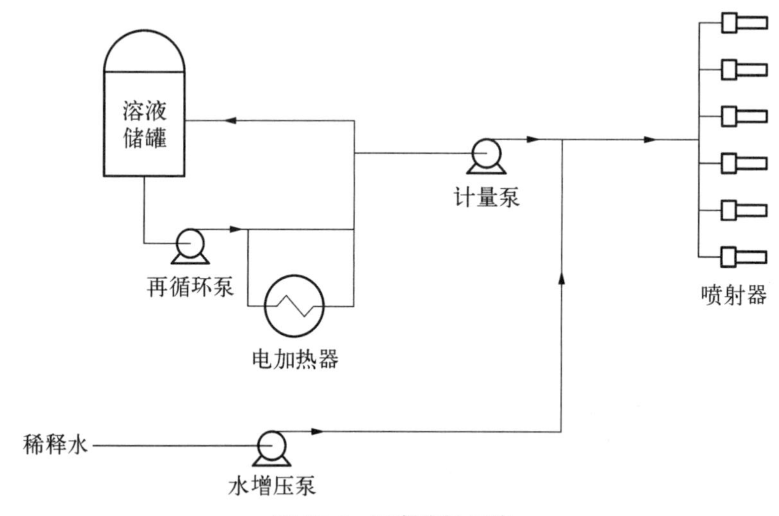

图 12.6　尿素喷射系统

12.9.3　三聚氰酸

三聚氰酸在常温下呈固态。当加热到 700 ℉以上时，它就开始升华(固态至气态)。它在冷水中不容易溶解，因此在喷射到燃烧废气之前利用燃烧产物的热量将其加热到升华温度以上，最终以气态形式喷射，尽管它在储罐中的状态最初是固态的。一般固体是用气动方式输送的，在一种方法中，输送线的一部分嵌入燃烧室中，升华发生在试剂被输送的过程中。三聚氰酸的主要应用是降低大型柴油机的 NO_x 排放。

12.10 计算流体力学建模

如前所述，氮氧化物还原的化学过程很简单。真正的技术难点在于还原剂与燃烧废气的充分混合。如果试剂分子不与一氧化氮(NO)分子接触，反应就不会发生。喷嘴的数量、位置和设计对实现高 NO_x 还原效率至关重要。用小规模的实验装置可以得到很宝贵的数据。但是，当将这些结果应用于截面积尺寸远大于实验装置，流动形式或速度完全不同的装置时，实验室数据的有效性却令人担忧。

为消除这种误差，SNCR 系统供应商通过使用计算流体动力学(Computational Fluid Dynamics, CFD)来进行商业规模的设计。CFD 将流动区域划分为大量的单元格或控制体，称为网格(有限元分析法)。在这些单元中，描述流体流动的偏微分方程——Navier-Stokes 方程都是用代数方法写成的，目的是将压力、速度和温度等变量与相邻单元的数值联系起来。然后这些方程用数值法解出，得到与网格计算相对应的流体流动图形。

CFD 技术可以用来预测温度、试剂分布、气体流速、液滴大小和试剂浓度等参数随时间变化的函数，这种技术应用于 SNCR 系统以选择最佳的喷嘴的数量和安装位置。试剂在整个燃烧废气截面积上的分布是最重要的。使用该工具，可以得到这种分布的理论计算结果，并可以优化喷嘴的数量、位置和大小。

12.11 氨逃逸

并不是每一种注入的试剂分子都与 NO_x 分子发生反应。有很小一部分通常会不发生反应，而成为烟囱排出气的一部分。这个未反应的量叫作“逃逸量”。即使使用尿素作为还原剂，未反应的部分也会以氨的形式出现。氨逃逸是归一化化学计量比(NSR)、燃烧废气温度、混合彻底程度和所用试剂类型的函数。NSR 越高，未反应的试剂越容易发生逃逸。随着 NSR 的增大，并非所有未反应试剂都发生逃逸，其中一部分会生成 NO_x，一部分会还原生成的 NO_x。氨的逃逸率是最高的，三聚氰酸最少，尿素居中。

理论表明，氨逃逸率会随着 CO 浓度的增加而降低，因为 CO 氧化反应增加了局部促进氨反应的自由基的浓度。尿素生成少量 CO 的原因是，当尿素被喷入燃烧废气时，尿素分子的一部分并不是全部被氧化。这部分解释了其较低的逃逸率。一些尿素也遵循图 12.1 所示的三聚氰酸路径，其中 NO_x 被还原而不生成氨。注入甲醇和 NO_x 还原试剂也可以减少氨逃逸。大多数现代 SNCR 系统可以将氨逃逸率控制在 10 ppmv 以下。

12.12 试剂副产物

正如本书前几章所讨论的，含有卤素或硫原子的 VOC 化合物可以在热氧化系统中产生酸性气体。它们对耐火材料和金属的潜在腐蚀作用也已在前面描述过。对于 SNCR

系统，它们也有一定的影响。当硫存在时，硫酸铵$(NH_4)_2SO_4$和硫酸氢铵NH_4HSO_4都能形成。这两种盐的颜色都呈棕灰色到白色，可溶于水。硫酸氢铵是一种黏性物质，可在换热器或余热锅炉部件的低温段形成沉积物。它会引起金属的快速腐蚀以及积垢和堵塞。硫酸铵不具腐蚀性，但是它会导致积垢和堵塞并增加颗粒物排放。

当氯化氢(HCl)是热氧化反应的一个产物时，这种HCl将与氨反应生成氯化铵。氯化铵是一种白色的结晶性固体，具有水溶性、吸湿性和腐蚀性。如果浓度较高的话，它会在烟囱中形成白色烟雾。不透明监视器也无法检测到这种排烟。

氯化氢与氨反应已经被用来作为从燃烧产物中去除HCl的技术。氨被喷射入热氧化器的燃烧产物之中，气体被急冷时，得到的固体氯化铵被收集在集尘袋中。

测试表明，在SNCR过程中并不是所有NO都能转化为氮气，还会形成一些氧化亚氮(N_2O)。转化效率不是所用试剂数量的函数，而是所用试剂的种类的函数。对于氨来说，氧化亚氮的比例不大于5%。然而对于尿素，氧化亚氮可能占到NO_x减量的25%，对于三聚氰酸转化效率更是可能高达40%。尽管N_2O不被认为是NO_x组分，但它却属于温室气体。虽然现在对N_2O的排放尚未进行规范，但未来可能会变化。

12.13 选择性催化还原(SCR)

选择性催化还原类似于选择性非催化还原，因为用于降低燃烧产物中NO_x的浓度使用的化学试剂相同。然而，对于SCR，这些还原剂在催化床上游和燃烧产物被冷却后喷入。这些催化剂促进了与SNCR同样的化学反应，但是温度更低且转化效率更高。SCR很有吸引力，因为它通常都可以达到90%以上的NO_x还原效率。为达到同样NO_x还原效率，影响SNCR优化的参数同样适用于SCR，包括温度区间、停留时间[即气时空速(Gas Hourly Space Velocity, GHSV)]和混合效果。对于SCR、POC必须是氧化性的(含有氧气)。实际上，如果POC的氧浓度小于2%～3%，NO_x的还原效率就会降低。非选择性催化还原(NSCR)是一种类似的NO_x还原技术，适用于缺氧气流。

氨是SCR系统中最常用的试剂，也可以使用尿素，但三聚氰酸是不适用的。考虑到无水氨(一种加压液体)的健康和安全风险，较小的SCR系统使用氨水喷射，较大的系统使用无水喷射，因为在需要大量喷入时，这通常是最经济有效的方法。

催化剂的使用已经在前面VOCs氧化的章节中介绍过了。在第9章中讨论了VOCs的直接催化氧化，在第10章中讨论了蓄热式催化氧化(RCO)。这两章讨论的使用催化剂的原则和注意事项也适用于SCR系统。

SCR应用中使用了两种催化剂基板的几何构型：板式和蜂窝式。板式催化剂由带褶皱的隔板分开的平板组成。蜂窝载体与蓄热式热氧化(RTO)使用的规整填料和直接催化氧化及蓄热式催化氧化(RCO)中使用的催化剂载体相同，如图10.2所示。在SCR应用中，蜂窝的长度通常为1 m。网格开口(称为节距)通常为4～8 mm。在气体清洁的条件下使用较小的孔道，"脏"的气体条件使用较大孔道的催化剂。SCR NO_x还原系统如图12.7所示。

催化剂室通常是矩形的，以适应矩形催化剂元素。催化剂通常被安排在一系列的 2～4 层床的房室中。反应器还常常预留一个开始没有装催化剂的床层空间。这种布局考虑了催化剂老化或通过增加另外一层以提高 NO_x 还原效率的因素。所需催化剂的数量取决于特定类型催化剂的反应动力学和所需的 NO_x 还原程度。

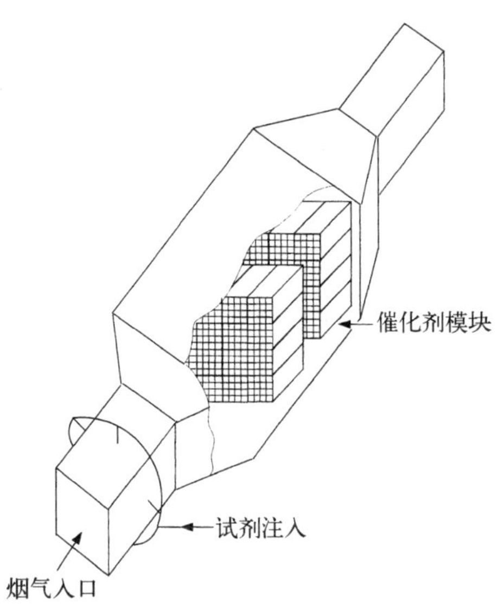

图 12.7　SCR NO_x 还原系统

几种不同类型的催化剂可在不同的气体温度下使用。在 450～800 ℉的温度范围内，将钛和钒氧化物等基本金属催化剂喷入燃烧产物是有效的。对于 675～1 000 ℉的高温操作，可以使用沸石基催化剂。铂、钯等贵金属催化剂可用于 350～550 ℉的低温操作。

对 SNCR 系统，大多数喷入的过量还原剂常常在高温下被氧化。然而，对 SCR 系统，喷入的还原剂所处的温度通常太低而不足以氧化过量还原剂。因此，任何过量还原剂都会出现在烟囱排气中成为逃逸氨。对 SCR 系统，还原剂在或接近于化学计量比条件下被喷入，因为任何过量都会增加氨逃逸率。

当燃烧产物包括酸性气体时也可使用 SCR 系统。SCR 系统可应用于燃煤锅炉(燃用含硫量高达 3%的煤)就是最好的证明。

为在较高的硫含量下操作，必须将氨逃逸率最小化。否则未反应的氨会与三氧化硫反应形成硫酸氢铵，堵塞 SCR 催化剂。通过脱硝处理后烟气中的三氧化硫浓度超过处理前，因为 SCR 催化剂将一小部分的二氧化硫转化为三氧化硫。通过最小化氨逃逸率，抑制通过催化剂的二氧化硫氧化，可以将硫酸氢铵的量维持在会引发故障的水平之下。

现在 SNCR 和 SCR 混合系统也有应用。上游安装 SNCR 以去除大部分的 NO_x，下游的 SCR 催化剂完成最终的 NO_x 去除。这降低了 SCR 的尺寸和投资。SNCR 工艺部分产生的氨逃逸也不再是一个问题，因为它可以用作 SCR 工艺部分的还原剂。两个系统可以共享还原剂储罐和输送系统。例如，如果 SNCR 系统的 NO_x 还原效率可以达到 70%，SCR 的 NO_x 还原效率达到 90%，那么总体的 NO_x 还原效率将会是 97%。

VOCs 热氧化系统配套使用 SCR 系统并不常用。然而，随着 NO_x 排放限值的降低，这种组合系统可能会越来越多。热氧化器的燃烧产物必须降温到催化剂活性最佳的温度区间。如果带有换热热回收装置，燃烧产物热回收之后自然会降温。如果带有废热锅炉，SCR 催化剂可以安装在锅炉各组件之间合适的位置。然而，带有 SCR 催化剂的热氧化系统必须考虑到增加的压降问题。SCR 催化剂的压降通常为 3～5 in 水柱。

SCR 催化剂也可以应用在 RCO。这种应用很少，因为这些装置本身的 NO_x 排放很低。然而，对含有化学结合氮的 VOCs，当利用 RCO 时会生成高浓度的 NO_x。这种应用条件下即可以应用 SCR 催化剂。

第 13 章　气体洗涤系统

正如前几章所讨论到的，某些 VOCs 在热氧化时会产生一些不好的副产品，最常见的是氯化氢/氯气和二氧化硫/三氧化硫；有些燃烧产物包含的颗粒也必须被去除。通常，含有这些成分的燃烧产物必须经过处理后才能排放到大气中。燃烧产物的下游净化称为气体洗涤。

有两种主要类型的气体洗涤系统：湿式和干式。不同供应商提供的设备会有一些差异。此外，污染物种类的性质也会影响气体洗涤系统的设计。例如，颗粒物去除与酸气净化所需要的设备有很大的不同。

13.1　湿式洗涤器

湿式洗涤器之所以得名，是因为液体被用作洗涤介质，而洗涤系统的副产物是液体溶液或浆液。湿式洗涤器可以同时具有两种功能：颗粒物收集和酸性气体控制。微粒的收集依赖于惯性力或静电力，就像湿式静电除尘器一样。对于给定大小的颗粒，物理力（如压降）可使其收集效率最大化。气体排放吸收设备（塔）通过最大限度的液-气接触，以达到最大限度地吸收污染物进入液相。通常吸收塔的设计还需要尽量降低压降和消除材料堆积或堵塞的可能性。

一个典型的湿式洗涤系统如图 13.1 所示。在氧化器的工作温度下，燃烧产物通过连接管道系统从热氧化器进入洗涤器。湿式和干式系统的第一步都是对这些燃烧产物进行降温。在干式系统中，气体被降温到下游设备所能承受的温度。然而，使用湿式洗涤器，气体被降温到绝热饱和温度，这是气体被水蒸气饱和的温度。也就是说，向气体中喷射更多的水并不会改变其水蒸气浓度。文丘里急冷器的结构如图 13.2 所示，实际使用的文丘里急冷器如图 13.3 和图 13.4 所示。其他类型的降温设备也同样有效。最基本的标准是，在进入洗涤系统的下一阶段之前，水必须与燃烧产物紧密混合，使气体达到饱和（或接近饱和）。

急冷后，饱和气体进入一个或多个吸收塔以去除酸性气体。吸收塔的基座有可提供

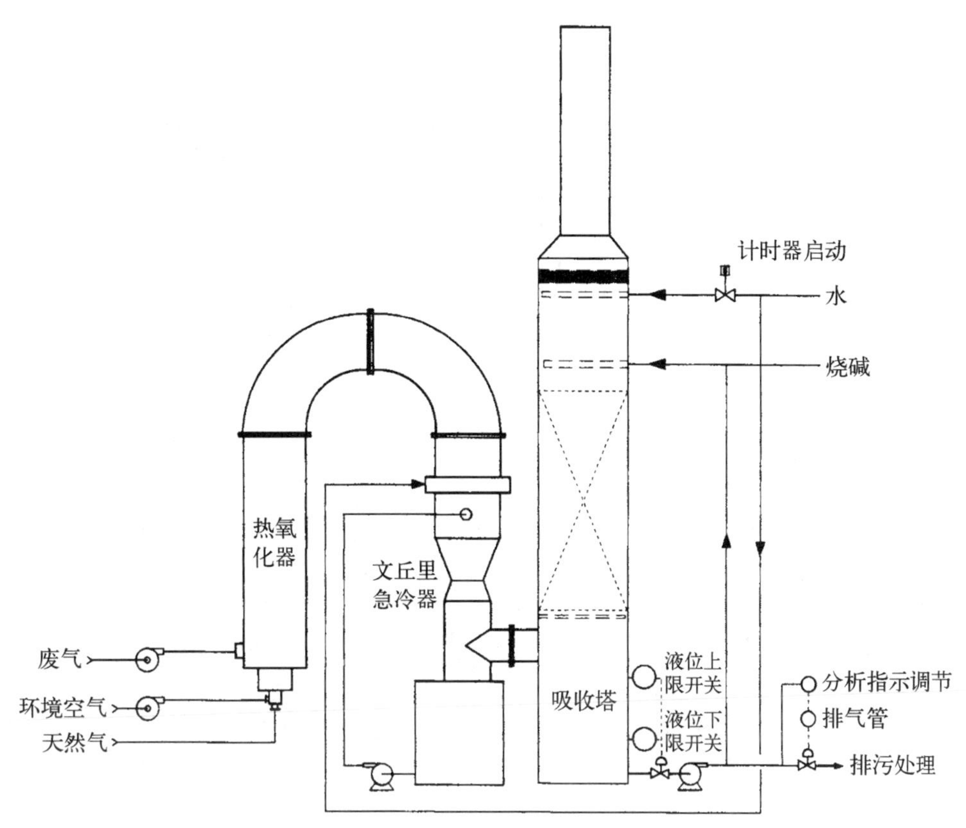

图 13.1　典型的酸性气体湿式洗涤系统

液位的集水池，集水池里的液体被泵送至塔的顶部进行再循环。这种再循环提供了一个高的液气比，促进了液体中的化学试剂和热氧化器燃烧产物中的酸性气体的反应。一小部分循环液作为系统的污染物排放，以保持再循环液的悬浮或溶解固体含量。这部分被称为“排污”。集水池里的一些液体也和淡水一起用于急冷，使气体饱和。新的化学试剂注入塔顶与酸性气体进行反应。有时在系统中安装一个通风风扇，以提供动力克服通过系统的压降。风机可位于吸收塔后或多个吸收塔之间。商用湿式洗涤器装置如图 13.5 所示。

如果使用急冷塔代替文丘里急冷的话，必须允许有足够的时间和充分湍流，使气体达到饱和。这个时间受到入口气

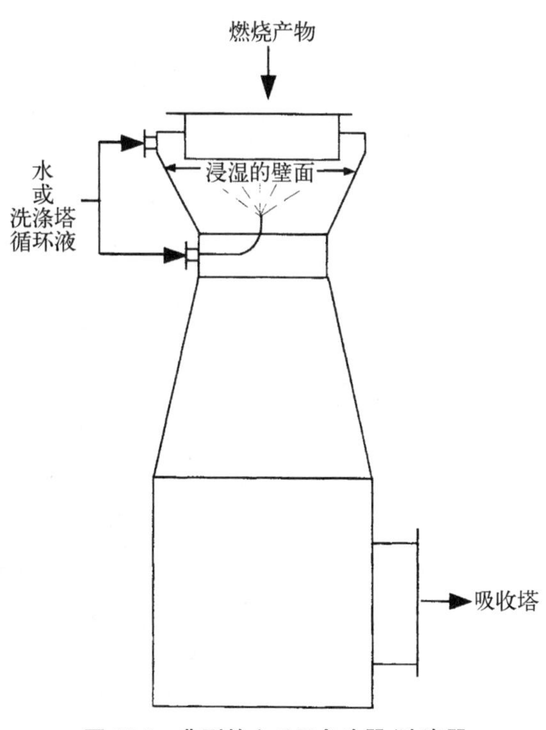

图 13.2　典型的文丘里急冷器/洗涤器

图 13.3　商用文丘里洗涤器装置
（由 AirPol Inc.提供）

图 13.4　文丘里洗涤器和气旋分离器
（由 AilPol Inc.提供）

图 13.5　RTO 的煤气洗涤系统（由 AirPol Inc.提供）

体温度、液体喷嘴的类型和使用的喷嘴数量的影响。液压喷嘴需要更长的接触时间，因为它们产生的液滴较大所需蒸发时间更长。在高入口气体温度(1 500～2 000 ℉)时，接触时间为 1.5～2 s，在低入口气体温度(500 ℉)时为 0.5 s。这种低温可由一个中间热回收装置产生，如废热锅炉。

13.1.1　绝热饱和

当燃烧热产物进入气体洗涤系统时，第一步是气体的绝热饱和(或加湿)。“绝热”是指产生的气体与原始气体含有相同的热量，但是温度较低。

饱和后达到的最终气体温度主要取决于气体进入急冷区时的温度和燃烧产物的初始水蒸气浓度。然而，最终饱和后的气体温度几乎总是在 140～190 ℉之间。一旦气体饱和，进一步冷却就需要大量的能量，因为水必须被冷凝以进一步降低温度。饱和温度可以由燃烧产物的组成和初始温度来计算。这种计算必须使用迭代过程。程序如下[13]：

1. 假设一个饱和温度(T_s)。

2. 计算假设绝热饱和温度下水的汽化潜热(H_v)

$$H_v = 91.86 \times (705.56 - T_s)^{0.38}$$

3. 计算饱和温度下水的蒸汽压(P_v)

$$\log P_v = 15.092 - 5\,079.6/T_s - 1.690\ 8\log T_s - 3.193 \times 10^{-3} \times T_s + 1.234 \times 10^{-6} \times T_s^2$$

其中：T_s——假定饱和温度(℉)；

P_v——水蒸气压力(psia)。

4. 使用第 5 章中描述的方法计算在干燥(无水的)的基础上它的初始温度和假设饱和温度之间 POC[Btu/(lb・℉)]的平均热容(C_{pdg})。计算初始 POC 温度和假设饱和温度之间的水蒸气[Btu/(lb・℉)]的平均热容(C_{pw})。

5. 计算饱和湿度(Sh$_1$)：

$$Sh_1 = H_t + (C_{pdg} + C_{pw} \times H_t) \times (T_1 - T_s)/H_v$$

其中：Sh_1——饱和湿度(单位水蒸气质量/单位干气体质量)；

H_t——温度 T 下的真实湿度(单位水蒸气质量/单位干气体质量)；

T_1——POC 初始温度(℉)。

6. 计算饱和湿度(Sh_2)：

$$Sh_2 = 18.016/[M \times (P - P_v)]$$

其中：Sh_2——饱和湿度(单位水蒸气质量/单位干气体质量)；

M——POC 分子质量；

P——系统压强(psia)(通常为 14.7)。

7. 比较 Sh_1 和 Sh_2。重复步骤 1 到步骤 6，直至 Sh_1 和 Sh_2 相等。

例 13.1 1 750 ℉热氧化氯化 VOC 的燃烧产物如下：

	vol%(湿)	vol%(干)
二氧化碳	3.91	4.91
水蒸气	20.44	0
氮 气	64.64	81.25
氧 气	9.8	12.32
氯化氢	1.21	1.52

气体洗涤系统急冷后的绝热饱和温度是多少？

解 使用上述步骤，假设初始饱和温度为 200 ℉：

T_s	T	H_t	H_v	P_v	C_{pdg}	C_{pw}	Sh_1	Sh_2
200	0.157	1 750	978.50	11.442	0.269	0.541	0.718	2.154
195	0.157	1 750	982.16	10.308	0.269	0.541	0.718	1.439
190	0.157	1 750	985.81	9.270	0.269	0.541	0.717	1.047
185	0.157	1 750	989.43	8.320	0.268	0.540	0.717	0.799
184	0.157	1 750	990.15	8.140	0.268	0.540	0.717	0.761
183	0.157	1 750	990.87	7.964	0.268	0.540	0.716	0.725
182	0.157	1 750	991.59	7.791	0.268	0.540	0.716	0.691

绝热饱和温度为 182～183 ℉。

13.1.2 去除颗粒

在热氧化系统中，颗粒物有两种来源：已经存在于 VOC 废气中的无机颗粒物或热氧化反应产生的颗粒物。一般情况下，如果热氧化器在高温(如 1 800 ℉)下工作，废气中的有机颗粒会被大量燃烧。当然，废气中无机颗粒的大小取决于其产生的条件。通常由燃烧反应产生的颗粒大小为亚微米级，需要一个高能颗粒收集系统来清除。在燃烧反应中形成的熔融颗粒是最麻烦的。这种情况下，在进入洗涤系统之前，燃烧产物通常被降温到微粒的熔点以下。

微粒收集器依靠惯性力来封装存在于液滴中的微粒。嵌塞是最常用的技术。污染物被加速并撞击到液滴表面或内部，利用颗粒运动的动能穿透洗涤液的表面。一些设备直接将液滴加速形成液体薄膜，而另一些设备则产生一种水雾，使微粒能够聚集在液滴表面。

逃逸的粒子可以被拦截捕获。在这里，粒子运动与液滴相切。它们仍然有足够的能量被液滴吸附。高能量文丘里管和其他装置依靠高密度的喷雾来增加微粒的截留。截留是处理废气中沿着气体流线的亚微米颗粒非常常用的技术。

微粒的尺寸越小，就越难从气体流中去除。通过更小、密度更大的液滴可以增强对小颗粒的去除。这些较小的液滴是通过向液滴注入能量而生成的。有几种方法可以做到这一点。一种是减小文丘里洗涤器喉部的直径，从而增大其压降。第二种方法是使用高压液滴喷嘴喷射液体喷雾。在所有方法中，颗粒去除的效率与提供给去除装置的功率(能量)成正比。因此，高去除效率或去除非常小的颗粒需要大量的能量输入。在实际操作中正在运行的文丘里洗涤器的压力下降高达 50 in 水柱或更多。这种压降转化为系统中风扇的高功率输入。

饱和气体离开颗粒润湿装置后，可进入旋风式夹带分离器，该分离器通过离心力将大部分液体从气流中除去。这个分离器有时是建在下游吸收塔的下部。气体以与直径相切的方向进入。离心力将相对较重的液滴旋转到壁上，使它们与气流分离，并排入下面的集液池。

13.1.3　去除酸性气体的化学过程

如果燃烧产物中含有酸性气体而不含颗粒物，通常会将酸性气体直接送到吸收塔去除，再将剩余的燃烧产物排放到大气中。在吸收塔中喷入试剂溶液来中和这些酸性气体。这些试剂几乎都是钠或钙的碱性化合物。最常见的是氢氧化钠、碳酸钠和氢氧化钙(熟石灰)。各种酸性气体组分的化学反应如下所示：

氢氧化钠(NaOH)

$$HCl + NaOH \longrightarrow NaCl + H_2O$$

$$Cl_2 + 2NaOH \longrightarrow NaCl + NaOCl + H_2O$$

$$SO_2 + 2NaOH \longrightarrow Na_2SO_3 + H_2O$$

碳酸钠(Na_2CO_3)

$$Na_2CO_3 + H_2O + 2SO_2 \longrightarrow 2NaHSO_3 + CO_2$$

$$Na_2CO_3 + 2HCl \longrightarrow 2NaCl + CO_2 + H_2O$$

氢氧化钙[$Ca(OH)_2$]

$$Ca(OH)_2 + SO_2 \longrightarrow CaSO_3 + H_2O$$

$$Ca(OH)_2 + 2HCl \longrightarrow CaCl_2 + 2H_2O$$

$$2Ca(OH)_2 + 2Cl_2 \longrightarrow CaCl_2 + Ca(OCl)_2 + 2H_2O$$

其他卤代酸气体与氯化氢的反应类似。通常是购买氢氧化钠浓度为 50%的溶液(按重量计)。许多设备将该浓度稀释到 20%，因为这个浓度有最低冰点。碳酸钠(也称为纯碱)是以固体形式购买的,必须溶于水。石灰是作为固体购买的,必须“熟化”,在喷射前形成浆状。

13.1.4 气体吸收塔

气体吸收塔可分为两类:一类是将液体分散在平板或填料上,另一类是产生液滴的喷雾。这两种系统都建立在一个大的液体表面积的基础上。在所有情况下,气体都进入塔底并向上流动。液体和气体在填料或板上发生紧密混合,或与开放式喷雾塔中液体的细喷雾发生紧密混合。

填料床吸收塔通常填充随机取向的填料,如产生高液气比表面积的鞍座或特殊设计的形状。大多数使用塑料材料,如聚丙烯。新鲜试剂和塔池的循环液体都均匀分布在填料的顶部。当液体流经填料床时,它润湿了填料,提供了气相和液相之间质量传递的界面表面积。传质速率与气液两相之间的浓度梯度成正比。气体吸收的主要设计变量是填料深度、液气比、表面气速和接触时间。

板式塔沿着塔体安装有塔板或塔盘,在顶板上喷射新鲜试剂和循环液体。当混合物向下流动时,它依次流过每块塔板。饱和气体流进入塔的底部,并通过每个板的开孔流动。通过形成气泡来促进气体的吸收,气泡通过每一块板上的液体。板式塔的主要设计变量是板数、液气比和接触时间。

在氯化氢的去除系统中,氯化氢释放热量的速度约为 800 Btu/lb,因为它在水中被吸收。当用碱剂中和时,如氢氧化钠,它会释放出更多的热量(约为 3 300 Btu/lb)。在氯化氢浓度较高的系统中,这种热量可能非常大,需要对循环溶液进行冷却。

13.1.5 回收盐酸

氯化氢易溶于水,在湿式气体洗涤系统中很容易去除。事实上,在一个只有水的吸收塔中,氯化氢的去除率可达 99%,不需要化学试剂。这一原理被用于回收相对纯净的盐酸,以用于操作装置的其他部分。所产生的浓度受补充淡水的数量和排污速度控制。当然,根据第 5 章描述的化学平衡,随着盐酸的生成,也会产生少量的氯气。单凭水不能去除氯气。如果这个氯气的排放量较高,可以在第一个洗涤塔之后添加第二个洗涤塔。第一阶段用水进行氯化氢的去除和回收,第二阶段用碱液喷射清洗氯气。此配置如图 13.6 所示。

13.1.6 除雾器

在清洁气体排放到烟囱并最终进入大气之前,它将需要通过安装在吸收塔气体出口附近的除雾器。除雾器也被称为“夹带分离器”和“除雾装置”。其目的是去除气流中夹带的液滴。如果在洗涤器的设计中没有安装除雾器,将会导致洗涤器排放的颗粒物比原始气流中的颗粒多。除雾器可以去除 99%~99.9%的夹带液滴。除雾器的结构多种多样。大多数靠惯性冲击或离心力工作。图 13.7 显示了一种称为 chevron 型的常见设计构造。

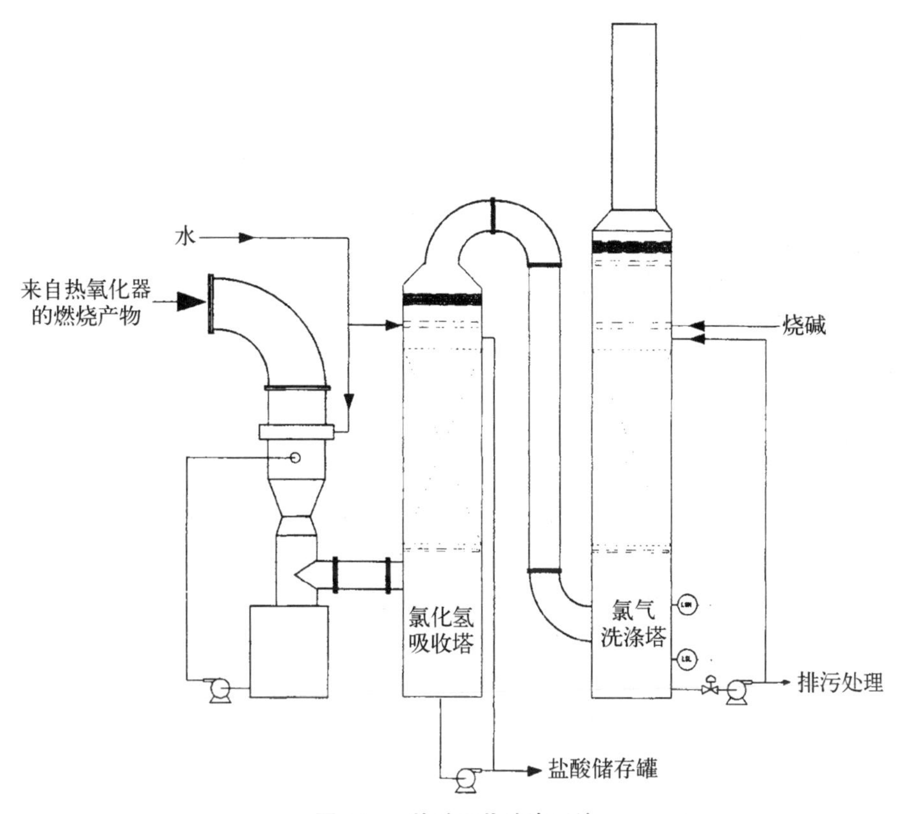

图 13.6　盐酸回收洗涤系统

13.1.7　结构材料

洗涤系统的结构材料一般与热氧化器不同。遇到的最严峻的环境之一是急冷室。通常在气体温度高达 2 200 ℉和高腐蚀性气体中工作。因此,急冷室通常采用高镍合金(如 C276、6XN)进行设计。急冷室还必须考虑启动期间进、出口高温差的热膨胀效应和启动过程中的运动。这个区域的大多数问题发生在干湿接口界面上,即液相和气相之间的过渡阶段。除了腐蚀问题外,这一区域还经常发生固体积聚。

一旦通过饱和降低了气体温度,就可以使用更便宜的结构材料。增强玻璃纤维塑料结构的吸收塔很常见。然而,在设计中应该考虑防止发生灾难性坍塌的措施,以防止由于泵的故障或电力的损失而导致吸收塔的灾难性"熔毁"。设计中通常还包括从工厂应急水或高位水罐中备用淡水供应。使用塑料或玻璃纤维管道循环液体也很普遍,因其成本低和耐化学腐蚀。

图 13.7　Chevron 除雾器

13.1.8 电离湿式洗涤器

为了去除非常细的(亚微米)颗粒,例如,在含有无机或有机金属的废气的热氧化过程中产生的颗粒,可以使用另一种类型的湿式洗涤器。电离湿式洗涤器(Ionizing Wet Scrubber, IWS)结合了静电粒子放电、惯性冲击和气体吸收的原理。在 IWS 中,在粒子进入填料床洗涤器部分之前使用高压电离对其进行静电充电。在填料床中,微粒被带电粒子吸引到中性表面被除去。填料也起着撞击表面的作用。在填料的顶部喷入循环水或试剂。颗粒随液体一起携带,并随液体的排出而排出。通过 IWS 系统的气流通常是水平的。IWS 系统可以去除 0.1 μm 的微粒。

13.1.9 湿式静电除尘器

静电除尘器(Electrostatic Precipitators, ESPs)利用静电场对颗粒物进行充电。这些带电粒子被收集在一个带相反电荷的表面上。ESPs 在去除亚微米颗粒方面非常有效。ESP 可以是干的也可以是湿的。干式静电除尘器将在下一节中讨论。湿式静电除尘器可配置水平或垂直气流。它们的形状可以是正方形也可以是同心圆。同心圆 ESPs 利用安装在中心管上的高强度电离电极产生高强度电晕。电极由变压器/整流器供电。当气体进入管道时,它将通过位于管道顶部的充电区。当气体沿管道向下流动时,中心支撑管产生的静电场将带电粒子吸引到管壁上。净化的气体通过底部排气静压箱排出。

方形 ESP 使用相同的吸引原理,但使用的是一组交替排列的带负电荷的电线或栅极和带正电荷的平板收集板。放电电极可以是由重物或刚性框架张紧的金属丝。

湿式 ESP 之所以被称为"湿式",是因为它使用一股液体流来清洗收集电极上的微粒。一种方式是使用水喷淋集尘极,在另一种情况下,燃烧产物在湿式静电除尘器上游饱和(有时过冷),水蒸气凝结在微粒收集管上,并在微粒排入底部时带走微粒。本设计还包括一个备用水冲洗系统。当水被用作冲洗介质时,它还可以确保粒子能够接收和保持电荷,而不管粒子的介电性质如何。水滴本身带有电荷,这些小水滴比微粒大。水滴吸引微粒,同时它们自己也被吸引到集尘板上。有些设计需要在出口安装除雾器。

13.2 干式系统

在热氧化系统下游,有多种干式洗涤系统可用于收集颗粒物和酸性气体。最常用的是喷雾干燥器,其次是织物过滤器(袋式过滤器)。有时用干式除尘器代替袋式过滤器。这个配置如图 13.8 所示。

这种结构的第一个设备是喷雾干燥器。在这里,气体和液体喷雾在其从热氧化器中出来的温度下急冷进入喷雾干燥器。通常,这种液体中含有能与任何酸性气体发生反应并将其除去所需要的试剂。通常使用水合石灰浆,它作为 5%～50%的浆液喷入。浆液的强度受水稀释线控制。

然后,使用高压液压、双流体空气雾化喷嘴或旋转雾化器,将浆液雾化成细小的液滴。

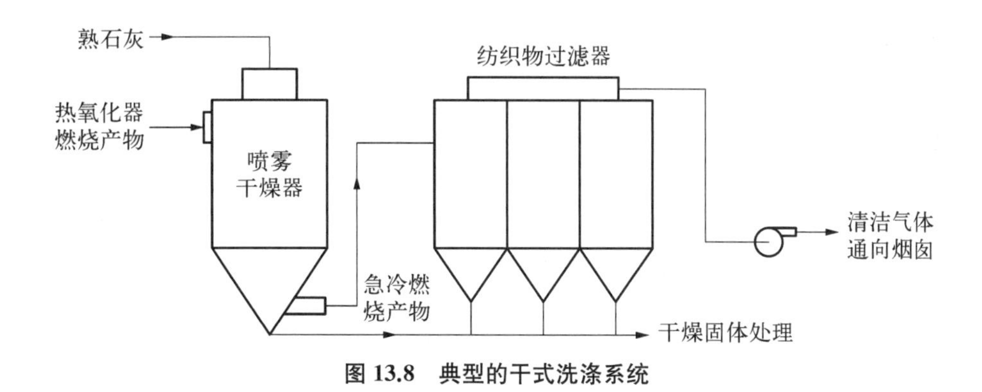

图 13.8　典型的干式洗涤系统

喷雾干燥器的尺寸设计可以产生 5～10 s 的停留时间。POC 通常进入雾化液体周围，防止其接触干燥器壁。水从浆液中蒸发，冷却 POC，并将石灰试剂暴露在酸性气体中进行反应。与湿式洗涤器不同，这些气体只被冷却到下游微粒收集装置规定的温度。一个典型的温度是 350 ℉。如前所述，石灰反应生成颗粒，然后在除尘器中去除。

操作条件影响喷雾干燥器去除酸性气体的效率。接近温度对性能的影响特别大。接近温度是操作温度与绝热饱和温度之间的差值。石灰(钙)与酸性气体的化学计量比大于 1，才能获得较高的去除效率。典型值在 1.25～1.50 之间。将比率提高到 2.0 之后，对性能的影响就会减小。接近温度可低至 20 ℉。然而，如果存在氯化物，低接近温度会造成腐蚀问题。氯化钙是一种可潮解的固体，它可吸收周围水气，然后溶解在吸收的水分中。含有氯化钙的固体变得黏稠，可能导致排出物积聚和堵塞。为了避免这个问题，当氯化物存在时，接近温度通常设置为绝热饱和温度以上 50～100 ℉。另一方面，当燃烧产物中同时存在氯化物和二氧化硫时，氯化物的存在可以提高二氧化硫的去除效率。

干式洗涤器在去除酸性气体方面不如湿式洗涤器有效。在湿式洗涤器中可以去除 99.99％的 HCl，但干式洗涤器的 HCl 去除效率一般在 90％～95％之间。湿式洗涤器可以去除 POC 中约 95％的二氧化硫，而干式洗涤器二氧化硫去除率为 75％～85％。

13.2.1　织物过滤器(袋式除尘器)

在袋式除尘器内，喷雾干燥机排出的气体中夹带的固体会在布袋表面形成块状物或一层固体。事实上，当气体流经块状物时，还会从气流中去除一些酸性气体。随着这一层厚度的增加，来自另一边的气体脉冲会使袋子弯曲，并将固体颗粒排放到袋子底部的漏斗中。这种“反吹”要么由定时器激活，要么当袋上的压降达到规定的极限时激活。在“反吹”系统中，用于反吹的气体是从风机出口、织物过滤器下游的 POC 中提取的。通过“脉冲式空气喷射器”清洗，一股短暂的高压气流被排放到袋子的下游。很多时候，这些空气被吹过每个袋子顶部的文丘里喷嘴，从排气室吸入额外的气体。一些系统使用机械敲击器在袋子上去除微粒。

典型的滤袋压降为 4～10 in 水注。通过袋式除尘器料斗底部的旋转阀将固体除去。与湿式洗涤器相比，该系统的优点是副产物体积相对较小，呈固态。在许多情况下，这些固体不需要进一步处理，可以在垃圾填埋场处理。

术语“织物过滤器”和“布袋除尘器”可以互换使用。当气体通过织物时，颗粒的收集是通过过滤进行的。袋式除尘器的基本组成部分是过滤介质(袋)、支撑袋式除尘器的笼、壳体和排出积存固体的机构。底部装有料斗。

气体进入袋子底部附近,然后流向几个隔间中的一个。这些隔间里有一排袋子。袋子挂在一个分离洁净气体和废气的管板上。通过使用多个布袋除尘箱,可以在不中断气体流经系统的情况下清洁袋子。例如,在一个四隔间的袋式除尘器内,一个隔间可能在反吹期间暂时脱机,但是气体会继续流经其他三个隔间。

气布比是织物过滤器最重要的设计参数之一。这是烟气的体积流量(ft^3/min)除以织物的表面积(ft^2)。这个比值越大,织物过滤器越小,但压降越大。反向空气(烟道气体)和带有编织布袋的振动式袋式除尘器的气布比一般在2.0～3.5之间。采用脉冲喷射(压缩空气)清洁技术的袋式过滤器通常使用毡制布袋,其气布比在5～12之间。

13.2.2 干式ESP

湿式ESP之前已经讨论过。干式ESP使用相同的基本概念。在带负电荷的导线或栅极阵列与带正电荷的收集板之间施加高压,会产生静电场。在电极之间的空间中,在带负电荷的电极周围形成电晕。当含有颗粒物的气体穿过这个空间时,电晕会使气流中的负电性气体分子电离。这些分子附着于混合气流中夹带的颗粒物上,使颗粒物带电。带电颗粒物迁移到相反极化的收集板。驱动带电粒子的电场是通过在生成电晕的电极和平面或同心圆柱收集板之间施加一个高直流电压(通常为15 000～50 000 V)产生。强静电场抑制了再次夹带的情况。机械敲击器用于振动平板并去除颗粒物,使它们掉进下面的一个料斗中,然后从料斗中取出。由于在此过程中不使用液体,颗粒以干燥的固体形式被除去。因此,称之为“干式ESP”。

大多数ESP是板线设计。在较旧的ESP装置中,高压产生电晕的电极是长导线(平面或倒刺)悬挂在一排平坦的平行收集板之间。在最近的设计中,放电电极是刚性框架,通常装有倒钩或其他尖端。在两种设计中,颗粒在收集板上形成饼状物。通常情况下,流向ESP的POC流动会变慢并且流向为直线型,以使气体均匀地分布在收集板上。驱动电粒子转移到收集板的力相对较弱,并且流动扰动或涡流将抑制收集效率并且还重新夹带已经收集的材料。围绕收集区的气体旁路也会降低收集效率。这包括流过料斗和收集板顶部的气流。这种类型的旁路称为“窜气”,可以通过适当的挡板来最小化。

干式静电除尘器的除尘效率取决于气体流量、温度、湿度、颗粒的电阻率、入口负荷和颗粒大小分布。干式静电除尘器对电阻率为10^4～10^{10} Ω·cm的颗粒非常有效。大多数常见的工业微粒表现出的电阻率通常在这个范围内。电阻率较低的粒子在接触收集板时,往往会失去电荷,并重新进入烟气中。高电阻率的粒子很难被去除。从收集板上面去除微粒对于有效的ESP操作至关重要。微粒能起到绝缘体的作用,阻止静电作用的发生,从而降低其效能。

燃烧产物的氯化物含量也会影响ESP的性能。氯化物的亲水性导致较高的水分含量。这降低了颗粒的电阻率,增加了颗粒的黏结性。低电阻颗粒物更易于被去除,而较高的黏附性则能实现更少的夹带。两者都转化为更好的ESP性能。

干式 ESP 最重要的设计参数之一是比集尘面积(Specific Collection Area，SCA)。它是集尘电极或板面积除以气体的体积流量。对于给定的应用，比集尘面积越大，集尘效率越高。干式 ESP 可以在高达 750 ℉的烟气温度下运行。颗粒去除效率一般在 95%～99%之间。事实上，干式 ESP 在去除亚微米颗粒方面非常有效。ESP 的优点是可靠性和低维护，相对较低的电力需求，在大范围的颗粒尺寸范围内高收集效率，以及处理潮湿气流的能力。缺点有对气体性质和粒径分布的变化敏感，不能收集低电阻率的颗粒。此外，如果安装在喷雾干燥器的下游用于去除酸性气体，它们不会像织物过滤器上的滤饼那样提高去除效率。

表 13.1 比较了颗粒去除设备的特点。

表 13.1　颗粒去除设备的特点

文丘里洗涤器
在 0.5～5 μm 范围内，颗粒去除率大于 99% 颗粒收集效率与压降成正比(高效率对应高能耗) 能够处理高温气流 不受气体组分影响 占地相对较小 需要耐腐蚀合金(酸性气体) 湿式排放 初始成本相对较低
干式 ESP
亚微米颗粒收集效率高 接受高进气口温度(约 750 ℉) 能够处理大的气体流量 在稳态气体条件下，维护成本低，可靠性高 低压降 低功率要求 干式排放 初始成本相对较高 有限的气体调节 对烟气温度和湿度敏感 需要特别注意高压 对于低电阻率的颗粒物相对无效
电离湿式洗涤器
低能耗 亚微米颗粒、气溶胶和雾气的收集速率中等 不受粒径影响 投资成本相对较高 湿式排放
湿式 ESP
亚微米颗粒收集效率高 能够处理大的气体流量

（续表）

湿式 ESP
低维护 低压降 低能耗 湿式排放 比等效干式 ESP 尺寸小 不受气体湿度影响 初始成本较高
织物过滤器
干式收集 收集效率不受入口颗粒物负荷影响 收集效率不受气体湿度影响（但高湿度可“盲”袋） 气温受制袋材料的限制 大尺寸 高压降 高维护 投资成本适中

13.3 混合系统

混合洗涤系统的示意图如图 13.9 所示，商用安装的照片如图 13.10 所示。它将湿式洗涤器的高酸性气体洗涤与干式洗涤器的干排放相结合。在该系统中，来自湿式洗涤器的洗涤器排污用于急冷喷雾干燥器中的 POC。湿式洗涤器溶液中的固体（如亚硫酸钠）

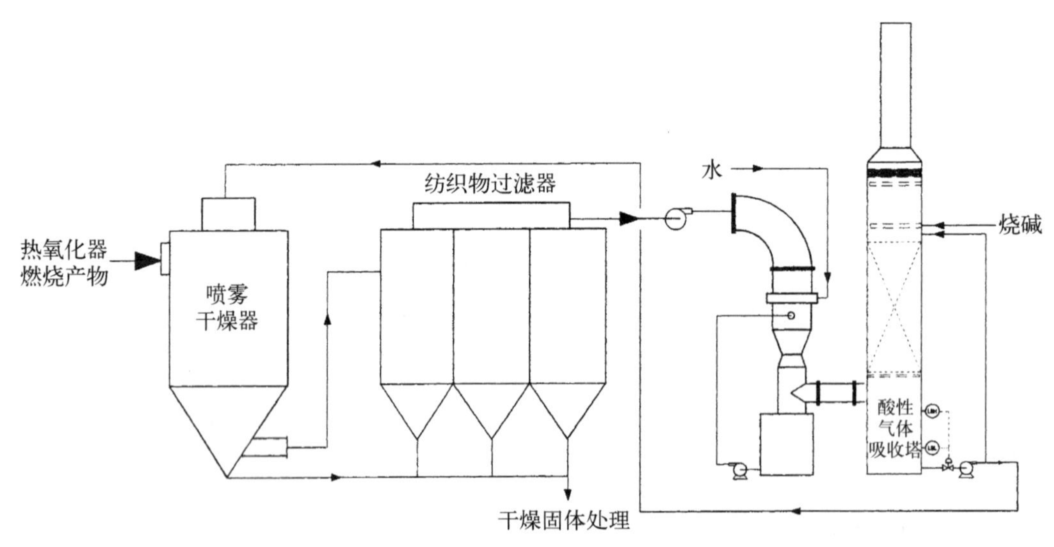

图 13.9　干湿混合洗涤系统

图 13.10　混合气体洗涤系统的商业应用照片(由 AirPol Inc.提供)

随着溶解它们的水蒸发而沉淀。然后将这些固体收集在袋滤室中。袋滤室下游的湿气吸收器通过湿碱喷射从 POC 中除去酸性气体。然后,将所得溶液泵回喷雾干燥器进行处理。因此,它结合了用于酸性气体控制的湿式和干式洗涤系统的最佳特性。

第 14 章　安全系统

热氧化系统可以在氧化过程中释放大量的能量。如果系统设计不当，这种能量释放可能会对操作人员造成伤害或对设备造成损坏。在这些系统中，安全问题主要与来自辅助燃料或高 VOC 含量的废气引起的火灾或爆炸有关。事故的常见原因包括管道系统中 VOC 的冷凝和聚集、工艺异常导致 VOC 浓度意外升高、使用质量不合格的或没有与安全相关的检测仪或安全联锁装置、检测仪安置不当以及设备或仪器故障。

14.1　爆炸下限(LEL)

有机化合物的爆炸下限(LEL)是其在空气中维持燃烧的最低浓度。相反，VOC 在空气中维持燃烧的最大浓度被称为爆炸上限(UEL)。常见有机物的 LEL 和 UEL 如附录 E 所示。LEL 数据通常更适用于热氧化系统，因为空气中 VOC 浓度极高是不常见的。然而，也有一些应用，如将天然气等燃料添加到废气中，使废气浓度升至 UEL 以上以防止回火。然而，这种方法本身就存在风险。

VOC 热氧化器最常见的事故是回火。在这里，废气中的 VOCs 上升到爆炸下限和爆炸上限之间。火花，甚至热氧化器本身的火焰，都会导致 VOC 在管道系统中点燃。火焰以足够引起爆炸的速度和力度窜回到排气源，引发爆炸。

很多时候，废气不止包含一种 VOC。在这种情况下，LEL 计算如下：

$$\%\text{混合物 LEL}=\frac{100}{\dfrac{X_1}{L_1}+\dfrac{X_2}{L_2}+\cdots+\dfrac{X_n}{L_n}}$$

式中：$X_1, X_2, \cdots, X_n$——VOC 1, 2, …, n 的体积分数；

$L_1, L_2, \cdots, L_n$——VOC 1, 2, …, n 的爆炸下限。

VOC 的 LEL 通常在 77 ℉(25 ℃)的空气中给出。然而，LEL 会根据以下公式随温度降低[14]：

$$\mathrm{LEL}[t(℃)] = \mathrm{LEL}(25\ ℃) \times [1 - 0.000\ 784 \times (t - 25)]$$

式中，t——实际温度(℃)。

例 14.1　在 77 ℉(25 ℃)下，丙酮在空气中的爆炸下限为 2.55 vol%。它在 400 ℉(204 ℃)的爆炸下限是多少?

解　$\mathrm{LEL}(t = 204\ ℃) = 2.55 \times [1 - 0.000\ 784 \times (204 - 25)] = 2.19\ \mathrm{vol}\%$

该实例表明，随着温度的升高，废气在 VOCs 浓度较低时就可以进入爆炸范围。虽然几乎所有的 VOC 热氧化系统都在或接近常压的情况下运行，但增加压力也会降低 LEL。升高温度和压力也会增加 UEL。

特定 VOC 的 LEL 列表可能并不总是现成的。作为近似值，LEL 发生在环境温度和压力下化学计量氧气浓度的 50%。UEL 发生在化学计量氧气浓度的约 3.5 倍。

例 14.2　使用 50% 化学计量氧气估算丙酮的 LEL 近似值。丙酮的化学式是 C_3H_6O。

解

$$C_3H_6O + 4O_2 \longrightarrow 3CO_2 + 3H_2O$$

每磅摩尔丙酮氧化，需要 4/0.21=19.05 lb・mol 的空气。

丙酮在空气中的化学计量浓度为 1/(19.05+1)=0.049 9(摩尔分数)。该值的一半(50%为化学计量)为 0.5×0.049 9=0.025(摩尔分数)或 2.5%。这与公布的 2.55%相比非常接近。

14.2　最低氧气浓度

如前面第 6 章所述，含 VOC 的废气的可燃性在较低的氧浓度下受到抑制。如表 6.4 所示，除少数例外情况，如果废气中的氧含量低于 10%，则不会发生点火。重要的例外是含有氢、一氧化碳或二甲苯的废气。表 6.4 中的值为推荐值，在推荐值和实际点火值之间有一个安全裕度(通常为 2%)。如果文献中没有最大的安全氧浓度，可以通过将 LEL 百分比乘以完全氧化 1 lb・mol VOCs 所需要的氧气的磅摩尔数来估算。下面的例子说明了这种估计方法。

例 14.3　在常温下，苯不能被点燃的最低氧浓度是多少? 苯的化学式为 C_6H_6，爆炸下限为 1.3%。表 6.4 中的值为 9.0%氧气和包含 2%的安全裕度。因此，实际点火浓度为 11%。

解　氧化化学反应式如下：

$$C_6H_6 + \frac{15}{2}O_2 \longrightarrow 6CO_2 + 3H_2O$$

由于在化学计量条件下，苯的每磅摩尔(或标准体积)需要 7.5 lb・mol 的氧气，因此不会发生点火的最低氧气浓度为 7.5×1.3%=9.75%。这与报告值相当接近，并且误差接近一个更安全的值。对于 VOCs，估算着火时最低氧浓度的方法与计算混合物 LEL 的方法类似[15]。

$$最低氧气浓度(\%)=\frac{100}{\frac{X_1}{L_1}+\frac{X_2}{L_2}+\cdots+\frac{X_n}{L_n}}$$

式中：X_1，X_2，…，X_n——VOCs 1,2，…，n 的体积百分比(vol%)；

L_1，L_2，…，L_n——VOCs 1，2，…，n 的最小的氧气比(O_2%)。

较高的废气温度将使环境温度以上的最低氧气浓度每 100 ℃(212 ℉)增加约 8%。防止回火的一个策略是将含有 VOCs 的气流与惰性(无氧气)气流混合，使产生的氧气浓度低于表 6.4 中规定的安全限值或如上所示计算得出的值。事实上，这说明了为什么 VOCs 在其爆炸上限以上不可燃。VOCs 的浓度太高，以至于氧浓度降低到了安全界限以下。

14.3 回火速度

有几种技术可用于防止含 VOCs 的废气浓度在 LEL 和 UEL 之间过早着火。一种是将废气的流速保持在回火速度以上。回火速度不应与基本燃烧速度混淆，回火速度更高。这是由于火焰最初在管道或管道壁附近回火到低速气体中。

回火速度不仅是特定有机化合物的特征，而且还取决于废气流经的管道的尺寸。回火速度定义如下[16]：

$$回火速度(ft/s)=0.201\,5\times G_1\times D$$

式中：G_1——临界边界速度梯度(s^{-1})；

D——管道直径(ft)。

常用燃料临界速度边界梯度值如下：

燃料	G_1(s^{-1})
甲烷	400
乙烷	650
丙烷	600
乙烯	1 500
丙烯	700
氢	10 000

以下示例说明了管道直径对回火的影响。

例 14.4 测定环境温度下 500 scfm 的空气流，其含有 500 ppmv 丙烯，在 4 in 和 6 in 管子中的回火速度。

解 $$回火速度(ft/s)=0.201\,5\times G_1(s^{-1})\times D(ft)$$

	4 in 管子	6 in 管子
回火速度(ft/s)	0.201 5×700×4/12=47.0	0.201 5×700×6/12=70.5
实际速度(ft/s)	96	43

此示例表明,6 in 管内可能会发生回火,但是 4 in 管内不会。通过管道的实际速度应始终超过回火速度加上足够的安全裕度。

14.4 回火预防技术

将废气的最小流速保持在回火速度以上,就不会发生回火。防止回火的一种技术是在废气流管道系统中安装文丘里管段(缩径喉部)。文丘里管喉部的尺寸应确保通过喉部的速度高于最小废气流速下的回火速度。有时会添加惰性气体,如蒸汽或氮气,以确保这个最小速度,如图 14.1 所示。

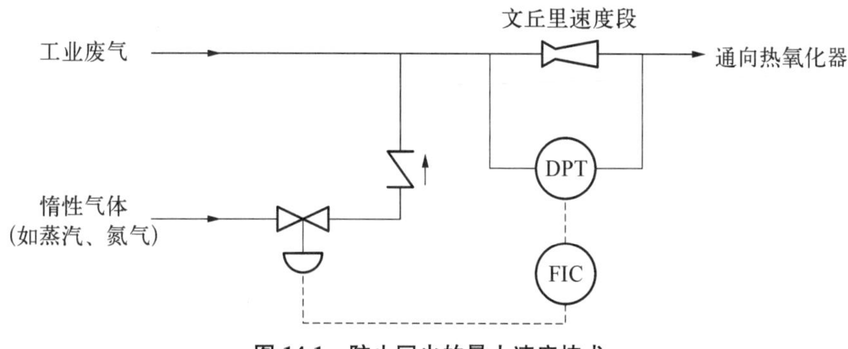

图 14.1 防止回火的最小速度技术

另一种防止回火的方法是在管道系统中安装阻火器。这是一种被动装置,允许气体流动,但抑制火焰传播。最常见的阻火器类型是使用具有紧密、均匀间距的卷曲钢板,以提供具有小开口的网格面。这些元件包含在一个密封的壳体中。这种类型的阻火器如图 14.2 所示。

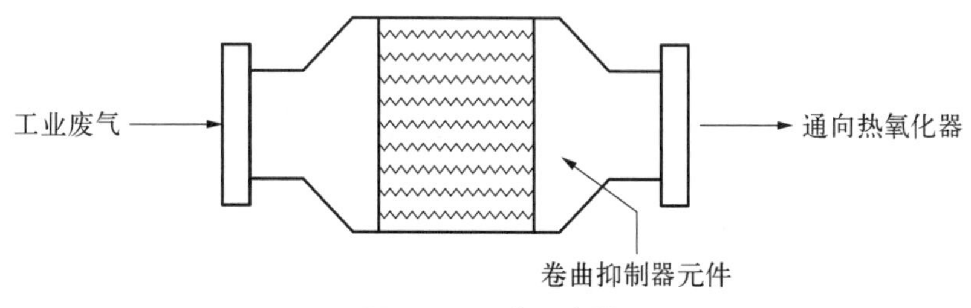

图 14.2 回火阻火器

当气体混合物点燃时,阻火器通过吸收和散发阻火器一侧燃烧气体或蒸汽的热量,将燃烧产物的温度降低到另一侧气体的自燃点以下,从而防止火焰进一步传播。这是因为热气体通过卷曲的金属阻火器元件时将热量释放到孔道壁上。

必须区分爆燃和爆炸。爆燃是一种亚音速火焰传播,爆炸压力低于 300 psi。爆炸是一种超音速火焰传播,它能以最高 15 马赫的速度传播,产生高达 5 000 psi 的压力。当第一次点燃时,火焰波开始爆燃。然而,如果有弯管、三通管和产生湍流的阀门的帮助,它很快就会变成爆炸。为 VOCs 选择的阻火器应能够阻止这两种类型的火焰波。在美国,海岸警卫队(United States Coast Guard, USCG)是负责制定此类标准的机构。

引起湍流的装置有加速火焰的作用。管道直径也会影响火焰传播。从爆炸到爆燃的转变取决于管道直径和长度。较大的管道直径通常需要较长的火焰长度才能达到爆炸。阻火器与潜在点火源(如热氧化器)之间的距离应尽可能小(最大 15 ft),并尽量减少可能引起湍流的障碍物(最多一个 90°弯头)。

阻火器的设计必须符合其必须处理的可燃气体的类型。元件的设计必须能够容纳特定的气体组,这些气体组可能在系统中被点燃和传播。根据防止火焰传播的困难程度,有机蒸汽和气体可分为四类。表 14.1 显示了这些分类中的气体组分示例。

表 14.1 阻火器设计用气体和蒸汽分类

A组		
乙炔		
B组		
丁二烯		
环氧乙烷		
氢(以及含有 30%以上氢的气体)		
环氧丙烷		
硝酸丙酯		
C组		
乙醛	二甲基肼	硫化氢
环丙烷	乙烯	甲硫醇
二乙醚		
D组		
丙酮	丙烯腈	氨
苯	丁烷	丁烯
丁醇	环己烷	乙酸正丁酯
乙酸异丁酯	乙烷	乙醇
乙酸乙酯	丙烯酸乙酯	汽油
二氯乙烯	庚烷类	己烷类
异戊二烯	甲烷	甲醇
丙烯酸甲酯	甲基乙基酮	甲胺
甲硫醇	异戊醇	异丁醇

（续表）

D组		
甲基异丁基酮	叔丁醇	石脑油
乙酸正丙酯	辛烷	戊烷
戊醇	丙烷	丙醇
丙烯	苯乙烯	甲苯
松节油	醋酸乙烯酯	氯乙烯
二甲苯		

另一种防止回火的方法是通过添加空气将废气中的 VOCs 稀释到 LEL 以下。大多数工业风险保险公司要求，如果预计废气的 VOCs 浓度接近 LEL 的 15%～25%，运营商应使用 LEL 监测仪。通常，LEL 监测仪的反馈用于控制一个阀门，该阀门允许添加环境空气，以将有机蒸汽稀释至 LEL 的 50%以下，如图 14.3 所示。这种方法的缺点是，这种额外的空气增加了热氧化器的热负荷，并增加了所需的辅助燃料。

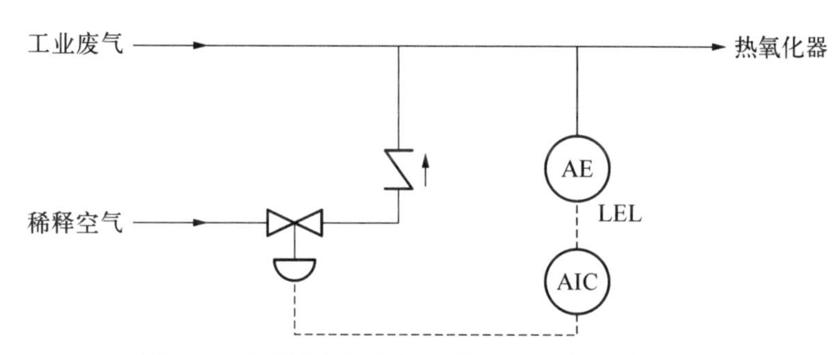

图 14.3 利用空气将废气稀释至 LEL 以下，防止回火

在废气输送管道中安装密封罐是限制回火的另一种方法。密封罐具有与阻火器类似的功能。虽然它不能防止回火的发生，但它可以防止回火回到产生废气的过程中并可能造成灾难性的损害。密封罐示意图如图 14.4 所示。水通常用作密封液。废气流入密封罐，从水位以下(通常低于水位 6 in)的进水管中排出。当废气通过水位以下的多孔板上升时，它被分散成离散的气泡。因此，如果回火发生在水面以上或下游的蒸汽空间，则由于水位以下的不连续性(分散的气泡)，点火被熄灭。

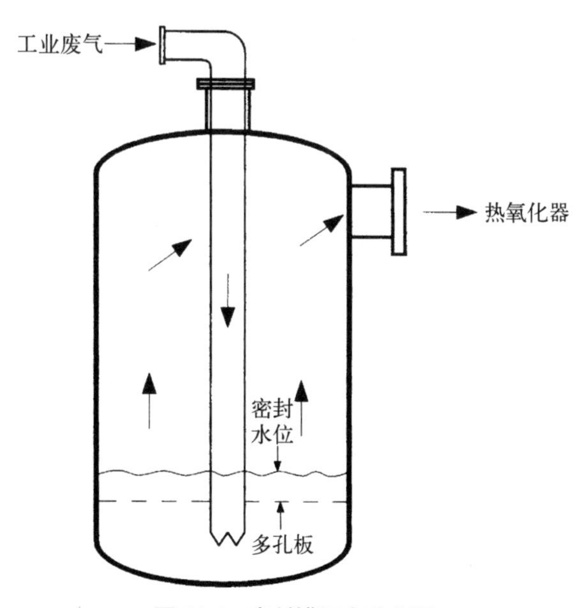

图 14.4 密封罐回火防止器

14.5 燃烧安全措施

美国国家消防协会(National Fire Protection Association, NFPA)制定了燃料燃烧系统的设计和运行标准。NFPA 由工业、公用事业、保险公司、保险商实验室公司、工厂互助研究公司和工业风险保险公司的代表组成。虽然防止 VOCs 回火和爆炸是热氧化系统设计中必须包含的一个安全方面,但辅助燃料系统的设计和运行同样重要。虽然没有专门针对热氧化器,但这些标准中描述了燃烧系统与热氧化器辅助系统之间的相似性,使这些标准成为设计热氧化器安全系统的宝贵依据。最适用于热氧化辅助燃烧系统设计和运行的两个 NFPA 标准是 NPPA 8501(单燃烧器锅炉运行)和 NFPA 8502(多燃烧器锅炉中防止锅炉爆炸/内爆的标准)。

NPPA 8502 是以下四个先前标准的汇编:

NFPA 85B——天然气多燃烧器锅炉炉内防止炉内爆炸的标准

NFPA 85D——燃油多燃烧器锅炉炉内防止炉内爆炸的标准

NFPA 85E——粉煤多燃烧器锅炉炉内防止炉内爆炸的标准

NFPA 85G——多燃烧器锅炉炉内防止炉内爆炸的标准

这里将描述这些标准的一些一般特性。但是,VOCs 热氧化设备的设计人员和操作人员在设计、安装或操作热氧化系统之前,应透彻地阅读或熟悉这些标准。

燃烧保护系统的目标是防止过量的可燃物,这些可燃物与空气按一定比例混合,在实际点火时可能会导致不可控燃烧。在热氧化系统中产生爆炸的常见条件是:

1. 中断燃料或空气供应或火源,导致瞬间失火,随后恢复并延迟重新点燃积聚的可燃气体。

2. 燃料泄漏到闲置的热氧化器中,并通过火花或其他点火源点燃燃料。

3. 多次尝试点燃燃烧器,但均未成功,在两次尝试之间未进行适当的吹扫,导致爆炸性混合物积聚。

4. 因火焰熄灭而产生燃料和空气的爆炸性混合物积聚,随后积聚的燃料和空气由火花或其他点火源点燃。

燃烧器管理系统(Burner Management System, BMS)是一种专门用于安全系统运行的控制系统。它包括联锁系统、燃料跳闸系统、主燃料跳闸系统、主燃料跳闸继电器、火焰监测和跳闸系统点火子系统、主燃烧器系统。逻辑系统以特定的顺序提供输出,以响应外部输入和内部逻辑。它的设计使单一故障不会妨碍系统的安全关闭。BMS 的设计也使逻辑系统故障不会妨碍操作员的干预。

燃烧控制系统的设计应确保空气燃比在整个工作范围内保持在连续燃烧和火焰稳定性的限制范围内。设计应包括设置燃料燃烧和空气控制的最小和最大限值的规定,以防止燃料和空气流量超过稳定限值。当改变燃烧率时,控制系统必须设计为保持适当的空燃比控制。

燃烧器必须包括火焰检测器、点火器或其他的火焰检测器。如果检测到火焰熄灭,应立即切断燃料供应。通常会以警报来提醒操作人员火焰熄灭。提供位置传感器或联锁开关，以确保所有阻尼器和阀门的正确定位。燃烧器还应该包括目视观察（玻璃视窗）火焰的途径。

14.6　典型的天然气燃料系

图 14.5 显示了典型天然气燃气阀组部件。主燃气管道包含两个安全切断阀（Safety Shut-Off Valve，SSOV）。这些阀门配有接近开关，以验证其位置。两个切断阀之间包括一个通风管和一个阀门。排气阀通常由电磁驱动控制。燃料压力调节器位于安全切断阀的上游。压力调节阀上游安装有一个手动切断阀。高压和低压开关、报警器位于压力调节器和流量控制阀之间的燃料供应管上。在燃料供应管上通常有一个或多个局部压力指示器。燃料流量控制阀安装在第二个安全切断阀下游。燃料计量孔通常在流量控制阀的下游。燃烧空气管路还包含一个低压开关和报警器。

引燃管线在安全切断阀的上游分支，可能包含另一个压力调节阀。主燃烧空气管中的一条小空气管在点火前（在预混合型引燃系统中）向引燃混合器输送燃料和空气。点火器安装在引燃管路的末端。火焰检测器监测引燃火焰、主火焰或两者。火焰检测器通常包含报警功能。

14.7　启动顺序

根据系统设计和遵循的具体标准，系统启动的确切顺序将有所不同。但是，在验证设备每个部件的功能后，通常从冷启动开始遵循以下顺序：

1. 风机启动（包括引风机、鼓风机或两者都启动）。

2. 空气阀打开至其吹扫位置。

3. 主安全切断阀关闭，主燃料燃烧控制阀设置到最小点火位置。

4. 在点燃燃烧器之前，用空气吹扫停留室内进行四次换气。

5. 燃烧器集管燃料压力设置为点火。燃烧器集管通风，以向燃料管路加注燃料。

6. 空气流量控制阀设置在启动位置。

7. 点火器的火花被激发来点燃引燃器。引燃必须在 15 s 成功。否则，必须重复吹扫循环。

8. 一旦检测器监测到引燃火焰，主燃料安全切断阀就会打开，点燃主燃烧器。

9. 在燃烧器上建立火焰后，将空气和燃料控制阀调整到其正常位置。如果在打开燃料安全切断阀的 5 s 内未能点燃主燃烧器，这些阀门将再次关闭，并在试图重新点燃前重复吹扫循环。

一旦在正常条件下运行，如果发生火焰熄灭且燃烧器的燃烧温度降至 1 400 ℉以下之前重新点燃，则不需要重新点燃系统。

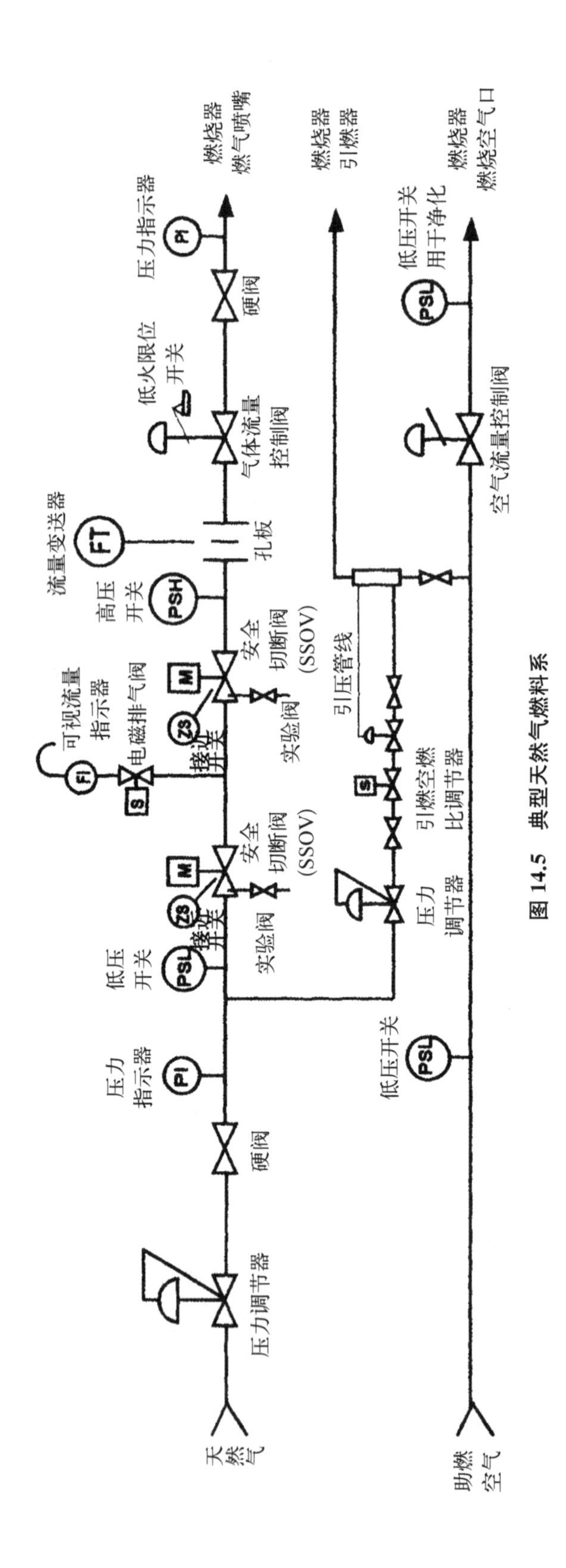

图 14.5　典型天然气燃料系

14.8 联锁装置

通常，以下联锁装置至少会导致燃烧器关闭：

火焰消失

燃料压力高

燃料压力低

助燃空气压力低

助燃空气流量低

燃烧室温度高

VOCs 浓度超过 LEL 的 25%(如适用)

联锁装置通常与报警器相连，以提醒操作人员系统故障。

14.9 超前/滞后温度控制

超前/滞后温度控制是许多热氧化器设计中包含的一项安全功能。在该控制方案中，控制装置强制助燃空气引导燃料流量，以响应温度降低和升温对额外燃料的需求。也就是说，空气流量先于燃料流量升高。相反，如果温度升高到设定值以上，则首先降低燃料流量，然后降低空气流量(以保持相同的空燃比)。在这种情况下，空气会滞后于燃料。在所有情况下，系统的第一反应是防止过量添加燃料和温度突然升高。

14.10 电气危险分类

热氧化系统通常包含电动机驱动的设备，如风机。在电气设备中的电弧或热点火可能导致易燃气体或蒸汽混合物、可燃粉尘或易点燃纤维着火的环境中，已制定了该设备的设计、安装和操作标准。

在美国，国家电气规范 ANSL/NFPA 70 第 500 条给出了区域分类。位置按等级、类别和组分类。等级是指大气中易燃物质的形式。类别提供了可燃物在可燃浓度下存在的易燃材料可能性的指示。组表示易燃材料的性质。

Ⅰ级场所是指易燃气体或蒸汽的含量足以产生爆炸性或可燃性混合物的场所。因为存在可燃性粉尘，Ⅱ级场所被认为是危险的。Ⅲ级大气是指含有易点燃纤维的气体，其含量不足以产生可燃混合物的大气。在 VOCs 热氧化应用中，最有可能遇到Ⅰ级大气。

Ⅰ级一类场所是指：(1) 在正常条件下存在危险浓度；(2) 由于维修或维护操作而存在危险浓度；(3) 工艺或设备故障或操作失误可能释放易燃气体或蒸汽浓度的场所。

Ⅰ级二类场所是指：(1) 处理或加工挥发性易燃液体或气体的场所，但通常局限于封闭容器内，只能通过容器意外断裂或破裂而逸出；(2) 可燃浓度的气体或蒸汽通常在正压机械通风时不会出现，但通风设备失效或操作异常时会出现；(3) 靠近一类场所的区域，可将可燃浓度的气体或蒸汽输送至该区域。

根据气体、蒸汽或粉尘的空气混合物的爆炸特性对组分类，并根据所涉及的具体种类而有所不同。这些物种及其分类与表 14.1 中规定的阻火器相同。此外，E 组大气是指含有可燃金属粉尘或电阻小于 100 Ω·cm 的其他粉尘的大气。F 组大气是指含有炭黑、木炭、煤炭或焦炭粉尘的大气，或由其他材料敏化的粉尘，其电阻在 100～108 Ω·cm 之间。G 组大气是指含有电阻大于或等于 108 Ω·cm 的可燃性粉尘的大气。

一旦选择了热氧化装置的位置，必须确定该位置的电气分级，且在购买电气组件时必须详细说明。

第 15 章　设计检查清单

本书前几章讨论了热氧化器设计的各个方面。然而，还有其他一些不应忽视的因素。本章介绍了热氧化系统设计或编制规范，以及获取该设备设计和采购报价时应考虑的项目清单。在制定设计标准时，没有规定统一的标准。不同的公司在质量、设计标准、安全、供货范围等方面有不同的要求，但应考虑本章中的所有项目。最终要求由用户自行决定。

15.1　主要目标

在编制设备规范时，应列举热氧化器的用途（例如，处理某种化工生产过程中的废气）。如果知道废气的来源，设备供应商可能会有过同样的废气处理经验。如果可以使用热回收设备将辅助燃料消耗降至最低，应告知设备供应商。此外，如果该装置包括废热锅炉形式的热回收，蒸汽的产生更重要还是将辅助燃料消耗降至最低更重要也应仔细考虑。

15.2　供货范围

最终用户必须明确指出供应商提供热氧化系统时必须包含的设备。这不仅包括热氧化器本身，还包括辅助设备，如风机、仪表、阀门、控制装置、管道系统、膨胀节、热回收设备、吹灰器、过渡段和烟囱。如果包括烟囱，还必须说明烟囱所需高度以及排放检测端口的数量、位置和尺寸。

15.3　工艺条件

在详细说明热氧化器规格和性能时，最终用户经常忽视了指定整个工艺条件范围的重要性。设计规范不仅应包括正常运行条件，还应包括设计处理量、启动条件、可能出现的异常情况，以及当不产生废气时，热氧化器是否应维持在预热工作状态。必须针对每种情况规定废气的温度、压力和组成，包括存在的任何微粒。不应只有一种正常操作时的条件。

最终用户还应指定工艺设计标准。热氧化器是否应按规定的最大处理量设计，或是否需要高于规定处理量的某些冗余度来应对工艺速率和组成的波动？燃烧器的尺寸应根据废物流中挥发性有机成分释放的热量确定，还是忽略这部分热量释放？如果工艺波动导致 VOC 或废气流速激增，激增的量会是多少？应对这些问题的不确定性一般会要求指定设计条件和预期正常操作条件之间留有裕量。

15.4 设计要求

设计规范应包括以下内容：

● 界区

供应商的供货范围从何处开始？

● 强制通风、引风或平衡通风系统

大多数热氧化器为强制通风(即正压)。危险废物系统是诱导通风(即负压——泄漏进入系统)。带有废热锅炉或洗涤器的系统有时是平衡通风(强制通风燃烧空气和洗涤器或锅炉后的引风)

● 方向

最终用户可能会因为维护、有限的占地面积等原因而偏好垂直或水平方向

● 位置

室内或室外

● 最大外壳表面温度或首选外部绝缘

影响耐火材料设计

应在什么条件下(环境温度、风速)计算？

OSHA 要求是否适用以及适用范围？

外部绝缘提高外壳金属温度

● 外壳金属厚度

典型是最小 3/8 in

● 组装

大型装置可由多个部分制成

是否可接受法兰或分段必须焊接在一起？

如果需要焊接，应采用什么焊接标准(例如，AWS D1.1)？

● 挡雨板/外罩

对于处理 VOC 产生 SO_2 或 HCl 的装置，这可能是维持热壳和防止露点冷凝和腐蚀所必需的

● 观察孔

这有利于推测操作时的故障

● 耐火材料额定温度

最终用户可能希望指定能够承受高于正常工作温度的内部耐火衬里，以防止偶然的高温

- 设计规范

许多公司要求按照特定标准(如 ASTM、ANSI、ASME、AWS 等)制造设备

- 外壳材料和等级

碳钢最常见，但不锈钢系统也存在

- 电气分类

类、科、组

- 电气外壳

NEMA 等级

- 抗震要求
- 设计风荷载
- 从冷启动到正常工作温度的最短时间

重要的是能与产生含 VOC 废气的工艺相匹配

- 可靠性

流动系数(大多数热氧化器可达到 98%的流动系数)

- 噪声水平

最大分贝水平和与声源的距离

- 燃烧器调节比

常见的调节比是 8∶1～10∶1，但燃烧器或系统可设计更高的调节比

- 废气调节比

不同于燃烧器调节比

- 检修门

数量、位置和尺寸

- 控制系统

控制面板、PLC、DCS 或组合

- 仪器要求

例如，关键位置的冗余热电偶

- 车间组装与现场安装

说明可接受的内容

通常在车间组装，除非装置过大

有时在现场安装耐火材料

- 需要安全联锁装置

满足工厂标准

- 结构钢、梯子、楼梯、平台

说明必须提供的内容

- 喷砂/喷漆

说明需求

15.5 性能要求

必须确定 VOC 热氧化系统的性能要求。除了可靠性之外，这通常还涉及排放限值及其测量方法。明确说明验收标准尤为重要。例如，通常对特定的污染物种类进行三次重复烟囱试验。为满足特定限值，必须将三个试验结果都低于排放限值，还是三个试验结果中的两个合格，或是三个试验结果的平均值合格？当规定挥发性有机化合物的破坏效率时，如果废气流中存在一种以上的挥发性有机化合物，这种破坏效率是适用于所有挥发性有机化合物的平均值，还是适用于每个单独的挥发性有机化合物？

热氧化器的排放水平通常使用美国《联邦法规》40 CFR 第 60 部分所述的标准 EPA 试验方法进行测量。不同的法规对应不同的测试方法。例如，EPA 测试方法 25A 测量 VOC 总排放量，但不区分单个化合物。如果需要单独测量，则必须使用诸如 EPA 方法 18 之类的方法来测量单个有机化合物的浓度。然而，EPA 方法 18 需要特殊的分析仪，且费用更高。在对热氧化器产生的烟气进行分析时，以下的化合物是热氧化器出口烟囱排气分析中最为常见的：

VOC 破坏效率(DRE)

氮氧化物(NO_x)

一氧化碳(CO)

硫氧化物(SO_x)

氯化氢(HCl)

微粒[也可规定粒径范围(例如，$PM_{2.5}$，小于 2.5 μm 的微粒)]

除了排放性能外，有时还包括辅助燃油消耗保证，特别是在系统有热回收的情况下。

热氧化系统通常在启动期间进行性能测试。本试验旨在验证可操作性、燃油消耗量和排放限值是否符合。和测试本身同样重要的是，如果初始测试不符合要求，则明确定义结果。通常，设备供应商在重新测试前有一定的时间修改设备。第二次测试(或后续测试)的费用责任也应在设备规范中说明。

15.6 辅助设备

热氧化系统除了需要热氧化器本身之外还需要辅助设备。指定此设备时要考虑的项目是：

- 风机

电机电压常与风机功率有关

电机工作系数

电机热过载保护

最大速度

排放方向

风机布置
流量控制方法(例如,进口叶片阻尼器或变速驱动器)
危险分类(例如,Ⅰ类、Ⅱ类)
轴密封方法
结构材料
AMCA 评级
振动监测器
传动装置(直接、皮带等)
额定值(额定压力下的流量)

- 换热器

入口温度或范围
性能要求(例如,预热温度)
板式或管壳式
振动分析
制作材料(或说明气体组成并允许供货商自行选择材料)
最小套管厚度
额定流量
额定压力
最大可用占地面积
入口/出口方向(与热氧化器匹配)

- 烟囱

入口温度或范围
烟气成分
独立式或拉线式
建筑材料(如玻璃钢、碳钢)
高度
烟道数量
测试端口数量、尺寸和标高
测试平台(也包括可插入测试探针的单轨)
平台上的电气插座
照明
扶梯和护笼
雨帽
设计风荷载(见 ANSI A58.L)
地震荷载
最大烟气流速
绝缘材料(外部、内部、类型)

飞机警示灯
表面处理(SSPC 标准)/涂漆
检修门(数量、位置、尺寸)
连续排放监测系统(CEMS)
● 废热锅炉
所需部件(如滤网、过热器、蒸发器、省煤器)
消防管或水管
POC 流速
入口气体温度和成分
锅炉出口气体温度
锅炉管最大散热片密度
污垢系数
设计蒸汽温度/压力
蒸汽纯度
最大过热蒸汽温度变化(涡轮机中使用蒸汽时很重要)
汽包保水时间
给水条件(温度和纯度)
界区
ASME 规范设计
吹灰器(数量、位置、永久插入或可伸缩等)
膨胀节
检修门(尺寸和位置)
灰斗
锅炉内件
隔热(内部、外部类型)
表面处理(SSPC 标准)/涂漆
方向(与热氧化器匹配)
扶梯、平台、走道、楼梯、格栅
车间制造与现场安装部件

15.7 公用设施

当要求供应商提供热氧化设备报价时,应说明工厂内可用的公用设施。
● 天然气
热值或成分、比重、压力
● 燃油
等级、热值、纯度、黏度

- 电力

电压、相位、频率

- 仪表空气

压力、温度、露点

- 冷却水

压力、温度、纯度

- 雾化用蒸汽

压力、条件(饱和度、过热度)

- 锅炉给水
- 温度、压力、纯度
- 雾化用空气

压力、温度、露点

15.8　环境

- 现场标高
- 夏季设计温度

干球

湿球

- 冬季设计温度
- 设计降雨量
- 设计风速
- 地震带

15.9　优选设备/合格供应商

很多时候,工厂会尽量将辅助设备、仪器仪表和控制装置指定为同一组供应商。这是因为操作人员熟悉该供应商设备的操作,并减少了所需的备件数量。如果是这种情况,优选供应商名单应包含在热氧化设备规范中。

15.10　启动协助

当从热氧化器供应商处获得报价时,供应商建议中应明确说明启动协助的费用。有时,作为设备订单的一部分,该费用在一定时间内是免费的。但是,当启动时间意外延长时,双方都希望对方对延期负责。

工厂人员的培训通常在启动期间进行。同样,必须明确界定这些费用的责任。

15.11 备件

通常都会要求有一个推荐的备件清单和成本说明。

15.12 设计文件

要求热氧化设备供应商提供报价时,应说明订购时所需的文件范围。应考虑以下事项:

- 总布置图
- 耐火材料横截面图
- 管道和仪表图(Piping and Instrumentation Drawings, P&ID)
- “竣工”图纸(如有)
- 基础和载荷图
- 工艺流程图
- 电气图纸
- 控制逻辑图
- ISA 数据表
- 结构图
- 所有主要设备的正面和侧面剖面尺寸图
- 显示主要尺寸、支撑方法、支撑重量和重量位置的外形图
- 风机性能曲线
- 风机噪声级数据表
- 与规范的偏离说明
- 图纸、设备制造和安装时间表
- 操作说明(以及所需份数)
- 维护说明
- 所有设备的目录切割表
- 显示压力与燃烧率的燃烧器曲线

附录 A

焚烧性等级

第 1 类

Hydrogen cyanide 氰化氢
Cyanogen 氰
Benzene 苯
Sulfur hexafluoride 六氟化硫
Napthalene 萘
Fluoranthene 荧蒽
Benzo(j)fluoranthene 苯并(j)荧蒽
Benzo(b)fluoranthene 苯并(b)荧蒽
Benzanthracene 苯并蒽
Chrysene 氯乙烯
Benzo(a)pyrene 苯并(a)芘
Dibenz(a,h)anthracene 二苯并(a, h)蒽
Indeno(1,2,3 - cd)pyrene 茚并(1,2,3 - cd)芘
Dibenzo(a,h)pyrene 二苯并(a,h)芘
Dibenzo(a,e)pyrene 二苯并(a,e)芘
Cyanogen chloride 氯化氰
Acetonitrile 乙腈
Chlorobenzene 氯苯
Acrylonitrile 丙烯腈
Dichlorobenzene 二氯苯
Trichlorobenzene 三氯苯
Tetrachlorobenzene 四氯苯
Methyl chloride 氯甲烷
Tetrachlorobenzene 四氯苯
Pentachlorobenzene 五氯苯
Hexachlorobenzene 六氯苯
Methyl bromide 溴甲烷
Tetrachlorodibenzo - p - dioxin 四氯二苯并对二噁英
Dibenzo(a,i)pyrene 二苯并(a,i)芘

第 2 类

Toluene 甲苯
Chloroaniline 氯苯胺
1,1 Dichloro - 2,2 - *bis* -(4 - chlorophenylethylene) 1,1 -二氯- 2,2 -双(4 -氯苯基)乙烯
Trichloroethene 三氯乙烯
Dichloroethene 二氯乙烯
Dimethylbenz(a)anthracene 二甲基苯(a)蒽
Formaldehyde 甲醛
Tetrachloroethane 四氯乙烷
Fromic acid 甲酸
Phosgene 光气
Diphenylamine 二苯胺
Fluoroacetic acid 氟乙酸
Aniline 苯胺
Malonitrile 丙二腈
Methyl isocyanate 异氰酸甲酯

Methyl chlorocarbonate 氯碳酸甲酯
Tetrachlorodibenzo-p-dioxin 四氯二苯并二噁英
Malononitrile 丙二腈
Dichloroethene 二氯乙烯
Acrylamide 丙烯酰胺
Dichloromethane 二氯甲烷
Chloroaniline 氯苯胺
Chloro-1,3-butadiene 1,3-氯代丁二烯
Pronamide 丙酰胺
Crotonaldehyde 巴豆醛
Chlorocresol 氯甲酚
Adrenaline 肾上腺素
Dimethylphenethylamine 二甲基苯乙胺
Naphthylamine 萘胺
Fluoroacetamide 氟乙酰胺
Methyl methacrylate 甲基丙烯酸甲酯
Methacrylonitrile 甲基丙烯腈
Methylcholanthrene 甲基胆蒽
Diphenylamine 二苯胺
Acetylaminofluorene 乙酰氨基芴
Dichlorophenol 二氯苯酚
Methylactonitrile 甲基乙腈
Dimethylphenol 二甲基苯酚

第 3 类

Aminobiphenyl 氨基联苯
Chlorophenol 氯酚
Dimethylbenzidine 二甲基联苯胺
n-propylamine 正丙胺
Chlorophenol 氯酚
Dichloropropene 二氯丙烯
Trichlorotrifluoroethane 三氯三氟乙烷
Benz(c)acridine 苯并(c)吖啶
Acetophenone 苯乙酮
Trichlorofluoromethane 三氯氟甲烷
Benzoquinone 苯醌
acridine 二苯并(a,h)吖啶
Hexachlorobutadiene 六氯丁二烯
Dimethyl phthalate 邻苯二甲酸二甲酯
Acetonylbenzyl-4-hydroxycoumarin 酮苄香豆素钠
Chlorophenol 氯酚
Dichloropropene 二氯丙烯
Toluenediamine 甲苯二胺
Cresol 甲酚
Methyl ethyl ketone 甲乙酮
Benzenethiol 苯硫酚
Dichlorobenzidine 二氯联苯胺
Benzidine 联苯胺
Phenylenediamine 苯二胺
Pyridine 吡啶
Picoline 甲基吡啶
Thioacetamide 硫代乙酰胺
Phenol 苯酚
Dichlorodifluoromethane 二氯二氟甲烷
Trichlorofluoromethane 三氯氟甲烷
Propionitrile 丙腈
Vinyl chloride 氯乙烯
Dibenz(a,j)acridine 二苯并(a,j)吖啶
Naphthoquinone 萘醌
Acetyl chloride 乙酰氯
Maleic anhydride 马来酸酐
Dichloro-2-butene 二氯-2-丁烯
Dibenzo (c,g) carbazole 二苯并(c,g)咔唑
Resorcinol 间苯二酚
Dichlorophenol 二氯苯酚
Diethylstilbesterol 己烯雌酚
Isobutyl alcohol 异丁醇

第 4 类

Chloropropene 氯丙烯
Dichloropropene 二氯丙烯
Tetrachloroethane 四氯乙烷
Chloropropionitrile 3-氯丙腈
Dichloro-2-propanol 二氯-2-丙醇
Dichlorodiphenyldichloroethane 二氯二苯二氯乙烷

Trichlorophenol 三氯(苯)酚
Ethyl chloride 氯乙烷
Dichloropropene 二氯丙烯
Hydrazine 联氨
Benzyl chloride 氯化苄
Dibromomethane 二溴甲烷
Dichloroethane 二氯乙烷
Mustard gas 芥子气
Nitrogen mustard 氮芥
Chlornaphazine 萘氮芥
Dichloropropene 二氯丙烯
Dichloro-2-butene 二氯-2-丁烯
Tetrachlorophenol 四氯苯酚
Tetrachloromethane 四氯化碳
Bromoacetone 溴丙酮
Hexachlorophene 六氯酚
1,4-dioxane 对二噁烷
Chloroambucil 苯丁酸氮芥
Nitrobenzene 硝基苯
Chloroacetaldehyde 氯乙醛
Dinitrotoluene 二硝基甲苯
Benzal chloride 二氯甲基苯
Ethylene Oxide 环氧乙烷
Dimethylcarbamoyl chloride 二甲基氨甲酰氯
Dichlorodiphenyltrichloroethane 二氯二苯三氯乙烷
Auramine 金胺(碱性)槐黄
Dichloropropane 二氯丙烷
Dinitrophenol 二硝基苯酚
Trinitrobenzene 三硝基苯
Cyclohexyl-4,6-dinitrophenol 消螨酚
Chloral 三氯乙醛
Dinitrocresol 二硝基甲酚
Diepoxybutane 二氧桥丁烷
Dichloro-2-propanol 二氯-2-丙醇
Phthalic anhydride 邻苯二甲酸酐
Methyl parathion 甲基对硫磷
Nitrophenol 硝基苯酚
Chlorodifluoromethane 氯二氟甲烷
Pentachlorophenol 五氯苯酚
Hexachlorocyclohexane 六氯环己烷
Dichlorofluoromethane 二氯氟甲烷
Dinitrobenzene 二硝基苯
Nitroaniline 硝基苯胺
Pentachloroethane 五氯乙烷
Dinitrobenzene 二硝基苯
Trichloroethane 三氯乙烷
Trichloromethane 氯仿
Dieldrin 氧桥氯甲桥萘
Isodrin 异艾氏剂
Aldrin 艾氏剂
Dichloropropane 二氯丙烷
Nitrotoluidine 硝基甲苯胺
Trichloropropane 三氯丙烷
Hexachlorocyclopentadiene 六氯代环戊二烯
Dichloro-1-propanol 二氯-1-丙醇
Dichloroethane 二氯乙烷
Glycidaldehyde 缩水甘油醛
Dichloropropane 二氯丙烷
Heptachlor 七氯
Chloro-2,3-epoxypropane 氯-2,3-环氧氯丙烷
Bis(2-chloroethyl)ether 二乙二醇双氯乙酯
Butyl-4,6-dinitrophenol 丁基-4,6-二硝基苯酚
Bis (2-chloroethoxy) methane 双(2-氯乙氧基)甲烷
Trichloromethanethiol 三氯甲烷硫醇
Heptachlor epoxide 环氧七氯

第 5 类

Benzotrichloride 三氯甲苯
Methapyrilene 噻吡二胺
Phenacetin 乙酰对氨苯乙醚
Methyl hydrazine 甲基肼
Dibromoethane 二溴乙烷
Chloromethyl methyl ether 氯甲基甲醚
Thiofanox 久效威
Dimethylhydrazine 二甲基肼
Chlordane 氯丹
Bis (chloromethyl) ether 双(氯甲基)醚

Alfatoxins 苜蓿毒素
Trichloroethane 三氯乙烷
Hexachloroethane 六氯乙烷
Bromoform 三溴甲烷
Chlorobenzilate 二氯二苯乙醇酸乙酯
Ethyl carbamate 氨基甲酸乙酯
Ethyl methacrylate 甲基丙烯酸乙酯
Lasiocarpine 毛果天芥菜碱
Amitrole 氨基三唑
Muscimol 氨甲基羟异唑
Iodomethane 碘代甲烷
Dichlorophenoxyacetic acid 二氯苯氧基乙酸
Chloroethyl vinyl ether 氯乙基乙烯基醚

Methylene bis (2 - chloroaniline) 亚甲基(2 -氯苯胺)
Dibromo - 3 - chloropropane 二溴- 3 -氯丙烷
Tetrachloroethane 四氯乙烷
Dimethylhydrazine 二甲基肼
Methyl - 2 - methylthiopropionaldehyde - O - (methylcarbonyl) oxime 甲基- 2 -(甲硫基)丙醛
Trichlorophenoxy propionic acid 三氯苯氧基丙酸
Methylaziridine 甲基氮丙啶
Brucine 二甲马钱子碱
Isosafrole 异黄樟醚
Tris(1 - aziridinyl)phosphine sulfide 三亚乙基硫代磷酰胺

Parathion 对硫磷
Dichloropropane 二氯丙烷
Maleic hydrazide 马来酰肼
Bromophenyl phenyl ether 溴二苯醚
Bis (2 - chloroisopropyl) ether 双(2 -氯异丙基)醚
Dihydrosafrole 二氢黄樟素
Methyl methanesulfonate 甲烷磺酸甲酯
Propane sulfone 丙烷磺内酯
Saccharin 糖精
N,N - diethylhydrazine N,N -二乙基肼
Methyomyl 纳乃得
Hexachloropropene 六氯丙烯
Pentachloronitrobenene 五氯硝基苯
Diallate 燕麦敌
Ethyleneimine 乙撑亚胺
Aramite 杀螨特
Dimethoate 乐果
Trichlorophenoxyacetic acid 三氯苯氧基乙酸
Tris(2,3 - dibromopropyl) phosphate 磷酸三(2,3 -二溴丙基)酯
Methoxychlor 甲氧氯
Kepone 开蓬
Safrole 黄樟素
Dimethoxybenzidine 二甲氧基联苯胺
Diphenylhydrazine 二苯肼

O,O - diethyl phosphoric acid, O - p - nitrophenyl ester O,O -二乙基硫代磷酸,O -对硝基苯酯

第 6 类

N-butyl benzyl phthalate 邻苯二甲酸丁苄酯
O,O - diethyl - O - pyrazinyl phosphorothioate 治线磷 (O,O -二乙基- O -吡嗪基硫代磷酸酯)
Dimethylaminoazobenzene 二甲胺基偶氮苯
Diethyl phthalate 邻苯二甲酸二乙酯
O,O - diethyl - S - methyl ester of phosphoric acid O,O -磷酸二乙基- S -甲酯
Citrus Red No.2 橘红 2 号
Trypan blue 台盼蓝
Ethyl methanesulfonate 甲基磺酸乙酯
Disulfoton 乙拌磷
Diisopropyl fluorophosphate 氟磷酸二异丙酯

O,O,O - triethyl phosphorothioate O,O,O -三乙基硫代磷酸酯
Di-n-butyl phthalate 邻苯二甲酸二丁酯
Octamethylpyrophosphoramide 八甲磷胺
Bis(2 - ethylhexyl)phthalate 双(2 -乙基己基)邻苯二甲酸二酯
Methylthiouracil 甲硫氧嘧啶
Propylthiouracil 丙基硫氧嘧啶
O,O - diethyl - S -{(ethylthio)methyl}ester of phosphorodithioic acid 二硫代磷酸 O,O -二乙基- S -{(乙硫基)甲基}酯

第 7 类

Strychnine 士的宁
Cyclophosphamide 环磷酰胺
Nicotine 烟碱
Reserpine 利血平
Toluidine hydrochloride 甲苯胺盐酸盐
Tolylene diisocyanate 甲苯二异氰酸酯
Endrin 异狄氏剂
Butanone peroxide 过氧化丁酮
Tetraethylpyrophosphate 焦磷酸四乙酯
Nitroglycerine 硝化甘油
Tetraethyl dithiopyrophosphate 二硫代焦磷酸四乙酯
Ethylene-bis-dithiocarbamic acid 二次乙基氨荒酸
Tetranitromethane 四硝基甲烷
Uracil mustard 尿嘧啶氮芥
Acetyl-2-thiourea 乙酰-2-硫脲
Chlorophenyl thiourea 氯苯基硫脲
N-phenylthiourea N-苯基硫脲
Naphthyl-2-thiourea 2-萘基硫脲
Thiourea 硫脲
Daunomycin 柔红霉素
Ethylenethiourea 乙撑硫脲
Thiosemicarbide 氨基硫脲
Melphalan,(左旋)苯丙氨酸氮芥
Di-n-propylnitrosamine 二正丙基亚硝胺
Endosulfan 硫丹
Endothal 草藻灭
Dithiobiuret 二硫代缩二脲
Thiuram 秋兰姆
Azaserine 重氮丝氨酸
Hexaethyl tetraphosphate 四磷酸六乙酯
Nitrogen mustard N-oxide 氮芥 N-氧化物
Nitroquinoline-1-oxide 硝基喹啉-1-氧化物
Cycasin 苏铁苷
Streptozotocin 链脲佐菌素
N-methyl-N-nitro-N-nitrosoguanidine N-甲基-N-硝基-N-亚硝基胍
N-nitroso-diethanolamine N-亚硝基二乙醇胺
N-nitroso-dibutyllamine N-亚硝基二丁胺
N-nitroso-N-ethylurea N-亚硝基-N-乙基脲
N-nitroso-N-methylurea N-亚硝基-N-甲基脲
N-nitroso-N-methylurethane N-甲基-N-亚硝基氨基甲酸乙酯
N-nitrosodiethylamine N-亚硝基二乙胺
N-nitrosodimethylamine N-亚硝基二甲胺
N-nitrosomethylethylamine N-亚硝基甲基乙胺
N-nitrosomethylvinylamine N-亚硝基甲基乙烯胺
N-nitrosomorpholine N-亚硝基吗啉
N-nitrosonornicotine N-亚硝基降烟碱
N-nitrosopiperidine N-亚硝基哌啶
N-nitrososarcosine N-亚硝酸肌氨酸
N-Nitrosopyrrolidine N-亚硝基吡咯烷

附录 B

元 素 表

元 素	元素代号	原 子	
		原子序号	原子量
锕	Ac	89	227
铝	Al	13	26.982
镅	Am	95	243
锑	Sb	51	121.75
氩	Ar	18	39.948
砷	As	33	74.923
砹	At	85	210
钡	Ba	56	137.34
锫	Bk	97	249
铍	Be	4	9.012
铋	Bi	35	79.904
硼	B	5	10.811
溴	Br	35	79.904
镉	Cd	48	112.40
钙	Ca	20	40.08
锎	Cf	98	251
碳	C	6	12.011
铈	Ce	58	140.12
铯	Cs	55	132.905
氯	Cl	17	35.453
铬	Cr	24	51.996
钴	Co	27	58.933
铜	Cu	29	63.546
锔	Cm	96	247
镝	Dy	66	162.50

（续表）

元　素	元素代号	原　　子	
		原子序号	原子量
锿	Es	99	254
铒	Er	68	167.26
铕	Eu	63	151.96
镄	Fm	100	253
氟	F	9	18.998
钫	Fr	87	223
钆	Gd	64	157.25
镓	Ga	31	69.72
锗	Ge	32	72.59
金	Au	79	196.967
铪	Hf	72	178.49
氦	He	2	4.003
钬	Ho	67	164.93
氢	H	1	1.008
铟	In	49	114.82
碘	I	53	126.904
铱	Ir	77	192.2
铁	Fe	26	55.847
氪	Kr	36	83.80
镧	La	57	138.91
铹	Lw	103	257
铅	Pb	82	207.19
锂	Li	3	6.939
镥	Lu	71	174.97
镁	Mg	12	24.312
锰	Mn	25	54.938
钔	Md	101	256
汞	Hg	80	200.59
钼	Mo	42	95.94
钕	Nd	60	144.24
氖	Ne	10	20.83
镎	Np	93	237
镍	Ni	28	58.71
铌	Nb	41	92.906
氮	N	7	14.007
锘	No	102	254
锇	Os	76	190.2
氧	O	8	15.999
钯	Pd	46	106.4
磷	P	15	30.974

（续表）

元　素	元素代号	原　　子	
		原子序号	原子量
铂	Pt	78	195.09
钚	Pu	94	242
钋	Po	84	210
钾	K	49	39.102
镨	Pr	59	140.907
钷	Pm	61	145
镤	Pa	91	231
镭	Ra	88	226
氡	Rn	86	222
铼	Re	75	186.2
铑	Rh	45	102.905
铷	Rb	37	85.47
钌	Ru	44	101.07
钐	Sm	62	150.35
钪	Sc	21	44.956
硒	Se	34	78.96
硅	Si	14	28.086
银	Ag	47	107.868
钠	Na	11	22.99
锶	Sr	38	87.62
硫	S	16	32.064
钽	Ta	73	180.948
锝	Tc	43	99
碲	Te	52	127.60
铽	Tb	65	158.924
铊	Tl	81	204.37
钍	Th	90	232.038
铥	Tm	69	168.934
锡	Sn	50	118.69
钛	Ti	22	47.90
钨	W	74	183.85
铀	U	92	238.03
钒	V	23	50.942
氙	Xe	54	131.30
镱	Yb	70	173.04
钇	Y	39	88.905
锌	Zn	30	65.37
锆	Zr	40	91.22

附录 C

有机化合物的燃烧热(所有的化合物均为气态)

化合物	分子式	燃烧热(Btu/lb-LHV)
乙醛	C_2H_4O	10 854
乙酸	$C_2H_4O_2$	5 663
乙酸酐	$C_4H_6O_3$	7 280
丙酮	C_3H_6O	12 593
乙腈	C_2H_3N	12 940
乙炔	C_2H_2	20 776
丙烯醛	C_3H_4O	12 741
丙烯酸	$C_3H_4O_2$	7 969
丙烯腈	C_3H_3N	14 565
氨	NH_3	7 992
乙酸戊酯	$C_7H_{14}O_2$	13 614
戊醇	$C_5H_{12}O$	16 417
正戊基氯	$C_5H_{11}Cl$	13 707
戊烯	C_5H_{10}	19 363
苯胺	C_6H_7N	15 246
苯	C_6H_6	17 446
氯化苄	C_7H_7Cl	12 251
溴苯	C_6H_5Br	8 559
丁二烯	C_4H_6	19 697
丁烷	C_4H_{10}	19 680
丁醇	$C_4H_{10}O$	14 486
丁烯	C_4H_8	19 517
乙酸丁酯	$C_6H_{12}O_2$	12 360
丙烯酸丁酯	$C_{11}H_{20}O_2$	14 678
丁胺	$C_4H_{11}N$	17 812
丁基卡必醇	$C_8H_{18}O_3$	11 030

（续表）

化合物	分子式	燃烧热(Btu/lb-LHV)
丁氧基乙醇	$C_6H_{14}O_2$	7 408
乙二醇丁醚醋酸酯	$C_8H_{16}O_3$	14 120
卡必醇	$C_6H_{14}O_3$	11 540
二硫化碳	CS_2	6 231
一氧化碳	CO	4 347
硫氧化碳	COS	3 940
纤维素溶剂	$C_4H_{10}O_2$	13 191
乙酸溶纤剂	$C_6H_{12}O_3$	10 948
氯苯	C_6H_5Cl	11 772
氯仿	$CHCl_3$	1 836
氯丁二烯	C_4H_5Cl	10 922
异丙基苯	C_9H_{12}	17 873
氰	C_2N_2	9 053
环己烷	C_6H_{12}	18 818
二氯乙烷	$C_2H_4Cl_2$	4 906
二氯乙烯	$C_2H_2Cl_2$	4 990
二乙醚	$C_4H_{10}O$	14 788
二乙胺	$C_4H_{11}N$	18 188
二甲基乙酰胺	C_4H_9O	13 984
二甲胺	C_2H_7N	16 800
二甲基二硫醚	$C_2H_6S_2$	9 624
二甲醚	C_2H_6O	13 450
二甲替甲酰胺	C_3H_7NO	11 528
二甲基硫醚	C_2H_6S	13 394
二氧杂环乙烷	$C_4H_8O_2$	11 768
乙烷	C_2H_6	20 432
乙醇	C_2H_6O	12 022
乙酸乙酯	C_4H_8O	10 390
丙烯酸乙酯	$C_5H_8O_2$	11 978
乙胺	C_2H_7N	16 433
乙苯	C_8H_{10}	17 779
氯乙烷	C_2H_5Cl	8 793
乙硫醇	C_2H_6S	12 399
乙烯	C_2H_4	20 295
二氯化乙烯	$C_2H_4Cl_2$	5 221
乙二醇	$C_2H_6O_2$	7 758
乙撑氧	C_2H_4O	11 729
乙撑亚胺	C_2H_5N	16 291
乙二醇乙醚醋酸酯	$C_6H_{12}O_3$	10 948
甲醛	CH_2O	7 603

（续表）

化合物	分子式	燃烧热(Btu/lb-LHV)
甲酸	CH_2O_2	2 481
糠醛	$C_5H_4O_2$	10 681
庚烷	C_7H_{16}	19 443
己烷	C_6H_{14}	19 468
乙二醇己醚	$C_8H_{18}O_2$	7 724
氢气	H_2	51 623
氰化氢	HCN	11 004
硫化氢	H_2S	6 545
异丁醇	$C_4H_{10}O$	14 468
醋酸异丙酯	$C_5H_{10}O_2$	9 570
异丙基苯	C_9H_{12}	17 873
马来酸酐	$C_4H_2O_3$	5 903
甲烷	CH_4	21 520
甲醇	CH_4O	9 168
乙酸甲酯	$C_3H_6O_2$	9 434
甲基戊基酮	$C_7H_{14}O$	13 928
溴甲烷	CH_3Br	3 188
甲基卡必醇	$C_5H_{12}O_3$	10 990
2-甲氧基乙醇	$C_3H_8O_2$	9 683
氯甲烷	CH_3Cl	6 388
甲基环戊烷	C_6H_{12}	18 930
丁酮	C_4H_8O	13 671
甲酸甲酯	$C_5H_8O_2$	5 852
甲基异丁基酮	$C_6H_{12}O$	12 373
甲硫醇	CH_4S	10 449
甲基丙烯酸甲酯	$C_5H_8O_2$	11 177
三甲基戊烷	C_6H_{14}	18 917
甲基丙基甲酮	$C_5H_{10}O$	14 466
甲基吡咯烷酮	C_5H_9NO	13 000
二氯甲烷	CH_2Cl_2	2 264
甲胺	CH_5N	13 640
萘	$C_{10}H_8$	16 708
硝基甲烷	CH_3NO_2	4 841
辛烷	C_8H_{18}	19 227
乙酸辛酯	$C_{11}H_{22}O_2$	11 361
乙酸氧辛酯	$C_{11}H_{22}O_2$	11 361
戊烷	C_5H_{12}	19 517
戊烯	C_5H_{10}	19 363
苯酚	C_6H_6O	13 688
磷化氢	PH_3	14 237

（续表）

化合物	分子式	燃烧热(Btu/lb-LHV)
丙二烯	C_3H_4	19 634
丙烷	C_3H_8	19 944
丙醇	C_3H_8O	13 652
丙醛	C_3H_6O	12 681
丙烯	C_3H_6	19 691
丙二醇	$C_3H_8O_2$	9 581
环氧丙烷	C_3H_6O	12 995
吡啶	C_5H_5N	14 583
苯乙烯	C_8H_8	17 664
四氢呋喃	C_4H_8O	15 170
甲苯	C_7H_8	17 681
三氯乙烷	$C_2H_3Cl_3$	3 682
三氯乙烯	C_2HCl_3	3 235
三乙胺	$C_6H_{15}N$	8 276
乙酸乙烯酯	$C_4H_6O_2$	9 960
氯乙烯	C_2H_3Cl	8 136
二甲苯	C_8H_{10}	17 760

附录 D

简化蒸汽表

蒸汽压力(psia)	饱和温度(℉)	蒸汽焓值(Btu/lb)							
		饱和状态	350 ℉	400 ℉	450 ℉	500 ℉	600 ℉	700 ℉	800 ℉
50	281	1 174.1	1 209.9	1 234.9	1 259.6	1 284.1	1 332.9	1 382.0	1 431.7
100	328	1 187.2	1 199.9	1 227.4	1 253.7	1 279.3	1 329.6	1 379.5	1 429.7
150	358	1 194.1	—	1 219.1	1 247.4	1 274.3	1 326.1	1 376.9	1 427.6
200	382	1 198.3	—	1 210.1	1 240.6	1 269.0	1 322.6	1 374.3	1 425.5
250	401	1 201.1	—	—	1 233.4	1 263.5	1 319.0	1 371.6	1 423.4
300	417	1 202.9	—	—	1 225.7	1 257.7	1 315.2	1 368.9	1 421.3
350	432	1 204.0	—	—	1 217.5	1 251.5	1 311.4	1 366.2	1 419.2
400	445	1 204.6	—	—	1 208.8	1 245.1	1 307.4	1 363.4	1 417.0
500	467	1 204.7	—	—	—	1 231.2	1 299.1	1 357.7	1 412.7
550	477	1 204.3	—	—	—	1 223.7	1 294.3	1 354.0	1 409.9
600	486	1 203.7	—	—	—	1 215.9	1 290.3	1 351.8	1 408.3
650	495	1 202.8	—	—	—	1 207.6	1 285.7	1 348.7	1 406.0
700	503	1 201.8	—	—	—	—	1 281.0	1 345.6	1 403.7
750	511	1 200.7	—	—	—	—	1 276.1	1 342.5	1 401.5
800	518	1 199.4	—	—	—	—	1 271.1	1 339.3	1 399.1

附录 E

挥发性有机物爆炸极限

化合物	分子式	爆炸下限(%)	爆炸上限(%)
乙醛	C_2H_4O	3.97	57.00
乙酸	$C_2H_4O_2$	5.40	16.00
乙酸酐	$C_4H_6O_3$	2.70	10.00
丙酮	C_3H_6O	2.55	12.80
乙腈	C_2H_3N	4.40	16.00
乙炔	C_2H_2	2.50	80.00
丙烯醛	C_3H_4O	2.80	31.00
丙烯酸	$C_3H_4O_2$	2.40	—
丙烯腈	C_3H_3N	3.05	17.00
氨	NH_3	15.50	27.00
乙酸戊酯	$C_7H_{14}O_2$	1.10	7.50
戊醇	$C_5H_{12}O$	1.20	9.00
戊基氯	$C_5H_{11}Cl$	1.60	8.60
戊烯	C_5H_{10}	1.42	8.70
苯胺	C_6H_7N	1.30	11.00
苯	C_6H_6	1.40	7.10
氯苄	C_7H_7Cl	1.10	—
溴化苯	C_6H_5Br	1.60	—
丁二烯	C_4H_6	2.00	11.50
丁烷	C_4H_{10}	1.86	8.41
丁醇	$C_4H_{10}O$	1.40	11.20
丁烯	C_4H_8	1.65	9.95
乙酸丁酯	$C_6H_{12}O_2$	1.70	7.60
丙烯酸丁酯	$C_{11}H_{20}O_2$	1.40	9.40
丁胺	$C_4H_{11}N$	1.70	8.90
丁氧基乙醇	$C_6H_{14}O_2$	1.10	10.60

（续表）

化合物	分子式	爆炸下限(%)	爆炸上限(%)
乙二醇丁醚醋酸酯	$C_8H_{16}O_3$	0.90	8.50
卡必醇	$C_6H_{14}O_3$	1.20	8.50
二硫化碳	CS_2	1.30	50.00
一氧化碳	CO	12.00	75.00
硫氧化碳	COS	11.90	28.50
纤维素溶剂	$C_4H_{10}O_2$	1.80	14.00
乙酸溶纤剂	$C_6H_{12}O_3$	1.70	6.70
氯化苯	C_6H_5Cl	1.30	7.10
氯丁二烯	C_4H_5Cl	4.00	10.00
枯烯	C_9H_{12}	0.88	6.50
氰	C_2N_2	6.60	43.00
环己烷	C_6H_{12}	1.26	7.75
二氯乙烷	$C_2H_4Cl_2$	5.60	11.40
二氯乙烯	$C_2H_2Cl_2$	9.70	12.80
二乙醚	$C_4H_{10}O$	1.90	36.00
二乙胺	$C_4H_{11}N$	1.80	10.10
二甲基乙酰胺	C_4H_9O	2.80	14.40
二甲胺	C_2H_7N	2.80	14.40
二甲基二硫醚	$C_2H_6S_2$	2.20	20.00
二甲醚	C_2H_6O	2.00	50.00
二甲基甲酰胺	C_3H_7NO	2.20	15.20
二甲基硫醚	C_2H_6S	2.20	19.70
二氧杂环乙烷	$C_4H_8O_2$	1.97	22.50
乙烷	C_2H_6	3.00	12.50
乙醇	C_2H_6O	3.30	19.00
乙酸乙酯	C_4H_8O	2.20	9.00
丙烯酸乙酯	$C_5H_8O_2$	1.80	9.50
乙胺	C_2H_7N	3.50	14.00
乙苯	C_8H_{10}	1.00	—
氯乙烷	C_2H_5Cl	4.00	14.80
乙硫醇	C_2H_6S	2.80	18.00
乙烯	C_3H_4	2.75	28.60
二氯化乙烯	$C_2H_4Cl_2$	6.20	15.90
乙二醇	$C_2H_6O_2$	3.20	—
环氧乙烷	C_2H_4O	3.00	100.00
乙撑亚胺	C_2H_5N	3.30	54.80
乙酸乙二醇乙醚	$C_6H_{12}O_3$	1.70	6.70
甲醛	CH_2O	7.00	73.00
甲酸	CH_2O_2	18.00	57.00
糠醛	$C_5H_4O_2$	2.10	19.30
庚烷	C_7H_{16}	1.10	6.70

（续表）

化合物	分子式	爆炸下限(%)	爆炸上限(%)
己烷	C_6H_{14}	1.18	7.40
氢气	H_2	4.00	75.00
氰化氢	HCN	5.60	40.00
硫化氢	H_2S	4.30	45.00
异丁醇	$C_4H_{10}O$	1.60	10.90
醋酸异丙酯	$C_5H_{10}O_2$	1.80	8.00
异丙醇	C_3H_8O	2.30	12.70
异丙基苯	C_9H_{12}	0.88	6.50
马来酸酐	$C_4H_2O_3$	1.40	7.10
甲烷	CH_4	5.00	15.00
甲醇	CH_4O	6.72	36.50
乙酸甲酯	$C_3H_6O_2$	3.10	16.00
溴甲烷	CH_3Br	10.00	15.00
甲基卡必醇	$C_5H_{12}O_3$	1.20	—
甲基溶纤剂	$C_3H_8O_2$	2.50	19.80
氯甲烷	CH_3Cl	8.10	17.20
甲基环戊烷	C_6H_{12}	1.10	8.70
丁酮	C_4H_8O	1.80	11.50
甲酸甲酯	$C_5H_8O_2$	5.00	22.70
甲基异丁基酮	$C_6H_{12}O$	1.40	7.50
甲硫醇	CH_4S	3.90	21.80
甲基丙烯酸甲酯	$C_5H_8O_2$	2.10	12.50
甲基戊烷	C_6H_{14}	1.20	—
甲基丙基甲酮	$C_5H_{10}O$	1.10	9.65
二氯甲烷	CH_2Cl_2	12.00	19.00
甲胺	CH_5N	4.95	20.75
萘	$C_{10}H_8$	0.90	5.90
硝基甲烷	CH_3NO_2	7.30	—
辛烷	C_8H_{18}	0.95	—
乙酸辛酯	$C_{11}H_{22}O_2$	0.76	8.14
戊烷	C_5H_{12}	1.40	7.80
戊烯	C_5H_{10}	1.42	8.70
苯酚	C_6H_6O	1.70	8.60
磷化氢	PH_3	1.60	98.00
丙炔	C_3H_4	2.60	—
丙烷	C_3H_8	2.12	9.35
丙醇	C_3H_8O	2.10	13.50
丙醛	C_3H_6O	2.60	16.10
丙烯	C_3H_6	2.00	11.10
丙二醇	$C_3H_8O_2$	2.60	12.50
环氧丙烷	C_3H_6O	2.10	38.50

（续表）

化合物	分子式	爆炸下限(%)	爆炸上限(%)
吡啶	C_5H_5N	1.80	12.40
苯乙烯	C_8H_8	1.10	6.10
四氢呋喃	C_4H_8O	1.80	11.80
甲苯	C_7H_8	1.27	7.00
三氯乙烷	$C_2H_3Cl_3$	7.00	16.00
三氯乙烯	C_2HCl_3	8.00	10.50
三乙胺	$C_6H_{15}N$	1.20	8.00
乙酸乙烯酯	$C_4H_6O_2$	2.60	13.40
氯乙烯	C_2H_3Cl	4.00	26.00
二甲苯	C_8H_{10}	1.00	6.00

参考文献

[1] Cehmical Week, September 18, 1996, 64.
[2] Morgan J L, Hansen G M, Whipple N, Lee K C. Revised model for the prediction of the time-temperature requirements for thermal destruction of dilute organic vapors and its usage for predicting compound destructability, presented at 75th Annu. Meet. Air Pollution Control Assoc., New Orleans, June 20 to 25, 1982.
[3] Dellinger B D, Taylor P H, Lee C C. Development of thermal stability ranking of hazardous organic compound incinerability, Environ. Sci. Tech., vol. 24, March 1990.
[4] Reynolds J P, Dupont R R, Theordore, L. Hazardous Waste Incineration Calculations — Problems and Software, John Wiley & Sons, New York, 1991.
[5] Chang Y C. Pollution Eng., vol. 14, 1982.
[6] Patrick M A. Experimental investigation of mixing and flow in a round, turbulent jet injected perpendicularly into a main stream, Transa. Inst. Chem. Eng., vol. 45, 1967.
[7] Robinson R N. Chemical Engineering Reference Manual, 4th ed., Professional Publications, Belmont, CA, 1988.
[8] Walas S M. Chemical Process Equipment — Selection and Design, Butterworths, Stoneham, MA, 1988.
[9] Ganapathy V G. Waste Heat Boiler Deskbook, Prentice Hall, Englewood Cliffs, NJ, 1991.
[10] Stoa T A] Formulas estimate data for dry saturated steam, Chem. Eng., December 10, 1984.
[11] Ganapathy V G. Evaluating the performance of waste heat boilers, Chem. Eng., November 16, 1981.
[12] Catalytic Control of VOCs Emissions — A Guidebook, Manufactures of Emission Controls Association (MECA), 1992.
[13] Mink W H. Calculator program aids quench-tower design, Chem. Eng., December 3, 1979.
[14] National Fire Protection Association Standard NFPA 85B — Standard for the Prevention of Furnace Explosions in Natural Gas-Fired Multiple Burner Boiler-Furnaces, Quincy, MA, 1995.
[15] Clark D G, Sylvester R W. Ensure process vent collection system safety, Chem. Eng. Progr., January 1996.
[16] Howard W B. Process safety technology and the responsibility of industry, Chem. Eng. Progr., September 1988.

参考书目

1. American Petroleum Insitute (API) 6th Annual Report, Washington, D. C., May 1998.
2. HPI in brief, Hydrocarbon Process., p.11, October 1996.
3. Economics of a multimedia approach, Pollut. Egnineering, p.42, February 1996.
4. Journal of Air and Waste Nanagement Association, p.119, February 1995.
5. Code of Federal Regulations (CFR), 40 CFR Part 60, 1997.
6. The Clean Air Act amendments of 1990 — A detailed analysis, Hazardous Waste Consult., p.4.1, Juanuary/February 1991.
7. What to do and when to do ti, Air Pollut. Consult. Elsevier Science, P.4.1, May/June 1997.
8. EPA's gameplan for fighting air toxics, Enviro. Prot., P.23, October 1998.
9. The new source review reform proposal, Enviro. Manager, September 1998.
10. The Plain English Guide to the Clean Air Act, EPA 400 - k - 93 - 001, Washignton, D. C., April 1993.
11. Schedule set for establishing MACT standards, Air Pollut. Consult., P.2.31, March/April 1994.
12. Understanding the air pollution laws that affect CPI plants, Chem. Eng. Progr., P.30, April 1992.
13. The clean air act amendments of 1990 — Title I non-attainment, Hazmat World, P.46, October 1991.
14. Dellinger B D, Taylor P H, Lee C C. Development of thermal stability ranking of hazardous organic compound incinerability, Enviro. Sci. Technol., Vol. 24, March 1990.
15. Morgan J L, Hansen G M, Whipple N, Lee K C. Revised model for the prediction of the time-temperature requirements for thermal destruction of dilute organic vapors and its usage for predicting compound destructibility, 75th Annu. Meet. Air Pollution Control Assoc., New Orleans, June 20 - 25, 1982.
16. Nutcher P B, Lewandowski D A. Maximum achievable control technology for NO_x emissions for VOCs thermal oxidation, AWMA 87th Annu. Meet., Cincinnati, June 19 - 24, 1994.
17. Vandaveer F E, Segeler C G. Combustion of gas, in Gas Engineers Handbook, Chapter 5, Section 2, American Gas Assoc., Industrial Press, McGraw Hill, New York, 1965.
18. McGraw Hill Dictionary of Chemical Terms, 1985. 18. Guidance on Setting Permit Conditions and Reporting Trial Burn Results, Vol. 2, Hazardous Waste Incineration Guidance Series, EPA/625/6 - 89/019, Washington, D. C., January 1989.
19. Catalytic Control of VOCs Emissions — A Guidebook, Manufactures of Emission Controls

Association (MECA), Washington, D. C., 1992.
20. Chu W, Windawi H. Control VOCs via catalytic oxidation, Chem. Eng. Progr., March 1996.
21. Van Benschoten D. Pilot test guide VOCs control choice, Environ. Prot., October 1993.
22. Heck R, Farrauto R, Durilla M. Employing metal catalysts for VOCs emission control, Pollut. Eng., April 1998.
23. Ciccolella D, Holt W. Systems control air toxics, Environ. Prot., September 1992.
24. Otchy T G. First large scale catalytic oxidation system for PTA plant CO and VOCs abatement, 85th Annu. Meet. AWMA, June 21 - 26, 1992.
25. Parker S P. Ed., McGraw-Hill Dictionary of Scientific and Technical Terms, 4th ed., McGraw Hill, New York, 1989.
26. Reed J. Ed., North American Combustion Handbook, 2nd ed., North American Manufacturing Company, Cleveland, OH, 1978.
27. Code of Federal Regulations, 40 CFR 60.
28. Vandaveer E, Segeler C G. Combustion of gas, Gas Engineers Handbook, Chapter 5, Section 2, Industiral Press, 1965.
29. Crowl D A, Louvar J F. Chemical Process Saftety: Fundamentals with Applications, Pretice Hall, Englewood Cliff, NJ, 1990.
30. Reed R D. Furnace Operations, 3rd ed., Gulf Publishing, Houston, TX, 1981.
31. Walas S M. Chemical Process Equipment — Selection and Design, Butterworths, Stoneham, MA, 1988.
32. Robinson R N. Chemical Engineering Reference Nanual, 4th ed., Professional Publications, Belmont, CA<1987.
33. Wadlern P J, Nutcher P B, Lewandowsk D A. Options for VOCs reduction in a regenerative thermal oxidizer (RTO), presented at AWMA Specialty Conf. Emerging Solutions to VOCs & Air Toxics Control, San Diego, CA, February 1997.
34. Horie E. Ceramic Fiber Insulation Theory and Practice, Eibun Press, Osaka, Japan.
35. Handbook of Refractories for Incineration Systems, Harbison-Walker Refractories, Pittsburgh, PA, 1991.
36. Brosnan D A, Crowley M S, Johnson R C. CPI drive refractory advances, chem. Eng., October 1998.
37. Neal J E, Clark R S. Saving heat energy in refractory-lined equipment, Chem. Eng., May 1981.
38. Beauliew P. Selection criteria for refractory linings of incinerators and acid quench units, 1993 Incineration Conference.
39. Niessen W R. Combustion and Incineration Processes, Marcel Dekker, New York, 1994.
40. Brunner C R. Incineration Systems, McGraw Hill, New York, 1991.
41. Ree R J. Ed., North American Combustion Handbook, Vol. 2, 3rd., North American Manufacturing Company, Cleveland, OH, 1997.
42. Damiani R A. One stop shopping for heat transfer fluieds, Process Heating, May/June 1995.
43. Sherman J. The heat is on, Chem. Eng., November 1991.
44. Cuthbert J. Choosing the right heat transfer fluid, Chem. Eng., July 1994.
45. Green R L, Morris R C. Heat transfer fluids — Too easy to overlook, Chem. Eng., April 1995.
46. Lewandowski D A. Economics of heat recovery in the thermal oxidation of wastes, paper read at 86th Annu. Meet. AWMA, Denver, June, 1993.
47. Novak R G, Troxler W L, Dehnke T H. Recovering energy from hazardous waster incineration, Chem. Eng., March 19, 1984.

48. Ganapathy V G. Understanding boiler performance characteristics, Hydrocarbon Process., August 1994.
49. Ganapathy V G. Effective use o fheat recovery steam generators, Chem. Eng., January 1993.
50. Kiang Y H. Predicting dewpoints of acid gaseds, Chem. Eng., February 9, 1981.
51. Stoa T A. Formulas estimate data for dry daturated steam, Chem. Eng., December 10, 1984.
52. Ganapathy V G. Evaluating the performance of waster heat boilers, Chem. Eng., November 16, 1981.
53. Balan G P, Harharabaskaran A N, Srinivasan, D. Empirical formulas calculate steam properties quickly, Chem. Eng., January 1991.
54. Dickey D S. Practical formulas calculate water properties, Chem. Eng., November 1991.
55. Gnapathy V G. Heat recovery boilers: The options, Chem. Eng. Progr., February 1992.
56. Ganapathy V G. Win more energy from hot gases, Chem. Eng., March 1990.
57. Parish M G. Advantages of heat recovery in air pollution control systems, Air Pollut. Consult., November/December 1991.
58. Burley J R. Don't overlook compact heat exchangers, Chem. Eng., August 1991.
59. Guzman R. Speed up heat exchanger design, Chem, Eng., March 14, 1988.
60. Reynolds J P, Dupont P R, Theodore L J. Hazardous Waste Incineration Calculations, John Wiley & Sons, New York, 1991.
61. Kern D Q. Process Heat Transfer, McGraw Hill, New York, 1950.
62. Hougen O A, Wason K M, Ragatz R A. Chemical Process Principles, 2nd ed., John Wiley & Sons, New York, 1964.
63. Ganapathy V G. Waste Heat Boiler Deskbook, Prentice Hall, Englewood Cliffs, NJ, 1991.
64. Bonner T, Fullenkamp J, Desai B, Hughes T, Kennedy E, McCormick R, Peters J, Zanders D. Hazardous Waste Incineration Engineering, Noyes Data Park Ridge, NJ, 1981.
65. Ganapathy V G. Understand the basics of packaged steam generators, Hydrocarbon Process., July 1997.
66. Ganapathy V G. HRSG temperature profiles guide energy recovery, Power, September 1988.
67. Sudnick J J. A practical approach to meeting MACT standards with process evaluations, paper read at AWMA Specialty Conf. Emerging Solutions to VOCs & Air Toxics Control, Clearwater, FL, February 1996.
68. Gribbon S T J. Regenerative catalytic oxidation, paper read at AWMA Specialty Conf. Emering Solutions to VOCs & Air Toxics Control, Clearwater, FL, February 1996.
69. Seiwert J J. High performance thermal and catalytic oxidation systems with regenerative heat recovery, paper read at AWMA Specialty Conf. Emerging Solutions to VOCs & Air Toxics Control, Clearwater, FL, February 1996.
70. Klobucar J M. Development and testing of improved heat transfer media for regenerative thermal oxidizers in the wood products industry, paper read at AWMA Specialty Conf. Emerging Solutions to VOCs & Air Toxics Control, Clearwater, FL, February 1996.
71. Lewandowski D A, Nutcher P B, Waldern P J. Advantages of twin bed regenerative thermal oxidation technology for VOCs emissions reduction, paper read at AWMA Specialty Conf. Emerging Solutions to VOCs & Air Toxics Control, Clearwater, FL, February 1996.
72. Matros Y S, et al. Conversion of a regenerative oxidizer into catalytic unit, paper read at AWMA Specialty Conf. Emerging Solutions to VOCs & Air Toxics Control, San Diego, CA, February 1997.
73. Grzanka R. Controlling emissions from a black liquor fluidized bed evaporator using a regenerative

thermal oxidizer and a prefilter, paper read at AWMA Specialty Conf. Emerging Solutions to VOCs & Air Toxics Control, San Diego, CA, February 1997.
74. Seiwert J J. Advanced regenerative thermal oxidation (RTO) technology for air toxics Control — Selcted case histories, paper read at AWMA Specialty Conf. Emerging Solutions to VOCs & Air Toxics Control, San Diego, CA, February 1997.
75. Lewandowski D A, Nutcher P B, Waldern P J. Options for VOCs reduction in a regenerative thermal oxidizer (RTO), paper read at AWMA Specialty Conf. Emerging Solutions to VOCs & Air Toxics Control, San Diego, CA, February 1997.
76. Nguyen P H, Chen J M. Regenrative catalytic oxidation (RCO) catalysts, paper read at AWMA Specialty Conf. Emerging Solutions to VOCs & Air Toxics Control, Clearwater, FL, March 1998.
77. De Santis F, Biedell E L. The evolution of the RTO: 25 years of innovative solutions to VOCs control, paper read at AWMA Specialty Conf. Emerging Solutions to VOCs & Air Toxics Control, Clearwater, FL, March 1998.
78. Fu J C, Chen J M. Rotary Regenrative catalytic oxidizer for VOCs emission control, paper read at AWMA Specialty Conf. Emerging Solutions to VOCs & Air Toxics Control, Clearwater, FL, March 1998.
79. Thompson W L, Ruhl A C, Uberio M. Noverl Regenrative thermal oxidizer for VOCs control, paper read at AWMA Specialty Conf. Emerging Solutions to VOCs & Air Toxics Control, Clearwater, FL, March 1998.
80. De Santis F. RTO continues evolving to meet VOCs, HAP control needs, Air Pollut. Consult., January/February 1999.
81. Berger J. Municipality controls VOCs with cost saving oxidation equipoment, Environ. Technol., November/December 1998.
82. Moretti E. VOCs control: Current practices and future trends, Chem. Eng. Progr., July 1993.
83. Nutcher P B, Wheeler W H. Chemical and engineering aspects of low NO_x concentration, in Int. Symp. Industrial Process Combustion Technology, Newport Beach, CA, October 1980.
84. Nutcher P B, Lewandowski D A. Control of nitrogen oxids in waste incinerations, Environmental Technology Expo, Chicago, February 1992.
85. Nutcher P B, Lewandowski D A. ULTRA low NO_x design for thermal oxidation of waste gases, AFRC Int. Symp., Tulsa, October 1993.
86. Nutcher P B, Shelton H. NO_x reduction technologies for the oil patch, Pacific Coast Oil Show and Conf., Bakersfield, CA, November 1985.
87. Besnon R C, Hunter S C. Evaluation of primary air vitiation for nitric oxide reduction in a totary cement kiln, EPA/600/S7 - 86 - 034, February 1987.
88. Kunz R G, Keck B R, Repaskyk J M. Mitigate NO_x by steam injection, Hydrocarbon Process., February 1998.
89. Colannino J C. Low cost techniques reduce boiler NO_x, Chem. Eng., February 1993.
90. Bartok W, Sarofim A F. Fossil Fuel Combustion — A Sourcebook, John Wiley & Sons, New York, 1996.
91. Wendt J O, Corley T L, Morcomb J T. Effect of fuel sulfur on nitrogen oxide formation in combustion processes, EPA/600/S7 - 88/007, July 1988.
92. Lewandowski D A, Chang R C. Applying equilibrium analysis to low NO_x two-stage incinerator design, paper read at AICHE Annu. Meet., Los Angels, CA, November 1991.
93. Sadakata M, Fujioka Y, Kuni D. Effects of air preheating on emissions of NO, HCN, and NH_3 from a two-stage combustion, 18th Int. Symp. Combustion, Combustion Institute (1991), Waterloo,

Ontario, August 17 - 22, 1980.
94. Shelton H L. Find the right low - NO_x solution, Environ, Eng. Wrold, November/December 1996.
95. Siddiqi A A, Tenini J W. NO_x controls in review, Hydrocarbon Process., October 1981.
96. Kunz R G, Smith D D, Patel N M, Thompson G P, Patrick G S. Control NO_x from furnaces, Hydrocarbon Process., August 1992.
97. Seedbold J G. Reduce heater NO_x in the burner, Hydrocarbon Process., November 1982.
98. Neff G C. Reduction of NO_x emissions by burner application and operational techniques, Glass Technol., Vol. 31, No. 2, April 1990.
99. Garg A. Trimming NO_x from furnaces, Chem. Eng., November 1992.
100. Kunz R G, Smith D D, Adamo E M. Predict NO_x from gas-fired furnaces, Hydrocarbon Process., November 1996.
101. Shelton H L. Reducing process gas NO_x, Chem. Process., June 1997.
102. Katzel J. Controlling boiler emissions, Plant Eng., October 22, 1992.
103. Latham C. et al. Reburning — An attractive option for NO_x reduction, Air Pollut. Consult., November/December 1998.
104. Lewandowski D A, Nutcher P B. Control of Nitrogen oxides in waste inceneratioin, Environmental Technology Expo, Chicago, February 1992.
105. Lewandowski D A, Nutcher P B. Maximum achievable control technology (MACT) for NO_x emissions from VOCs thermal oxidation, paper read at AWMA Annu. Meet., June 1994.
106. Lewandowski D A, Donley E J. Optimized design and operating parameters for minimizing emissions during VOCs thermal oxidation, paper read at 88th Annu. Meet. AWMA, San Antonio, TX, 1995.
107. Lewandowski D A, Leaver G. NO_x emissions control techniques in waste gas thermal oxidation, 1st Int. Symp. Incineration and Flue Gas Treatment, Sheffield, England, July 1997.
108. Nutcher P B, Shelton H L. NO_x reduction technologies for the oil patch, paper read at Pacific Coast Oil Show and Conf., Bakersfield, CA, November 1985.
109. Nutcher P B. Forced draft, Low - NO_x burners applied to process fired heaters, plant/Operations Progress, Vol. 3, No. 2, July 1984.
110. Wheeler W, Nutcher P B. Chemical and engineering aspects of low NO_x concentration, Int. Symp. Industrial Process Combustion Technology, October 1980.
111. McQuigg K, Johnson B. The effects of operating conditions on emissions from a fume incinerator, Int. Incineration Conf., Knoxville, TN, 1994.
112. Sourcebook: NO_x control Technology Data, EPA/600/2 - 91 - 029, Washington, D.C.
113. Bai H, Y H. Ammonia injection: A new approach for incinerator emissions control, 86th Annu. Meet. AWMA, Denver, June 1993.
114. Staudt J E, Confuorto N, Grisko S E, Zinsky L. NO_x reduction using the NO_XOUT process in an industrial boiler burning fiber fuel and other fuel, ICAC Forum '93, Washington, D.C.
115. Brouwer J, Heap M P, Pershing D W, Smith P J. A model for prediction of selective non-catalytic reduction of nitrogen oxides by ammonia, urea, and cyanuric acid with mixing limitations in the presence of CO, 26th Int. Symp. Combustion.
116. Caton J A, Siebers D L. Comparison of nitric oxide removal by cyanuric acid and by ammonia, Combst. Sci. Technol., Vol, 65, 1989.
117. Pickens R D. Add-on control techniques for nitrogen oxide emissions during municipal waste combustion, J. Hazardous Materials, No. 47, 1996.
118. White paper — Selective no-catalytic reduction (SNCR) for controlling NO_x emissioins, Institue of

Clean Air Companies(ICAC), Washington, D.C, October 1997.

119. Jodal M, Lauridsen T L, Dam-Johansen K. NO_x removal on a coal-fired utility boiler by selective non-catalytic reduction, Environ. Progr., Vol. 11, No. 4, November 1992.
120. Sellakumar K M, Isaksson J, Tiensuu J. Process performance of Ahlstrom pyroflow PCFB pilot plant, paper presented at 1993 Int. Conf. Fluidized Bed Combustion, San Diego, CA, May 9 - 13, 1993.
121. Lewandowski D A, Hamlette B J. Performance parameters for post-combustion NO_x control using ammonia, AWMA Specialty Conf. Emerging Solutions to VOCs & Air Toxics Control, Clearwater, FL, March 1998.
122. Jones D G, et al. Two-stage DeNO_x process test data for 330 TPD MSW incineration plant, paper presented at 82nd APCA Annu. Meet. And Expo, Anaheim, CA, June 1989.
123. Lange H B, DeWitt S L. Plume visibility related to ammonia injection for NO_x contrl — A case history, NO_x contrl VII Conf., Council of Industrial Boiler Owners, Chicago, IL, May 1994.
124. White Paper — Selective catalytic reduction (SCR) for control of NO_x emissions, Institue of Clean Air companies (ICAC), Washington, D.C, November 1997.
125. Siddiqi A A, Tenini J W. NO_x controls in review, Hydrocarbon Process., October 1981.
126. Cho S M. Properly apply selective catalytic reduction for NO_x removal, Chem. Eng. Progr., January 1994.
127. Selective catalytic reduction makes inroads as NO_x control method, Air Pollut. Consult., May/June 1995.
128. Czarnecki L. Put a lid on NO_x emissions, Pollut. Eng., November 1994.
129. Heck R M, Chen J M, Speronello B K. Operating characteristics and commercial operating experience with high temperature SCR NO_x catalyst, Environ. Progr., Vol. 13, No. 4, November 1994.
130. Evaluation of NO_x removal Technologies, Vol. 1, Selective catalytic Reduction, Revision 1, U.S. Department of Energy, Pittsburgh Energy Technology Centre, February 1994.
131. Brown C. Pick the best acid-gas emission controls for your plant, Chem. Eng. Progr., October 1998.
132. Pan Y S. Review of flue gas desulfurizatin technologies, Air Pollut. Consult., May/June 1992.
133. Brady J D. Combat incinerator off-gas corrosion, Part 1, Chem. Eng. Prog., January 1994.
134. Buonicore A J. Experience with air pollution control equipment on hazardous waste incinerators, 83rd Annu. Meet. AWMA, Pittsburgh, June 1990.
135. Brady J D. Dry effluent — Wet scrubbing system for waste incinerators, 81st Annu. Meet. Air Pollution Control Association, June 1988.
136. Getz N P, Amos C K, Siebert P C. Air pollution control systems and technologies for waste-to-energy facilities, Energy Eng., Vol. 88, No. 6, 1991.
137. Bacon G H, Ramon L, Liang K Y. Control particulate and metal HAPs, Chem. Eng. Progr., December 1997.
138. McInnes R, Jameson K, Austin D. Scrubbing toxic inorganics, Chem. Eng., February 1992.
139. Bendig L. Wet scrubbers: Match the spray nozzle to the operations, Environ, Eng. World, March/April 1995.
140. Croom M L. Effective selection of filter dust collectors, Chem, Eng., July 1993.
141. Nudo L. Capturing heavy metals, Pollut. Eng., September 1993.
142. Hulswitt C E. Adiabatic and falling film absorption, Chem. Eng. Progr., February 1973.
143. Mink W H. Calculator program aids quench-tower design, Chem. Eng., December 3, 1979.

144. National Electrical Code, ANSI/NFPA 70, Article 500.
145. Definitions and information pertaining to electrical instruments in hazardous (classified) locations, Standard ISA - S12.1 - 1991, Instrument Society of America.
146. Fume incinerators, Standard 6 - 11, Factory Mutual (FM).
147. Clark D G, Sylvester R W. Ensure process vent collection system safety, Chem. Eng. Progr., January 1996.
148. Standard on explosion prevention systems, NFPA, Quincy, MA, 1986.
149. Lewandowski D A, Waldern P J. Design and operating parameters for thermal oxidation of volatile organic compounds, presented at Incineration Conf., Seattle, 1995.
150. Lewis B, Von Elbe G. Combustion, Flames, and Explosion of Gases, 2nd ed., Academic Press, New York, 1961.
151. Mendoza V A, Smolensky V G, Straitz J F. Don't detonate — Arrest that flame, Chem. Eng., May 1996.
152. Bishop K, Knittel T. Do you have the right flame arrestor?, Hydrocarbon Process., February 1993.
153. Mendoza V A, Smolensky V G, Straitz J F. Do your flame arrestors provide adequate protection?, Hydrocarbon Process., October 1998.
154. Laust P B, Johnstone D W. Use nitrogen to boost plant safety and productivity, Chem. Eng., June 1994.
155. Gooding C H. Estimating the lower explosive limits of waste vapors, Environ. Eng. World, May/June 1995.
156. Shelton H L. Estimating the lower explosive limits of waste vapors, Environ, Eng. World, May/June 1995.
157. Howard W B. Process safety technology and the responsibility of industry, Chem. Eng. Progr., September 1988.
158. Howard W B. Flame arrestors and flashback preventers, presented at 16th Annu. Loss Prevention Symp., Anaheim, CA, June 7 - 10, 1982.
159. Standar for the Prevention of Furnace Explosions/Implosions in Multiple Burner Boilers, 1995 ed., NFPA 8502, Quincy, MA.
160. Jensen J H. Combustion safeguards for gas and oil fired furnaces, Chem. Eng. Progr., October 1978.

单位换算

单位转换：

1 in=2.54 cm

1 lb=0.453 5924 kg

℃=(℉−32)÷1.8

$1\ in^2=0.000\ 645\ 16\ m^2$

Btu/(lb·℉)=kcal/(kg·℃)

1 Btu/lb=2 326 J/kg